600种郊野植物图鉴

胡琳 唐义富 单丹丹 等著

化学工业出版社
·北京·

内容简介

本书系统介绍了600种有代表性郊野植物的识别要点、分布及生境、生长习性、观赏与应用。每种植物均附有野外实景拍摄的彩色图片，并尽量做到每种植物的彩图都包括树形、枝叶、花果等主要特征，以提高读者对植物的感性认知。涉及植物种类包括常见的园林植物和野生的树木、草本植物。

本书可供园林、园艺、景观设计专业的学生及从事园林绿化相关工作的技术人员使用，也可作为自然风景区、森林公园从事技术和管理工作人员的参考用书，还能满足郊野运动、郊野旅游爱好者对植物识别的需要。

图书在版编目（CIP）数据

600种郊野植物图鉴 / 胡琳等著. -- 北京 : 化学工业出版社, 2024. 11. -- ISBN 978-7-122-46670-9

Ⅰ. Q949-64

中国国家版本馆CIP数据核字第20248LZ463号

责任编辑：毕小山

责任校对：张茜越　　　　装帧设计：刘丽华

出版发行：化学工业出版社

（北京市东城区青年湖南街13号　邮政编码100011）

印　　装：盛大（天津）印刷有限公司

880mm×1230mm　1/32　印张20　字数817千字

2025年1月北京第1版第1次印刷

购书咨询：010-64518888　　　　售后服务：010-64518899

网　　址：http://www.cip.com.cn

凡购买本书，如有缺损质量问题，本社销售中心负责调换。

定　　价：98.00元

编写人员名单

胡　琳
唐义富
单丹丹
张　隽
丁　宁
张伟艳
陈美丽
周蒋陈
张　熹

前言

随着郊野运动、郊野旅游活动的兴起，郊野植物越来越受到大众的关注。郊野植物大多是在郊野公园、风景旅游区等地经过长期物种选择与演替后，对特定地区生态环境具有高度适应性的植物，也有少数为满足观赏、科研等要求引入的外来物种。既有园林绿化上的常见植物，也有野生状态的树木和草本植物种类。整体来说，郊野植物对于本地环境的适应性强，易种、易活，养护成本低，并且资源丰富，能够彰显地方特征。本书主要介绍了有代表性的郊野植物，调查拍摄地点主要选取在江苏省南通狼山国家森林公园。狼山国家森林公园位于江苏省南通市崇川区南部，整体地形为平原、低山丘陵组合，濒临长江，山水相依。军山、剑山、狼山、马鞍山、黄泥山自东南向西北呈弧形展开，姿态各异。这里景色秀丽，气象万千，历史悠久，名胜众多，属于北亚热带海洋性季风气候，气候温和，雨水充沛，适宜多种植物生长。狼山国家森林公园总面积约10.8平方公里，森林覆盖率达到 80%以上，植物景观呈现鲜明的四季变化特色，形成山体、林地、自然保留地、湿地、水体多层次互生的生态体系。本书著作团队历时4年，共调查记录狼山国家森林公园173科，722属，1226种植物。结合著作团队长期调查拍摄的华东地区常见郊野植物，完成本书写作。

本书共介绍了有代表性的郊野植物600种。其中，裸子植物采用现代五纲体系分科、排列；被子植物采用克朗奎斯特被子植物分类系统（1981版）分科、排列。个别植物归属有调整。每种植物信息包括科名、属名、识别要点、分布（无特殊说明的，主要指在中国的分布）及生境、生长习性、观赏与应用等，并将花期、果期等信息单列，简明扼要，知识点清晰。每种植物配有野外实景拍摄的彩色图片，并尽量做到每种植物的彩图都包括树形、枝叶、花果等主要特征，以提高读者对植物的感性认知。

由于作者水平有限且时间仓促，疏漏之处在所难免，敬请读者提出宝贵意见，以供今后改进修订。在此向所有参考文献的作者致谢！向江苏省南通狼山旅游度假区管理办公室、南通五山旅游发展有限公司及各景区给予的支持一并表示衷心感谢！

著者

2024年6月

郊野植物概述

郊野植物是指生长在距离城市比较远的野生自然绿地、水面、山区和郊野公园、自然保护地等原生地的天然生长的植物，是重要的自然资源和环境要素，对于维持生态平衡、保存地区物种资源和发展经济具有重要作用。总体来说，郊野植物中草本植物占比较大。

一、郊野植物的特点

1. 适应性强

郊野植物是以自然分布、繁衍为主，独立自由生长的植物。它们不受人类影响或受人类影响很小，可以在多种复杂的环境中生长，如山林、河滩、海岸等，有着极其强大的分散力和繁殖力，对环境的适应能力也更强，分布更广。

2. 抗逆性强

郊野植物长期生长在自然环境下，适应了各种气候环境的变化，如寒冷低温、炎热干燥和病虫害等，所以它们的抵抗力和生命力随着生长和环境变化得到了显著增强。郊野植物对病原侵染的反应过程可分为感病、耐病、抗病，直到抗病免疫4个阶段，表现出很强的抵御外界环境胁迫的能力。

3. 易受威胁

由于郊野植物所在地保护力度不够，容易受到火灾、严重自然灾害、人为破坏等因素影响，其生存容易受到威胁。部分郊野植物是具有药用保健功能的，有着直接经济价值。由于受到经济利益的驱使，长期以来许多价值较高的物种被人们采挖，受到了不同程度的威胁。如野生人参、野生红豆杉等在自然界中现有数量很少，趋于灭绝，现在利用的大部分为人工栽培品种。

二、郊野植物的应用价值

我国地域广阔，气候多变，地形复杂，郊野植物种类繁多，分布广泛，资源丰富。郊野植物具有生态、观赏，及食用、药用等多方面的应用价值。

1. 生态价值

郊野植物多生长在当地特定区域，是维持特定区域生态环境的重要植物，也是维持其与其他植物、各类动物协调生存的基础，是维持地区物种多样性的基础，因此，郊野植物表现出来的生态价值是非常重要的。

2. 观赏价值

郊野植物都具有观赏性，很多是没有被开发出来的、具有园林观赏价值的植物。例如，有的植物具有观花、观叶、观果等特性，有的植物可作为地被植物、绿篱植物、花境植物、庭荫树木等，有的植物还可以成为新品种育种的重要资源植物。

3. 食用价值

很多草本郊野植物可做野菜，如蒲公英、马齿苋、鱼腥草、紫苏等。它们风味独特、营养丰富，不仅含有人体所必需的蛋白质、脂肪、维生素与矿物质，且膳食纤维丰富。更为可贵的是，其受各种污染的程度远低于栽培种。此外，这部分野菜不少还具备保健功能，颇具开发价值。

4. 药用价值

郊野植物中不少种类的药用价值很高。它们的根、茎、叶、果实或全株上下都可以入药，具有消肿止痛、祛风除湿、舒筋通络、清热解毒等多种作用。如马兰头，全草可以入药，具有凉血、清热、利湿、解毒的药效。小飞蓬的全草或鲜叶具有清热利湿、散瘀消肿的功效。

被子植物形态术语图示

被子植物是由根、茎、叶、花、果实、种子六大器官组成的，识别和鉴别植物是依据这些器官的形态特征进行的。各种器官的类型很多，了解它们是识别和鉴别植物的基础。下面把被子植物形态特征的重要术语以图示方式进行介绍展示，便于读者识别与鉴别植物。

1. 根

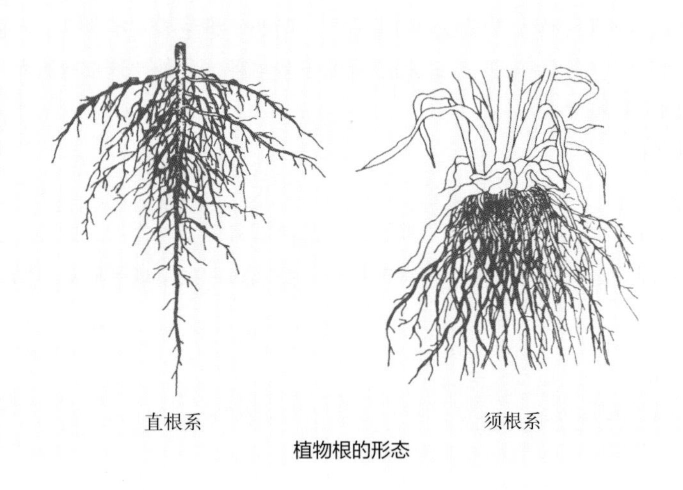

植物根的形态

2. 茎

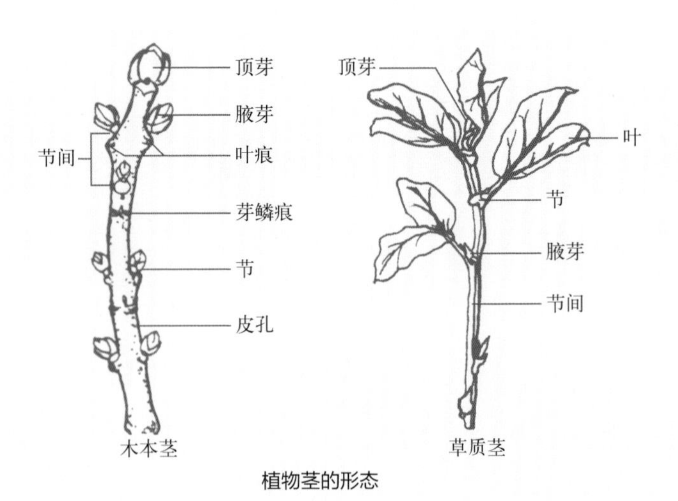

植物茎的形态

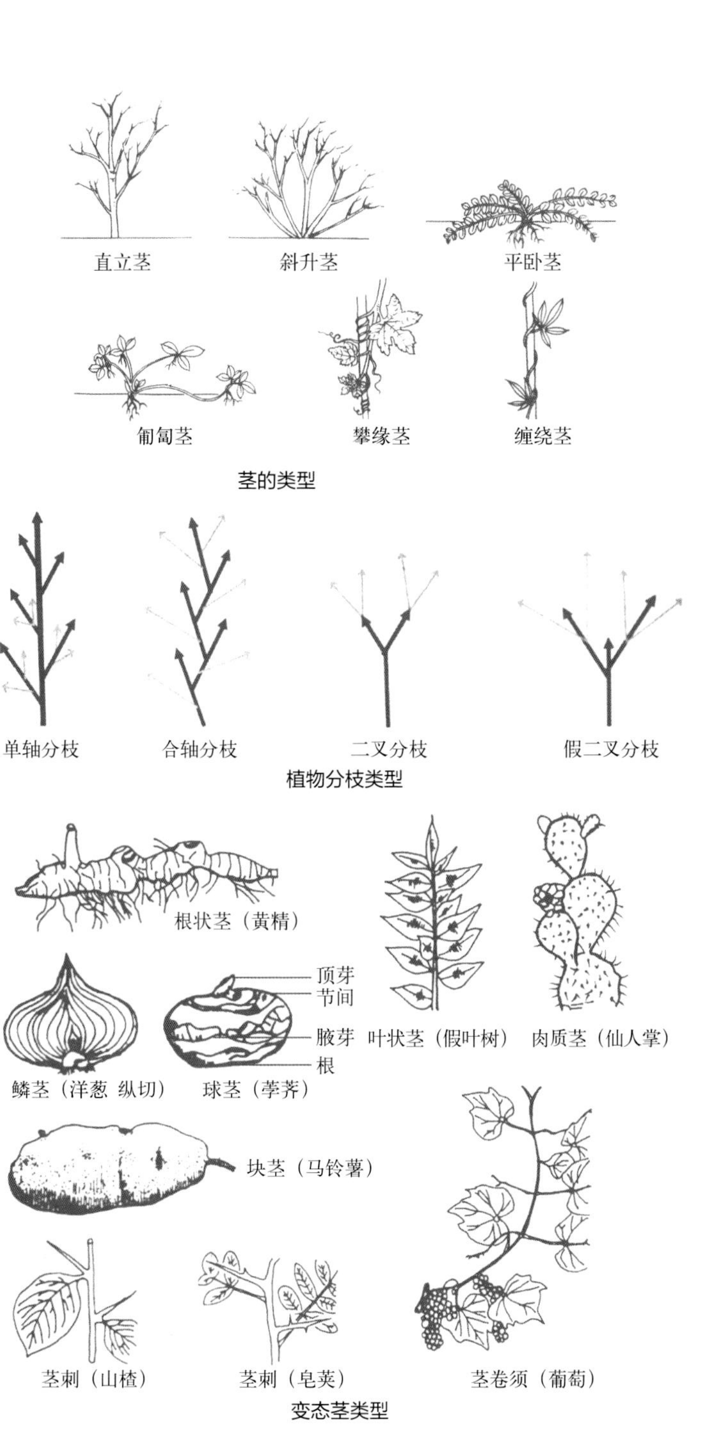

茎的类型

植物分枝类型

变态茎类型

3. 叶

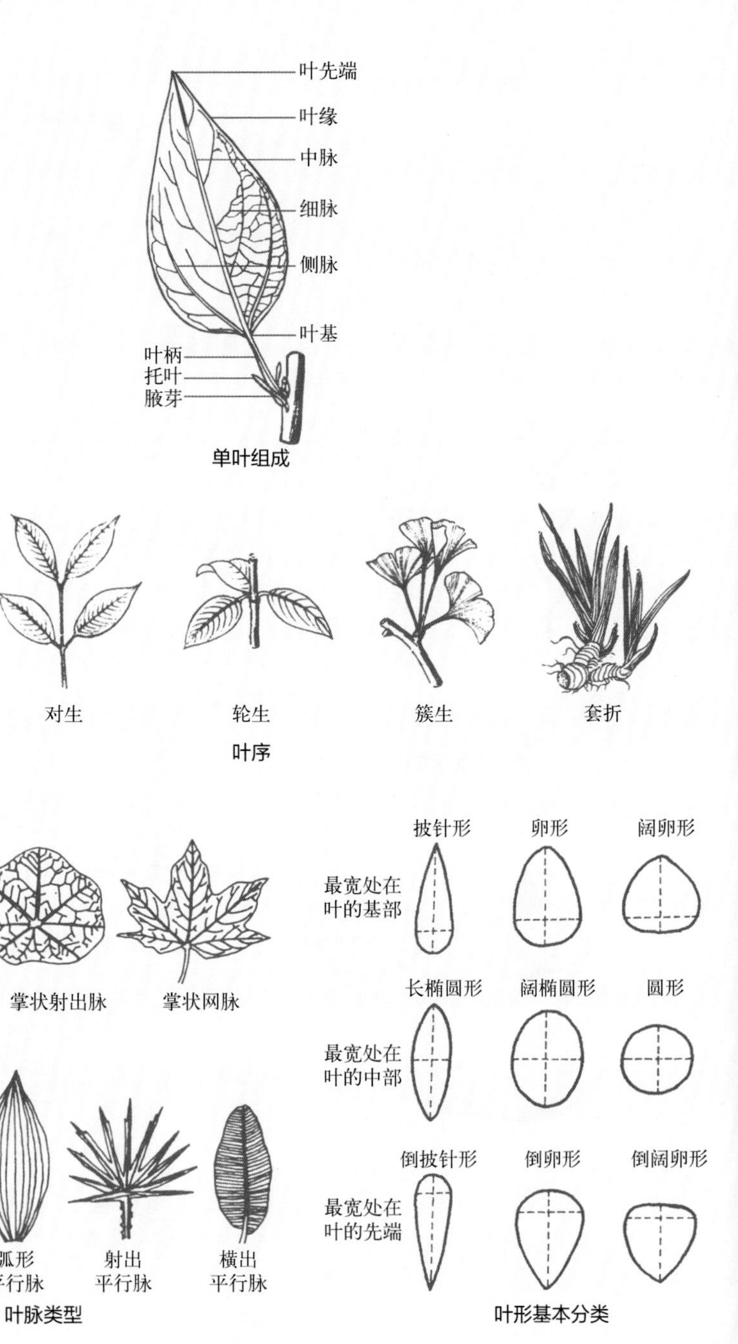

单叶组成

叶序

叶脉类型

叶形基本分类

叶形类型

叶端类型

叶基类型

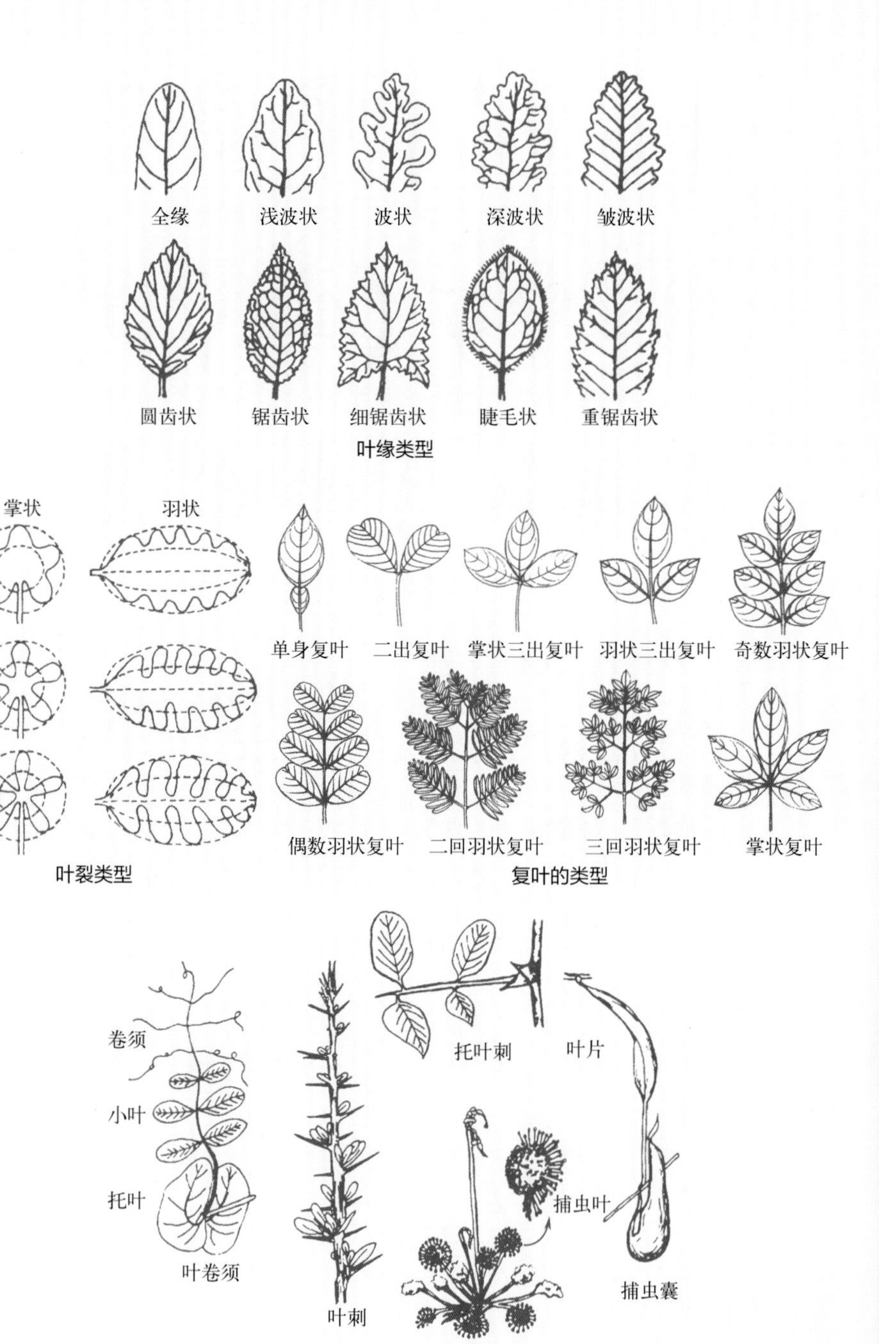

叶缘类型

叶裂类型

复叶的类型

叶的变态

4. 花

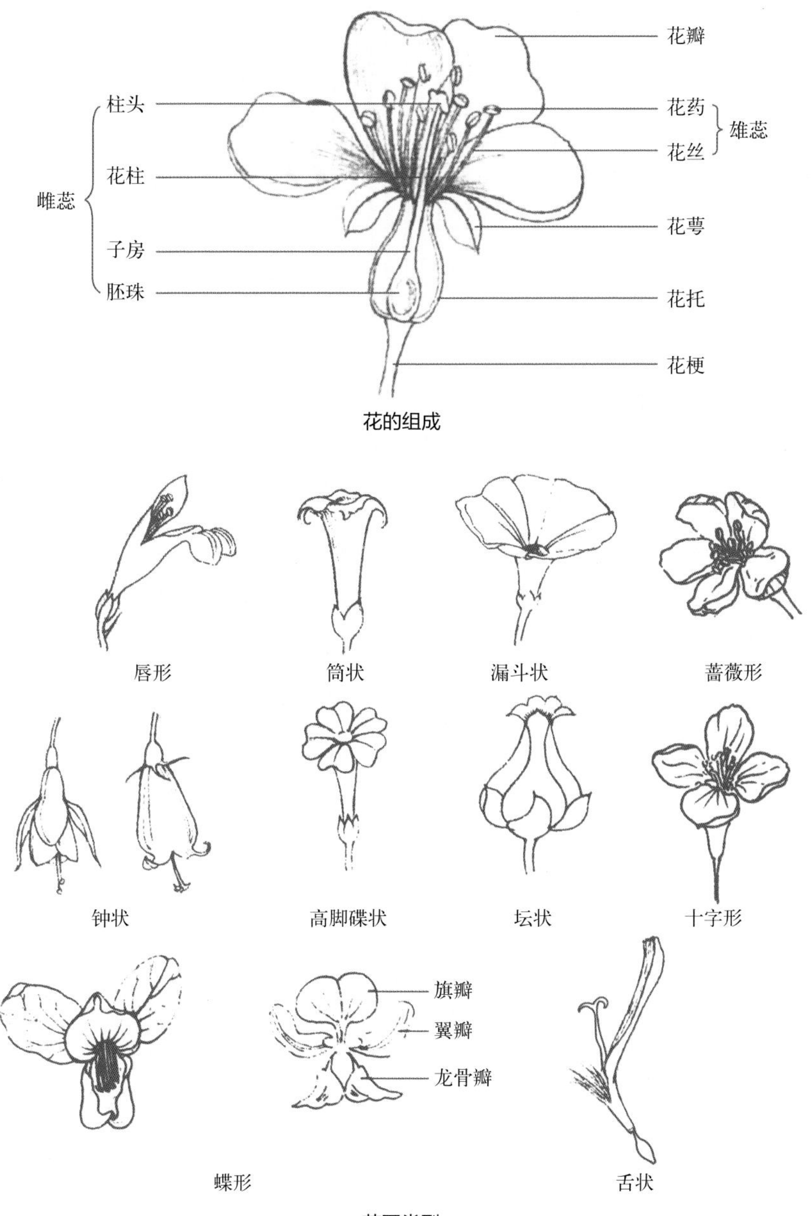

花瓣
柱头
花药
雄蕊
花丝
花柱
雌蕊
花萼
子房
胚珠
花托
花梗
唇形
筒状
漏斗状
蔷薇形
钟状
高脚碟状
坛状
十字形
旗瓣
翼瓣
龙骨瓣
蝶形
舌状

花的组成

花冠类型

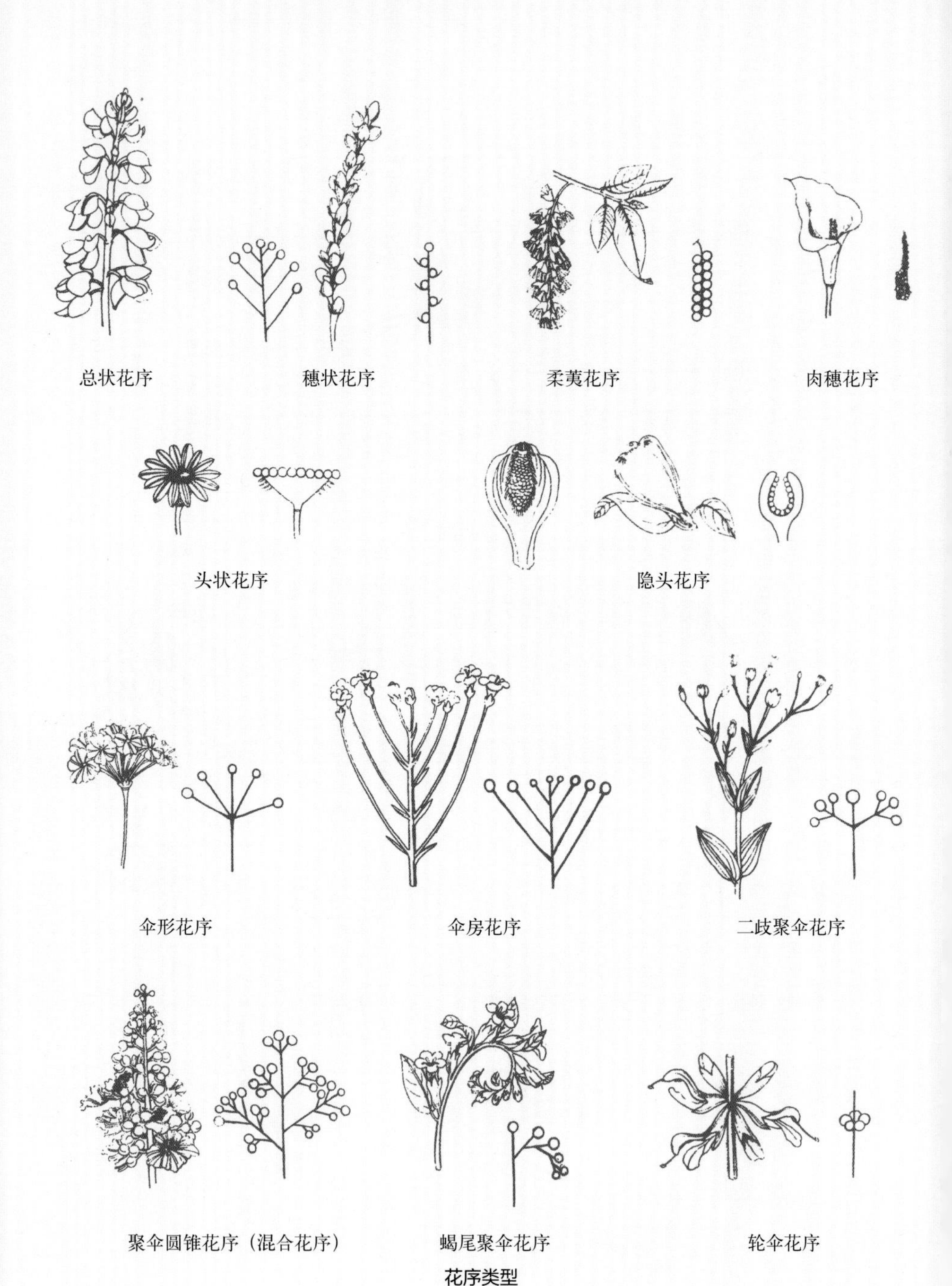
总状花序
穗状花序
柔荑花序
肉穗花序
头状花序
隐头花序
伞形花序
伞房花序
二歧聚伞花序
聚伞圆锥花序（混合花序）
蝎尾聚伞花序
轮伞花序
花序类型

5. 果实

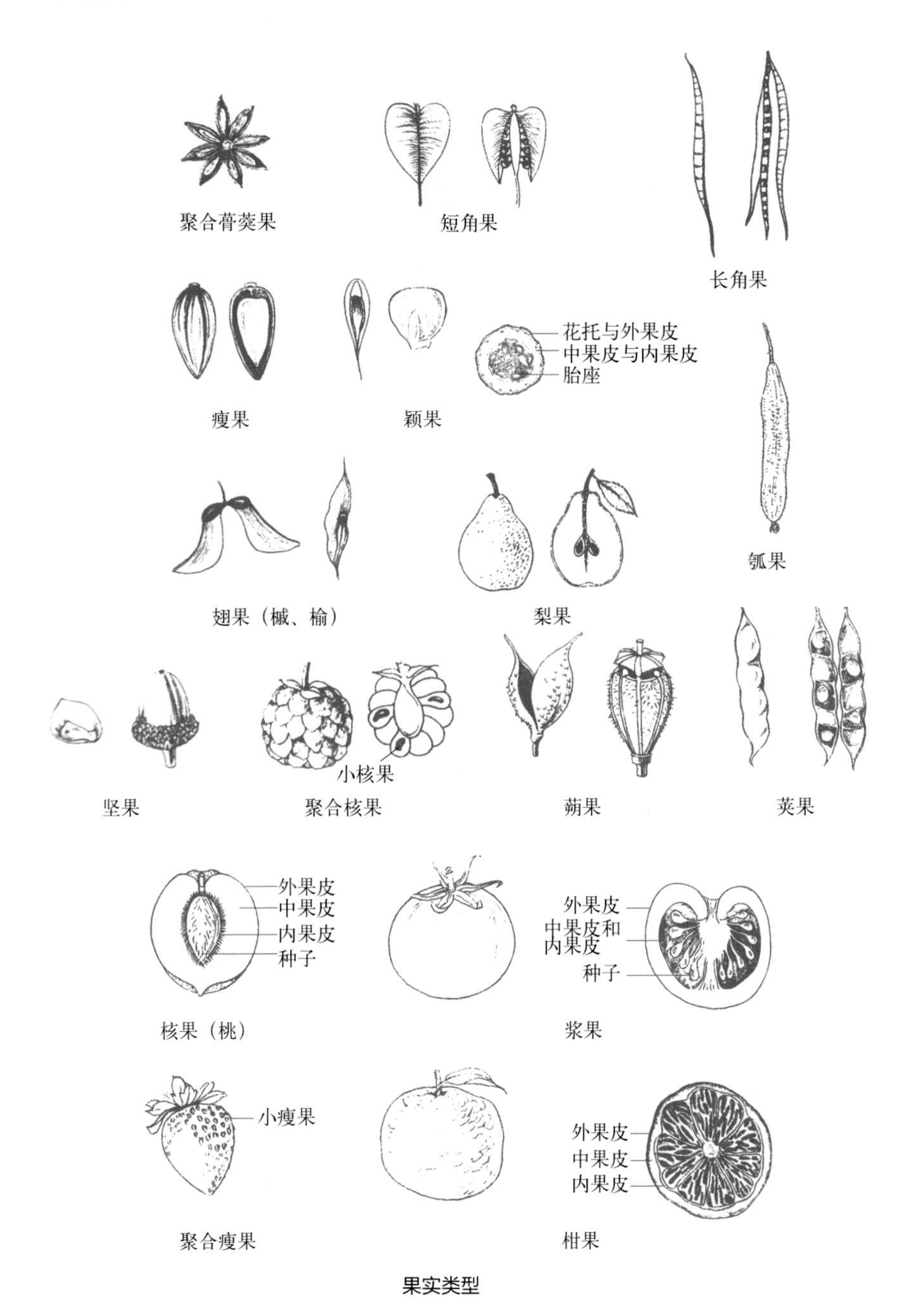

聚合蓇葖果
短角果
长角果
花托与外果皮
中果皮与内果皮
胎座
瘦果
颖果
瓠果
翅果（槭、榆）
梨果
小核果
坚果
聚合核果
蒴果
荚果
外果皮
中果皮
内果皮
种子
外果皮
中果皮和
内果皮
种子
核果（桃）
浆果
小瘦果
外果皮
中果皮
内果皮
聚合瘦果
柑果

果实类型

目 录

蕨类植物

裸子植物

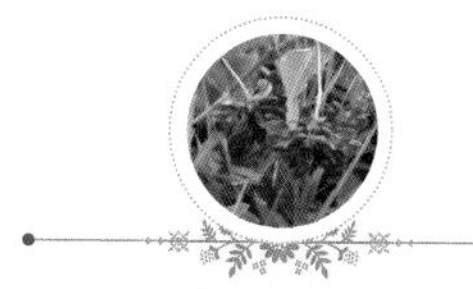

被子植物

600ZHONG JIAOYE ZHIWU TUJIAN

蕨类植物

JUELEI ZHIWU

600种

郊野植物图鉴

木贼科

1

木贼 *Equisetum hyemale*

【科属】木贼科，木贼属

【花期】8～9月

【果期】9～10月

【别名】千峰草等

【高度】30～100cm

识别要点

多年生常绿草本植物，根茎横走或直立，黑棕色，节和根有黄棕色长毛；地上枝多年生，高达1m或更高；地上枝有脊，鞘筒黑棕色或顶部及基部各有一圈黑棕色。顶端淡棕色，膜质，芒状；下部黑棕色，薄革质。孢子囊穗呈卵状，顶端有小尖突，无柄。

【分布及生境】主产于东北、华北、内蒙古和长江流域等地。喜生于山坡林下阴湿处，易生于河岸湿地、溪边，或杂草地。

【生 长 习 性】喜阴湿的环境。

【观赏与应用】姿态别致，可供室内或园林观赏。茎秆可插花。

2

节节草 *Equisetum ramosissimum*

【科属】木贼科，木贼属

【别名】笔筒草等

【花期】5~6月

【高度】60~70cm

识别要点

多年生草本植物。茎直立，单生或丛生，中部直径1~3mm，灰绿色，肋棱6~20条，粗糙，有小疣状突起。叶轮生，退化连接成筒状鞘，似漏斗状，亦具棱。孢子囊穗紧密，矩圆形，无柄。

【分布及生境】全国各地均有分布。生于湿地、溪边、湿沙地、路旁、果园、茶园等。

【生 长 习 性】较耐寒，耐半阴，喜光线充足、潮湿环境。

【观赏与应用】适应性强，分布广泛，对镉、铜、锌等重金属有吸附效果，可作重金属污染土地修复的超富集植物。

海金沙科

3 海金沙 *Lygodium japonicum*

【科属】海金沙科，海金沙属

【别名】金沙藤、左转藤等

【花期】4~8月

【果期】6~9月

【高度】植株高攀可达4m

识别要点

陆生攀缘植物。叶纸质，叶轴上面有狭边，羽片多数，对生于叶轴上的短距两侧，平展。一回羽片互生；二回小羽片卵状三角形，掌状三裂；末回裂片短阔，波状浅裂；叶缘有不规则的浅圆锯齿。孢子囊排列稀疏，暗褐色，无毛。孢子期5~11月，可入药，因其秋季采摘，黄如细沙，如海沙闪亮发光，故名海金沙。

【分布及生境】产于亚洲暖温带至热带地区，在中国分布广泛。多生于路边、山坡灌丛、林缘溪谷丛林中，常缠绕生长于其他较大型的植物上。

【生长习性】喜温暖湿润环境、空气相对湿度60%以上，喜散射光，忌阳光直射，喜排水良好的沙质壤土。

【观赏与应用】枝蔓纤细，叶片浓绿常青，为常青观叶花卉。长江流域可露地栽培作绿篱材料，可搭设亭阁牌楼式支架让枝蔓缠满其上，也可布置厅堂、会场。

蕨科

4

蕨 *Pteridium aquilinum* var. *latiusculum*

【科属】蕨科，蕨属

【别名】拳头菜等

【花期】7~9月

【果期】10~11月

【高度】植株高可达1m

识别要点

是欧洲蕨的一个变种。根状茎长而横走，密被锈黄色柔毛。叶远生，近革质，暗绿色，上面无毛，下面在裂片主脉上多少被棕色或灰白色的疏毛或近无毛。

【分布及生境】分布于中国各地，但主要产于长江流域及以北地区，亚热带地区也有分布。生长于山地阳坡及森林边缘阳光充足的地方。

【生长习性】耐高温也耐低温，抗逆性强，适应性广，喜欢湿润、凉爽的气候条件，要求有机质丰富、土层深厚、排水良好、植被覆盖率高的中性或微酸性土壤。

【观赏与应用】多年生杂草，山地野生。根状茎提取的淀粉称蕨粉，可供食用；根状茎的纤维可制绳缆，能耐水湿；嫩叶可食，称蕨菜。

槐叶苹科

5 槐叶苹 *Salvinia natans*

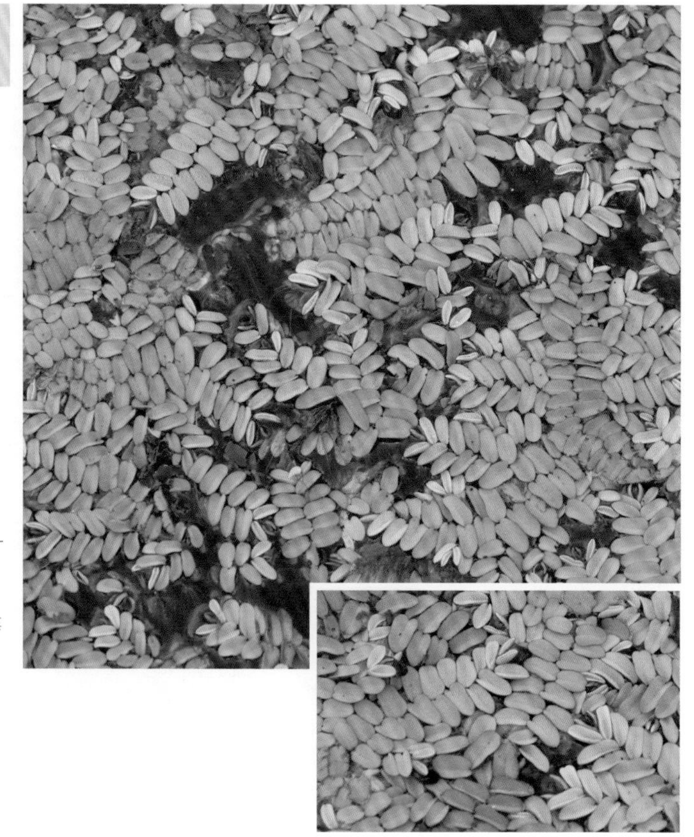

【科属】槐叶苹科，槐叶苹属

【别名】蜈蚣苹、山椒藻等

【花期】5~6月

【果期】7~8月

识别要点

多年生根退化型的浮水性蕨类植物。茎细长横走，被褐色茸毛，无根。三叶轮生，呈三列。二列叶漂浮水面，在茎的两侧排成羽状。脉上簇生短粗毛，侧脉间有排列整齐的乳头状突起。另一列叶悬垂于水中，裂成须根状。孢子果近球形，不开裂，簇生于沉水叶的基部，内生数个大孢子囊，每囊内有1个大孢子。

【分布及生境】长江以南、华北、东北、秦岭等地区均有分布。生于水田、溪沟和静水水面上。

【生 长 习 性】喜温暖、光照充足的环境。

【观赏与应用】叶形奇特，排列美观，是园林中绿化、美化水面的良好材料。种植于水田、沟塘和静水溪河内有净化水质的作用。

金星蕨科

6 金星蕨 *Parathelypteris glanduligera*

【科属】金星蕨科，金星蕨属

【别名】水蕨菜、毛毛蛇等

【高度】植株高35～50cm

识别要点

多年生草本植物。叶草质，叶片披针形，二回羽状深裂，羽片约15对，平展或斜上，无柄，叶脉明显。孢子两面型，圆肾形，周壁具褶皱，其上的细网状纹饰明显而规则。因孢子囊群生裂片的侧脉近顶处，球形金黄色如金星而得名“金星蕨”。

【分布及生境】广泛分布于长江以南各地。生于杂木林、山坡林缘、湿地。

【生 长 习 性】喜阴湿温暖环境。

【观赏与应用】主要作林下地被。

凤尾蕨科

7 井栏边草 *Pteris multifida*

【科属】凤尾蕨科，凤尾蕨属

【别名】鸡脚草、金鸡尾、井口边草等

【高度】株高30~70cm

识别要点

多年生草本植物。细弱，根状茎直立。叶二型，簇生，革质，一回羽状复叶；能育叶羽片条形，叶轴上部有狭翅，下部羽片常2~3叉；不育叶羽片较宽，具不整齐的尖锯齿。孢子囊群沿叶边连续分布。

【分布及生境】分布于除东北、西北以外的地区。常生于阴湿墙脚、井边和石灰岩石上。在无日光直晒，以及土壤湿润、肥沃、排水良好的处所生长最盛。

【生 长 习 性】喜温暖湿润和半阴环境，为钙质土指示植物。

【观赏与应用】叶丛细柔，秀丽多姿，是室内垂吊盆栽观叶佳品；在园林中可露地栽种于阴湿的林缘岩下，及石缝或墙根、屋角等处，野趣横生，也可吊盆观赏。

鳞毛蕨科

8 全缘贯众 *Cyrtomium falcatum*

【科属】鳞毛蕨科，贯众属

【高度】植株高30～40cm

识别要点

多年生草本植物。根茎直立，密被披针形棕色鳞片。叶簇生，叶片宽披针形，侧生羽片5～14对；具羽状脉，小脉结成3～4行网眼。叶为革质，两面光滑，叶轴腹面有浅纵沟，有披针形边缘有齿的棕色鳞片或秃净。孢子囊群遍布羽片背面，囊群盖圆形，盾状，边缘有小齿缺。

【分布及生境】分布于山东、江苏、浙江、福建、台湾和广东等地。生长于沿海山石、海边岩石缝及岛屿疏林下，尤其多见于海边潮线以上的岩石上。

【生 长 习 性】喜漫射光，能耐短期的微弱光照，耐阴力强。一般正常室温适合生长，生长适温为10～18℃。

【观赏与应用】株形自然，叶片亮绿，适于盆栽。

9 阔鳞鳞毛蕨 *Dryopteris championii*

【科属】鳞毛蕨科，鳞毛蕨属

【别名】毛贯众、多鳞毛蕨、东南鳞毛蕨等

【花期】7~8月

【果期】7~8月

【高度】植株高可达80cm

识别要点

多年生草本植物。叶簇生，叶柄禾秆色，密被鳞片。叶片卵状披针形，二回羽状。叶轴边缘有细齿的棕色鳞片。孢子囊群大，在小羽片中脉两侧或裂片两侧各一行，囊群盖圆肾形，全缘。

【分布及生境】分布于山东、江苏、浙江、江西、福建、河南、湖南、湖北、广东、香港、广西、四川、贵州、云南、西藏等地。生长在山坡疏林下或灌木丛中。

【生 长 习 性】喜阴暗潮湿环境。

【观赏与应用】野生，根茎具有药用价值。

水龙骨科

10 抱石莲 *Lepidogrammitis drymoglossoides*

【科属】水龙骨科，骨牌蕨属

【别名】抱树莲、石瓜子等

【花期】6～8月

【果期】8～10月

识别要点

多年生草本植物。叶远生，二型；不育叶长圆形至卵形，长1～2cm；能育叶舌状或倒披针形，长3～6cm，有时与不育叶同形，肉质，干后革质，上面光滑，下面疏被鳞片。

【分布及生境】广泛分布于长江流域及福建、广东、广西、贵州、陕西和甘肃。附生于阴湿树干和岩石上。

【生长习性】喜潮湿、散射光线或半阴环境。

【观赏与应用】附生于树干，有药用价值。

11 裸叶石韦 *Pyrrosia nuda*

【科属】水龙骨科，石韦属

【高度】植株高10～20cm

识别要点

多年生草本植物。叶远生，一型，叶柄长1～4cm，基部被鳞片，向上疏被星状毛，黄色至棕色。叶片狭披针形（能育叶更狭窄），全缘，肉质。孢子囊群近圆形，聚生于叶片的中上部，成熟时扩散，无盖，幼时被星状毛覆盖。

【分布及生境】主要分布于海南、云南、四川等地。附生林下树干。

【生 长 习 性】喜潮湿、散射光线或半阴环境。

【观赏与应用】附生在树干。

12 有柄石韦 *Pyrrosia petiolosa*

【科属】水龙骨科，石韦属

【别名】石韦、长柄石韦、石茶、独叶草、牛皮草等

【花期】5～7月

【果期】10～11月

【高度】植株高5～15cm

识别要点

多年生草本植物。叶远生，一型，具长柄，基部被鳞片，向上被星状毛。叶片椭圆形，厚革质，全缘，疏被星状毛，下面被厚层星状毛。孢子囊群布满叶片下面，成熟时扩散。《本草经集注》中记载："蔓延石上，生叶如皮，故名石韦。"

【分布及生境】分布于东北、华北、西北、西南和长江中下游各地。多附生于干旱裸露的岩石上。

【生 长 习 性】耐寒，喜半阴湿润环境，适宜疏松土壤。

【观赏与应用】附生在树干。可作石山点缀植物，用于石漠化治理。

600ZHONG JIAOYE ZHIWU TUJIAN

裸子植物

LUOZI ZHIWU

600种

郊野植物图鉴

苏铁科

13

苏铁 *Cycas revoluta*

【科属】苏铁科，苏铁属

【别名】铁树、凤尾蕉、辟火蕉等

【花期】6~8月

【果期】10月

【高度】茎高达2~5m，或更高

识别要点

常绿棕榈状木本植物。叶羽状，厚革质而坚硬，羽片条形，长达18cm，边缘显著反卷。种子卵形而微扁，10月成熟，熟时红色。

【分布及生境】原产于亚洲热带地区，中国华南地区有分布。

【生长习性】喜暖热湿润的环境，但也能耐干旱，不耐寒冷，生长缓慢，寿命可达200余年。10年以上的植株可开花。在长江中下游地区冬季移入低温温室或室内越冬，翌年4月移到室外。露地需包裹保温越冬。

【观赏与应用】树形优美，能体现热带风光，常布置于花坛的中心或盆栽布置于大型会场内供装饰用。

松科

14 金钱松 *Pseudolarix amabilis*

【科属】松科，金钱松属

【别名】金松、水树等

【花期】4～5月

【果期】10～11月

【高度】30～40m

识别要点

落叶乔木，树冠阔圆锥形。树皮赤褐色，长片状剥裂。大枝不规则轮生。叶条形，在长枝上互生，短枝上轮状簇生。球果卵形或倒卵形，有短柄，当年成熟，淡红褐色。

【分布及生境】产于安徽、江苏、浙江、江西、湖南、湖北、四川等地。散生于针叶树、阔叶树林中。

【生长习性】喜光，幼时稍耐阴，耐寒，抗风力强，不耐干旱，喜温凉湿润气候，在深厚肥沃、排水良好的沙质壤土上生长良好。金钱松属于有真菌共生的树种，菌根多则对生长有利。

【观赏与应用】夏叶碧绿，秋叶金黄，15～30枚小叶轮生于短枝上，好像一枚枚金钱，为世界五大庭园观赏树种之一。可孤植或丛植。

15

雪松 *Cedrus deodara*

【科属】松科，雪松属

【别名】塔松、香柏、宝塔松等

【花期】10～11月

【果期】球果翌年10月成熟

【高度】5～60m

识别要点

常绿乔木，树冠圆锥形。大枝平展，不规则轮生。叶针形，三棱状，在长枝上螺旋状散生，在短枝上簇生。球果椭圆状卵形，直立，熟后脱落。种子具翅。

【分布及生境】原产于印度、阿富汗、喜马拉雅山西部。中国自1920年引种，现在长江流域各大城市均有栽培。

【生长习性】喜光，喜温凉气候，有一定的耐阴力，阳性树种，抗寒性较强。浅根性，抗风性不强，抗烟尘能力弱。幼叶对二氧化硫极为敏感，受害后迅速枯萎脱落，严重时导致树木死亡。在土层深厚、排水良好的土壤上生长最好。

【观赏与应用】树体苍劲挺拔，主干耸直雄伟，树冠形如宝塔，大枝四向平展，小枝微下垂，针叶浓绿叠翠。尤其在瑞雪纷飞之时，白雪积压在翠绿色的枝叶上，引人入胜。雪松也是世界五大庭园观赏树种之一，最宜孤植于草坪中央、建筑前庭中心、广场中心或主要建筑物的两旁及公园的入口处。

16 白皮松 *Pinus bungeana*

【科属】松科，松属

【别名】白骨松、三针松、白果松等

【花期】4~5月

【果期】翌年9~10月

【高度】通常在3.5~4m，也可生长到30m左右的高度

识别要点

常绿乔木，树冠阔圆锥形。树皮灰绿色，鳞片状剥落，内皮乳白色，树干上形成乳白色或灰绿色花斑。枝条疏大而斜展。叶3针一束，叶鞘早落。球果圆锥状卵形，熟时淡黄褐色。

【分布及生境】为中国特产，分布于山西、河南、陕西、甘肃、四川、湖北、北京、南京、上海等地。

【生长习性】阳性树种，喜光，幼树稍耐阴，较耐寒，耐干旱，不择土壤，喜生于排水良好、土层深厚的土壤。对二氧化硫及烟尘污染有较强的抗性。为深根性树种，较抗风，生长速度中等。寿命长，有1000年以上的古树。

【观赏与应用】为我国特产的珍贵树种，自古以来即用于栽植在宫廷、寺院、名园之中。树干斑驳如白龙，衬以青翠的树冠，可谓独具奇观。宜栽植于庭院、屋前、亭侧，或与山石搭配，植于公园、街道绿地或纪念场所。

17 湿地松 *Pinus elliottii*

【科属】松科，松属

【别名】美国松、爱氏松、美松等

【花期】3~4月

【果期】翌年9月成熟

【高度】25~35m

识别要点

常绿乔木，树干通直。树皮灰褐色，纵裂成不规则大鳞片状剥落。小枝粗壮。冬芽圆柱形，先端渐狭，红褐色，无树脂。叶2针、3针一束并存，较粗硬。球果圆锥形，聚生，有短柄；鳞脐疣状，有短刺。种子卵圆形，种翅易脱落。

【分布及生境】原产于北美东南沿岸。中国长江流域至华南地区有栽培，已成为中国南方速生优良用材树种之一。适生于低山丘陵地带。

【生 长 习 性】强阳性树种，喜温暖多雨气候，较耐水湿和盐土，不耐干旱，抗风力强。

【观赏与应用】苍劲而速生，适应性强，材质好，松脂产量高。可在长江以南的园林和自然风景区中应用。

18 日本五针松 *Pinus parviflora*

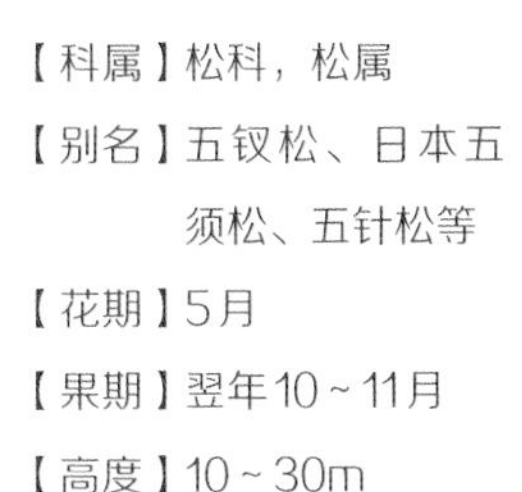

【科属】松科，松属

【别名】五钗松、日本五须松、五针松等

【花期】5月

【果期】翌年10～11月

【高度】10～30m

识别要点

常绿乔木，树冠圆锥形。树皮灰黑色，呈不规则鳞片状剥落，内皮赤褐色。一年生小枝淡褐色，密生淡黄色柔毛。冬芽长圆锥形，黄褐色。针叶5针一束，细而短，长3～6cm，基部叶鞘脱落，内侧两面有白色气孔线，蓝绿色，微弯曲，树脂道边生。球果卵圆形或卵状椭圆形，熟时淡褐色。种子倒卵形，较大，种翅短于种子。

【分布及生境】原产于日本南部。中国长江流域及青岛等地有栽培。各地盆栽。

【生长习性】喜光，能耐阴，忌湿畏热，不耐寒，生长慢，不适于沙地生长。

【观赏与应用】为珍贵的园林观赏树种，宜与山石配植形成优美的园景。品种多，也适宜作盆景、桩景等用。

19 黑松 *Pinus thunbergii*

【科属】松科，松属

【别名】白芽松、日本黑松等

【花期】3~5月

【果期】翌年10月

【高度】可达30m

识别要点

常绿乔木，树冠幼时狭圆锥形，老时呈扁平伞状。树皮灰黑色。枝条开展，老枝略下垂。冬芽圆锥形，黄褐色。针叶2针一束，粗硬，叶鞘宿存，常微弯曲。球果卵形，有短柄；鳞脐微凹，有短刺。种子倒卵形，有翅。

【分布及生境】原产于日本和朝鲜。中国山东沿海、辽东半岛、江苏、浙江、安徽等地有栽植。

【生长习性】喜光，幼树稍耐阴，喜温暖湿润的海洋性气候，极耐海潮风和海雾，耐干旱，耐瘠薄，耐盐碱，对土壤要求不严，喜生于沙质壤土。

【观赏与应用】为理想的海岸绿化树种，宜作防风、防潮、防沙林带及海滨浴场附近的风景林、行道树或庭荫树。也是优良的用材树种，又可作嫁接日本五针松和雪松的砧木。

20 马尾松 *Pinus massoniana*

【科属】松科，松属

【别名】青松、山松、枞松等

【花期】4月

【果期】翌年10～12月

【高度】可达45m

识别要点

常绿乔木。树皮红褐色，不规则片状裂。一年生小枝淡黄褐色，轮生。针叶2针一束。球果长卵形，有短柄，熟时栗褐色脱落。其枝叶似马尾，故名马尾松。

【分布及生境】分布极广，遍布于华中、华南各地。

【生长习性】喜光，强阳性树种，喜温暖湿润气候，耐寒性差，喜酸性黏质壤土，对土壤要求不严，耐干旱瘠薄，不耐盐碱，在钙质土上生长不良。深根性，侧根多，是南方荒山绿化的先锋树种。

【观赏与应用】是江南及华南自然风景区绿化和造林的重要树种。其经济价值高，用途广。松木是工农业生产上的重要用材，树干可割取松脂，树干及根部可培养茯苓、蕈类，供药用及食用，树皮可提取栲胶。

21 乔松 *Pinus wallichiana*

【科属】松科，松属

【花期】4~5月

【果期】翌年秋季成熟

【高度】高达70m

识别要点

常绿乔木，树皮灰褐色，小块裂片易脱落。枝条开展，冠阔尖塔型。当年生枝初绿色渐变红褐色；针叶5针一束，细柔下垂。球果圆柱形，成熟后淡褐色，种子椭圆状倒卵形，上端具结合而生的长翅。

【分布及生境】主要分布在西藏南部和云南西北部；是喜马拉雅山脉分布最广的森林植物类型。

【生 长 习 性】生长快，幼树阶段生长缓慢，需庇荫，对中性或微碱性土质尚能适应。

【观赏与应用】是优良的观赏树种，城市绿化中可以在绿地上孤植或散植。可提取松脂及松节油。

杉科

22

柳杉 *Cryptomeria fortunei*

【科属】杉科，柳杉属

【别名】长叶孔雀松等

【花期】4月

【果期】10~11月

【高度】可达48m

识别要点

常绿乔木，树冠塔形。树皮赤棕色，长条片剥落。小枝下垂，绿色。叶钻形，幼树及萌生枝条叶较长，达2.4cm，一般长1.0~1.5cm，叶微向内曲，四面有气孔线。球果熟时深褐色，种鳞约20枚，苞鳞尖头和种鳞顶端的齿缺均较短，每种鳞有2粒种子。

【分布及生境】为中国特有树种，产于浙江、福建、江西。北至江苏、安徽南部，南至广东、广西，西至四川、云南各地均有栽培。

【生长习性】中等阳性树种，稍耐阴，略耐寒，喜温暖湿润、空气湿度大、夏季较凉爽的山地环境，在土层深厚、湿润而透水性较好、结构疏松的酸性壤土中生长良好。

【观赏与应用】树姿秀丽，纤枝略垂，树形圆整高大，树姿雄伟，适于列植，或于风景区内大面积群植成林，是良好的绿化和环保树种。可作庭荫树或行道树。

23 日本柳杉 *Cryptomeria japonica*

【科属】杉科，柳杉属

【别名】猴抓杉、狼尾柳杉、孔雀松等

【花期】4月

【果期】10月

【高度】30～60m

识别要点

乔木，树皮红褐色，纤维状，裂成条片状落脱。大枝常轮状着生，水平开展或微下垂，树冠尖塔形。小枝下垂，当年生枝绿色。叶钻形，直伸，四面有气孔线。雄球花长椭圆形，雌球花圆球形。球果近球形，种子棕褐色。

【分布及生境】原产于日本，是日本的重要造林树种。中国山东青岛、蒙山，上海，江苏南京，浙江杭州，江西庐山，湖南衡山，湖北武汉等地引种栽培。

【生 长 习 性】喜光耐阴，喜温暖湿润气候，耐寒，畏高温炎热，忌干旱。适生于深厚肥沃、排水良好的沙质壤土，积水时易烂根。对二氧化硫等有毒气体比柳杉具更强的吸收能力。

【观赏与应用】作庭园观赏树。木材拥有清香的气味、红棕的颜色及轻而强壮的特性，而且有一定的防水及抵抗腐坏的能力。

24

池杉 *Taxodium ascendens*

【科属】杉科，落羽杉属

【别名】池柏、沼落羽松等

【花期】3～4月

【果期】10月

【高度】可达25m

识别要点

落叶乔木，树冠尖塔形。树干基部膨大，常具膝状呼吸根。树皮褐色，长条状剥落。大枝向上伸展，二年生枝褐红色，当年生小枝常略向下弯垂。叶多钻形略扁，螺旋状互生，贴近小枝。球果圆球形或长圆状球形，有短柄，熟时褐黄色。

【分布及生境】原产于北美东南部，中国江苏、浙江、河南、湖北武汉等地有栽培。

【生长习性】喜光，不耐阴，喜温暖湿润气候及深厚疏松的酸性、微酸性土壤，极耐水湿，也耐干旱，有一定耐寒力。生长较快，萌芽力强，抗风力强。

【观赏与应用】树形优美，枝叶秀丽婆娑，秋叶棕褐色，是观赏价值很高的园林树种。适宜在水滨湿地成片栽植，也可孤植或丛植，构成园林佳景。

25 落羽杉 *Taxodium distichum*

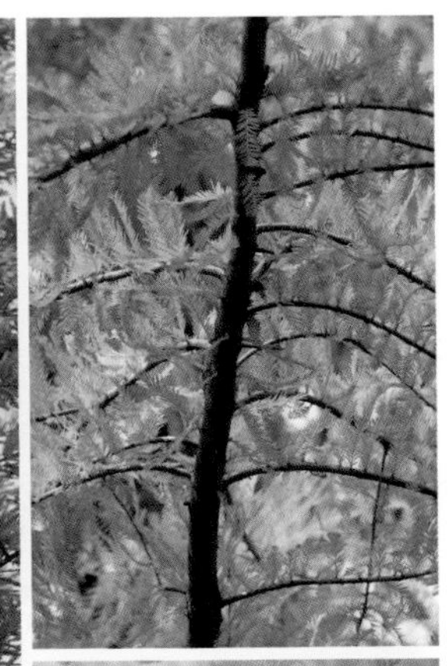

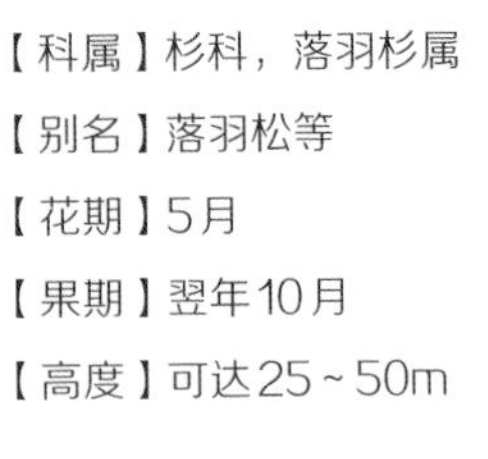

【科属】杉科，落羽杉属

【别名】落羽松等

【花期】5月

【果期】翌年10月

【高度】可达25～50m

识别要点

落叶乔木，树冠幼时圆锥形，老时成伞形。树干基部常膨大，具膝状呼吸根。树皮红褐色，长条状剥落。大枝近平展，小枝略下垂，侧生短枝成二列。叶扁平条形，互生，羽状排列，淡绿色，秋季红褐色。球果圆球形或卵圆形，熟时淡褐黄色。

【分布及生境】原产于北美东南部，中国长江流域及其以南地区有栽培。常栽种于平原地区及湖边、河岸、水网地区。

【生 长 习 性】喜光，喜温暖湿润气候，极耐水湿，有一定耐寒力，喜湿润、富含腐殖质的土壤，抗风力强。

【观赏与应用】树形整齐美观，羽状叶丛秀丽，秋叶红褐色，是优良的园林树种。适宜在水旁栽植，又有防风护岸之效。也是优良的用材树种。

26 墨西哥落羽杉 *Taxodium mucronatum*

【科属】杉科，落羽杉属

【别名】墨西哥落羽松、尖叶落羽杉等

【花期】3～4月

【果期】10月

【高度】高达50m

识别要点

半常绿或常绿乔木。树干尖削度大，基部膨大。树皮裂成长条片脱落，枝条水平开展，形成宽圆锥形树冠，大树的小枝微下垂。叶条形，扁平，排列紧密，列成二列，呈羽状，通常在一个平面上，向上逐渐变短。雄球花卵圆形，近无梗，组成圆锥花序状。球果卵圆形。

【分布及生境】原产于墨西哥及美国西南部，中国上海、浙江、江苏、河南、湖北、湖南和江西等地均有引种栽培。

【生长习性】适应性强，喜欢湿润温暖气候，耐低温，在干旱、瘠薄或碱性土壤中也能生长。耐水淹，能常年生长在浅河滨中。

【观赏与应用】树形高大美观，生长迅速，枝繁叶茂。中国东部栽培为半常绿乔木，绿期长于落羽杉和池杉，是江南低湿地区优良的园林绿化和造林树种，可用于公园水边、河流沿岸等的绿化造景，具有水土保持、涵养水源的作用。

27 水杉 *Metasequoia glyptostroboides*

【科属】杉科，水杉属

【别名】梳子杉等

【花期】2月

【果期】11月

【高度】5～40m

识别要点

落叶乔木，干基常膨大，幼树树冠尖塔形，老树则为广圆头形。小枝与侧芽均对生。叶扁平条形，交互对生，叶基扭转成羽状二列，冬季叶与无芽小枝一起脱落。球果深褐色，近球形，具长柄。

【分布及生境】原产于四川省石柱县、湖北省利川市磨刀溪、水杉坝一带，及湖南省龙山、桑植等地。我国各地普遍引种。

【生长习性】喜光，喜温暖湿润气候，具有一定的抗寒性，喜深厚肥沃的酸性土，要求排水良好，较耐盐碱。对二氧化硫等有害气体抗性较弱。

【观赏与应用】“活化石”树种，是秋叶观赏树种。树姿优美，叶形秀丽，叶色随季节而变化，春天柔嫩翠绿，盛夏黛绿浓郁，秋霜初降，则变为橙黄、橘红，若与枫树混植，则火红金黄，浑然成趣。在园林中可丛植、列植或孤植、片植。水杉生长快、适应性强、病虫害少，是很有前途的优良速生树种。可作为风景区绿化的首选树种。

28 杉木 *Cunninghamia lanceolata*

【科属】杉科，杉木属

【别名】沙木、沙树、戟叶柏、香杉等

【花期】4月

【果期】10月

【高度】可达30m

识别要点

常绿乔木，幼树树冠尖塔形，大树则为广圆锥形。树皮褐色，长条片状脱落。叶披针形或条状披针形，略弯曲呈镰刀状，革质，坚硬，深绿而有光泽，在主枝与主干上常有反卷状枯叶宿存。球果卵圆至圆球形，熟时棕黄色，种子具翅。

【分布及生境】分布广，产于长江流域及秦岭以南各地，其中浙江、福建、江西、湖南、广东、广西为杉木的中心产区。

【生长习性】喜温暖湿润气候，喜光，怕风，怕旱，不耐寒，喜深厚肥沃、排水良好的酸性土壤。

【观赏与应用】树姿端庄，适应性强，抗风力强，耐烟尘，可作行道树及营造防风林。

柏科

29

侧柏 *Platycladus orientalis*

【科属】柏科，侧柏属

【别名】黄柏、香柏、扁柏等

【花期】3～4月

【果期】10～11月

【高度】20m左右

识别要点

常绿乔木，幼树树冠卵状尖塔形，老树为广圆形。树皮薄片状剥离。大枝斜伸，小枝直展、扁平。叶全为鳞片状。雌雄同株，球花单生小枝顶端。球果卵形，熟前绿色，肉质。种鳞顶端有反曲尖头，熟后开裂，种鳞红褐色。

【分布及生境】为中国特产，除青海、新疆外，全国各地均有分布。

【生 长 习 性】喜光，幼时稍耐阴，适应性强，对土壤要求不严，在酸性、中性、石灰性和轻盐碱土壤中均可生长。

【观赏与应用】常为阳坡造林树种，也是常见的庭园绿化树种。可作建筑和家具等用材。

30 圆柏 *Sabina chinensis*

【科属】柏科，圆柏属

【别名】刺柏、柏树、桧柏等

【花期】4月

【果期】多翌年10～11月

【高度】可达20m左右

识别要点

常绿乔木，树冠尖塔形或圆锥形，老树为广卵形、球形或钟形。树皮浅纵条剥离，有时扭转状。老枝常扭曲状。叶两型:幼树全为刺形叶，大树刺形叶和鳞形叶兼有，老树则全为鳞形叶。球果球形，次年或第三年成熟，熟时肉质不开裂，呈浆果状。

【分布及生境】原产于中国东南部及华北地区，吉林、内蒙古以南均有栽培。

【生 长 习 性】喜光，耐阴性很强，耐寒，耐热，对土壤要求不严，对多种有害气体有一定的抗性，阻尘和隔声效果很好，耐修剪。

【观赏与应用】树形优美，老树干枝扭曲，姿态奇古，可以独树成景，是中国传统的园林树种。多配植于庙宇陵墓作墓道树或柏林。可以群植于草坪边缘作背景，或丛植片林，镶嵌于树丛的边缘和建筑附近。在庭园中用途极广。可以作绿篱、行道树，还可以作桩景、盆景材料。

31 璎珞柏

Juniperus formosana Hayata cv.

【科属】柏科，刺柏属

【别名】刺柏等

【花期】3~5月

【果期】翌年5~6月

【高度】可达12m

识别要点

璎珞柏是刺柏的栽培品种。常绿乔木或直立灌木。树皮灰褐色；枝条直展、斜展、下垂。三叶轮生，全为刺形，条状披针形，叶正面中脉绿色，两侧各有一条明显的白色气孔带。球果球形或宽卵圆形，成熟时蓝黑色，种子卵圆形，两年成熟。

【分布及生境】中国特有树种，分布很广，是亚热带具有代表性的针叶树种之一。

【生 长 习 性】喜温暖多雨气候及钙质土，耐干旱瘠薄，耐寒，稍耐水湿，浅根性。

【观赏与应用】材质优良，中枝、小枝下垂，树形美观，可以形成肃穆庄严的气氛，能有效吸附尘埃，净化空气，在长江流域各大城市多栽培作庭院树。

32

日本扁柏 *Chamaecyparis obtusa*

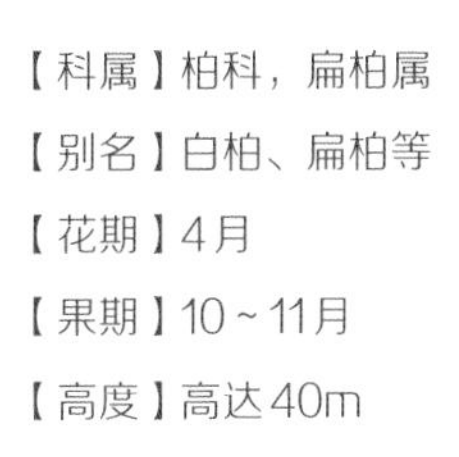

【科属】柏科，扁柏属

【别名】白柏、扁柏等

【花期】4月

【果期】10～11月

【高度】高达40m

识别要点

乔木，树冠尖塔形；树皮红褐色，光滑，鳞叶肥厚，先端钝；小枝绿色，背部具纵脊，通常无腺点，小枝下面的叶微被白粉。雄球花椭圆形，花药黄色。球果圆球形，熟时红褐色；顶部五角形，种子近圆形。

【分布及生境】多分布于长江中下游的中高山或低山丘陵。

【生 长 习 性】较耐阴，喜温暖湿润的气候，抗性强，耐低温，抗雪压，抗强风，抗冰冻。

【观赏与应用】作庭院观赏树。边材淡红色或黄白色，心材淡黄褐色，有光泽，有香气，材质强韧，可供建筑、家具及木纤维工业原料等用。

33

刺柏 *Juniperus formosana*

【科属】柏科，刺柏属

【别名】台桧、刺松、山杉等

【花期】4~6月

【果期】10~11月

【高度】可达12m

识别要点

乔木，树皮褐色，枝条斜展或直展，树冠塔形或圆柱形；小枝下垂，叶片三叶轮生，条状披针形或条状刺形，先端渐尖具锐尖头，上面稍凹，中脉微隆起，绿色，气孔带较绿色边带稍宽，下面绿色，有光泽，具纵钝脊，横切面新月形。雄球花圆球形或椭圆形，药隔先端渐尖，背有纵脊。球果近球形或宽卵圆形，熟时淡红褐色，种子半月圆形，近基部有树脂槽。

【分布及生境】中国特有树种，分布很广，多散生于林中。

【生 长 习 性】喜光、耐寒，适应性强。

【观赏与应用】小枝下垂，树形美观，在长江流域各大城市多栽培作庭院树。可配植、丛植、带植。带植刺柏对污浊空气具有很强的耐力，在市区路旁种植生长良好，能有效吸附尘埃，净化空气。也可作水土保持的造林树种。

罗汉松科

34

罗汉松 *Podocarpus macrophyllus*

【科属】罗汉松科，罗汉松属

【别名】罗汉杉、土杉等

【花期】4～5月

【果期】9～11月

【高度】高达20m

识别要点

常绿乔木，树冠广卵形。树皮灰色，呈薄片状脱落。枝较短而横斜密生。叶条状披针形，先端尖，两面中脉显著，侧脉缺，叶面暗绿。雄球花3～5个簇生叶腋，圆柱形；雌球花单生叶腋。种子卵形，熟时紫色，外被白粉，着生于肉质膨大的种托上，有柄。其主要变种与变型如下。

① 狭叶罗汉松（var. *angustifolius*）。叶长5～9cm，宽3～6mm，叶端渐狭成长尖头，叶基楔形。产于四川、贵州、江西等地，广东、江苏有栽培。

② 短叶罗汉松（var.*maki*）。小乔木或灌木，枝直上着生。叶密生，长2～7cm，较窄，两端略钝圆。原产日本，在我国江南各地常见栽培。

③ 雀舌罗汉松。常绿乔木，节结短。叶片长约1.8～2cm，宽约0.4cm，春头呈钝卵圆形，叶头不尖，中间叶脉突出，如雀鸟的舌头，有肉质感。春头呈菊花状，收拢，不发散。江苏省南通地区周围的特产树种，主要作为盆景树种栽植。

【分布及生境】产于江苏、浙江、福建、安徽、江西、湖南、四川、云南、贵州、广西、广东等地。

【生长习性】喜温暖湿润气候，耐寒性弱，耐阴性强。喜排水良好、湿润的沙质壤土，对土壤适应性强，在盐碱土上也能生存。

【观赏与应用】树形优美，绿白色的种子衬以大10倍的肉质红色种托，好似披着红色袈裟正在打坐参禅的罗汉，故得名罗汉松。满树紫红点点，颇富情趣。宜孤植作庭荫树，或对植、散植于厅堂之前。罗汉松耐修剪，能适应海岸环境，特别适宜作海岸绿化树种。

35 竹柏 *Podocarpus nagi*

【科属】罗汉松科，竹柏属

【别名】罗汉柴、山杉等

【花期】3~5月

【果期】10~11月

【高度】可达20m

识别要点

常绿乔木，树冠圆锥形。树皮近平滑，红褐色或暗红色，裂成小块薄片。叶长卵形、卵状披针形或披针状椭圆形，似竹叶，上面深绿色，背面淡绿色，平行脉，无明显中脉。雄球花常呈分枝状。种子球形，熟时紫黑色，有白粉。

【分布及生境】浙江、福建、江西、湖南、广东、广西、四川等地均有栽培。其垂直分布自海岸以上丘陵地区，上达海拔1600m的高山地带，往往与常绿阔叶树组成森林。

【生长习性】为阴性树种，适生于温暖湿润、土壤深厚疏松的环境。不耐修剪。

【观赏与应用】可净化空气、抗污染和驱蚊，具有较高的观赏、生态、药用和经济价值。

三尖杉科

36 粗榧 *Cephalotaxus sinensis*

【科属】三尖杉科，三尖杉属

【别名】粗榧杉、中国粗榧等

【花期】3~4月

【果期】8~10月

【高度】可达15m

识别要点

灌木或小乔木，树皮灰色或灰褐色，叶条形，排列成两列，基部近圆形，几无柄，上面深绿色，中脉明显。雄球花卵圆形，聚生成头状，基部有苞片，花丝短。种子着生于轴上，卵圆形、椭圆状卵形或近球形，8~10月种子成熟。

【分布及生境】为中国特有树种，分布很广。江苏南部、浙江、安徽南部、福建、江西、河南、湖南、湖北、陕西南部、甘肃南部、四川、云南东南部、贵州东北部、广西、广东西南部有分布。多生于花岗岩、砂岩或石灰岩山地。

【生长习性】喜温凉、湿润气候及黄壤、黄棕壤、棕色森林土的山地，阴性树种，较耐寒，喜生于富含有机质的土壤中。

【观赏与应用】是常绿针叶树种，树冠整齐，针叶粗硬，有较高的观赏价值。在园林中通常与其他树种配植，作基础种植、孤植、丛植、林植等；粗榧有很强的耐阴性，也可植于草坪边缘或大乔木下作林下栽植材料；萌芽性强，耐修剪，可利用幼树进行修剪造型，作盆栽或孤植造景，老树可制作成盆景观赏。

红豆杉科

37 红豆杉 *Taxus chinensis*

【科属】红豆杉科，红豆杉属

【别名】卷柏、红豆树、观音杉等

【花期】3～6月

【果期】9～10月

【高度】可达30m

识别要点

是喜马拉雅山红豆树的变种，常绿乔木。树皮褐色，裂成条片状脱落。叶条形，长1～3.2cm，宽2～2.5mm，先端渐尖，叶缘微反曲，稍弯曲，排成二列，叶背有两条黄绿色或灰绿色宽气孔带。种脐卵圆形，有2棱，假种皮杯状，红色。

【分布及生境】分布于甘肃、陕西、湖北、四川、吉林、辽宁、云南、西藏、安徽、浙江、台湾、福建、江西、广东、广西、湖南、湖北、河南、贵州、黑龙江等地。常生于高山上部。

【生长习性】阴性树种，常处于林冠下乔木第二、三层，散生，基本无纯林存在，也极少团块分布。适合生长在排水良好的酸性灰棕壤、黄壤、黄棕壤上。

【观赏与应用】叶常绿，深绿色，假种皮肉质红色，颇为美观，是优良的观赏树种，可作庭院置景树，并经常用于制作圣诞花环。具有药用价值，可用于合成抗癌药物紫杉醇。

38 榧树 *Torreya grandis*

【科属】红豆杉科，榧树属

【别名】香榧、野榧、羊角榧等

【花期】4月中、下旬

【果期】翌年9月

【高度】可达25m

识别要点

常绿乔木。树干端直，树冠卵形，干皮褐色光滑，老时浅纵裂，冬芽褐绿色常3个集生于枝端。雌雄异株，雄球花单生于叶腋，雌球花对生于叶腋。种子椭圆形、卵圆形、倒卵圆形或长椭圆形，为假种皮所包被；假种皮淡紫红色，被白粉。

【分布及生境】中国特有树种，分布于江苏、福建、安徽、江西、湖南、浙江、贵州、辽宁、山东等地。生于温暖多雨的黄壤、红壤、黄褐土地区。

【生长习性】喜光而好凉爽湿润的环境，常散生于土层深厚有林的黄壤谷地，忌积水低洼地，干旱瘠薄处生长不良，耐寒，树龄200年而不衰。

【观赏与应用】枝繁叶茂，形体美丽，是良好的园林绿化树种和背景树种，又是著名的干果树种。浙江绍兴会稽山脉中部一带的香榧种子闻名世界，种仁、枝叶可入药。在东亚国家，榧木是用来制作棋盘的高级木料。

600ZHONG JIAOYE ZHIWU TUJIAN

被子植物

BEIZI ZHIWU

600种

郊野植物图鉴

木兰科

39

玉兰 *Magnolia denudata*

【科属】木兰科，木兰属

【别名】玉兰花、白玉兰、木兰等

【花期】3~4月

【果期】8~9月

【高度】可达25m

识别要点

落叶乔木。树冠卵圆形。花芽大，顶生，密被灰黄色长绢毛。叶宽倒卵形，先端宽圆或平截，有突尖的小尖头，叶柄有柔毛。花先叶开放，花大，单生枝顶，径12~15cm，白色芳香，花被片9枚，花萼与花瓣相似。聚合蓇葖果圆柱形，木质褐色，成熟后背裂露出红色种子。

【分布及生境】中国特有树种，各大城市园林中广泛栽培。上海市市花。

【生长习性】喜光，稍耐阴，较耐寒。喜肥，喜深厚、肥沃、湿润及排水良好的中性、微酸性土壤，微碱土亦能适应。根系肉质，易烂根，忌种植在积水低洼处。不耐移植，不耐修剪，抗二氧化硫等有害气体能力较强。生长缓慢，寿命长。

【观赏与应用】花大清香，亭亭玉立，为名贵的早春花木，最宜列植堂前，点缀中堂。园林中常丛植于草坪、路边，亭台前后，漏窗、洞门内外，构成春光明媚的春景。若其下配植山茶等花期相近的花灌木则更富诗情画意。若与松树配植，再置数块山石，则古雅成趣。

40 紫玉兰 *Magnolia liliflora*

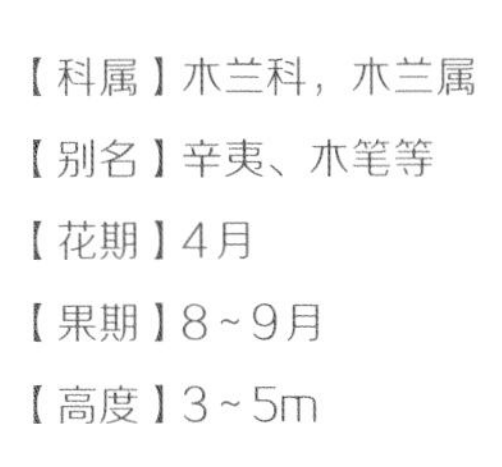

【科属】木兰科，木兰属

【别名】辛夷、木笔等

【花期】4月

【果期】8~9月

【高度】3~5m

识别要点

落叶灌木，小枝紫褐色。顶芽卵形，叶椭圆形，先端渐尖，背面沿脉有短柔毛，托叶痕长为叶柄的1/2。花叶同放；花杯形，紫红色，内面白色。聚合蓇葖果圆柱形，淡褐色。

【分布及生境】原产于中国中部，现全国各地均有栽培。

【生长习性】喜光，幼时稍耐阴，不耐严寒，在肥沃、湿润的微酸性和中性土壤中生长最盛。根系发达，萌蘖性强，较白玉兰耐湿。

【观赏与应用】“外烂烂以凝紫，内英英而积雪”，紫玉兰花大而艳，是传统的名贵春季花木。可配植在庭院的窗前和门厅两旁，丛植于草坪边缘，或与常绿乔、灌木配植。常与山石配小景，与木兰科其他观花树木配植组成玉兰园。

41 二乔玉兰 *Magnolia× soulangeana*

【科属】木兰科，木兰属

【别名】珠砂玉兰、苏郎木兰等

【花期】3 ~ 4月

【果期】9 ~ 10月

【高度】6 ~ 10m

识别要点

系玉兰和紫玉兰的杂交种，落叶小乔木。叶倒卵形，长6 ~ 15cm，先端短急尖，基部楔形，背面多少有柔毛，侧脉7 ~ 9对。与玉兰的主要区别为：萼片3枚，常花瓣状；花瓣6枚，外面淡紫红色，内面白色。花期与玉兰相近。

【分布及生境】原产于中国，栽培范围很广，北起北京，南达广东，东起沿海各地，西至甘肃兰州、云南昆明等地。

【生 长 习 性】耐旱，耐寒，喜光，适合生长于气候温暖地区，不耐积水和干旱。喜中性、微酸性或微碱性的疏松肥沃土壤，以及富含腐殖质的沙质壤土。可耐-20℃的短暂低温。

【观赏与应用】是早春色香俱全的观花树种，花大色艳，观赏价值很高，是城市绿化的优良花木。广泛用于公园、绿地和庭院等孤植观赏。可用于排水良好的沿路及沿江河生态景观建设。

42 广玉兰 *Magnolia grandiflora*

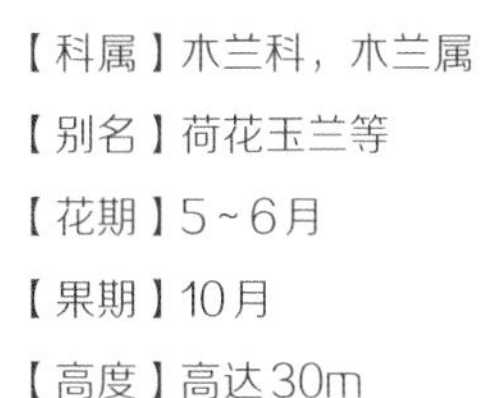

【科属】木兰科，木兰属

【别名】荷花玉兰等

【花期】5～6月

【果期】10月

【高度】高达30m

识别要点

常绿乔木，树冠阔圆锥形。叶厚革质，倒卵状长椭圆形，先端钝，表面光泽，背面密被锈褐色绒毛。

【分布及生境】原产于北美洲东南部，中国长江流域以南各城市有栽培，南通市市树。

【生长习性】喜光，幼时耐阴。喜温暖湿润气候，稍耐寒。对土壤要求不严，适生于湿润肥沃的土壤，故在河岸、湖畔处生长好，但不耐积水，不耐修剪。抗二氧化硫、氯气、氟化氢、烟尘污染。根系深广，病虫害少，幼时生长缓慢，寿命长。

【观赏与应用】可做园景、行道树、庭荫树。树姿雄伟壮丽，叶大荫浓，花似荷花，芳香馥郁。是美丽的园林绿化观赏树种。宜孤植、丛植或成排种植。还能耐烟抗风，对二氧化硫等有毒气体有较强的抗性，因此又是净化空气、保护环境的优良树种。

43 望春玉兰 *Magnolia biondii*

【科属】木兰科，木兰属

【别名】望春花、迎春树、辛兰等

【花期】2～3月

【果期】9～10月

【高度】6～12m

识别要点

落叶乔木，树皮淡灰色，光滑；小枝细长，灰绿色；叶椭圆状披针形，先端急尖，或短渐尖，基部阔楔形，或圆钝，边缘干膜质，下延至叶柄，上面暗绿色，下面浅绿色，初被平伏棉毛，后无毛；早春二月先开花后发叶，芳香，花期约20天。

【分布及生境】分布在河南、湖北、四川、青岛、陕西、山东、甘肃等地，多生于林间。

【生长习性】喜光，喜湿润，怕涝，较耐阴，喜肥沃、排水良好而带微酸性的沙质土壤。

【观赏与应用】树干光滑，树形优美，花色素雅，气味浓郁芳香，花瓣白色，外面基部紫红色，夏季叶大浓绿，有特殊香气，逼驱蚊蝇，是美化环境、绿化庭院的优良树种。木材坚实，是优质良材。

44 含笑 *Michelia figo*

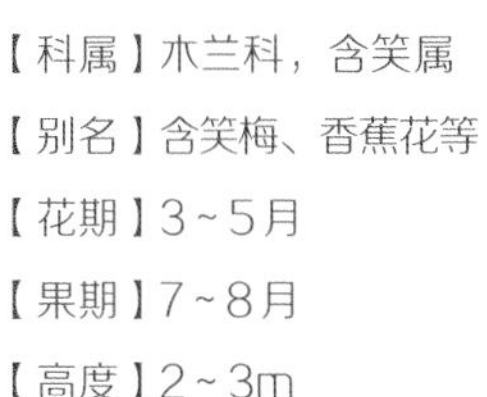

【科属】木兰科，含笑属

【别名】含笑梅、香蕉花等

【花期】3~5月

【果期】7~8月

【高度】2~3m

识别要点

常绿灌木。芽、小枝、叶柄、花梗均密被锈色绒毛。叶革质，倒卵状椭圆形，先端钝短尖，背面中脉常有锈色平伏毛，托叶痕达叶柄顶端。花单生叶腋，淡黄色，边缘常紫红色，芳香，花径2~3cm，聚合果。

【分布及生境】原产于华南南部各地，广东鼎湖山有野生，现广植于中国各地。

【生长习性】喜半阴、温暖多湿，不耐干燥和暴晒，不耐干旱瘠薄，忌积水，耐修剪，对氯气有较强的抗性。

【观赏与应用】花香浓烈，花期长，树冠圆满，四季常青，是著名的香花树种。常配植在公园、庭院、居民新村、街心公园的建筑周围；适合在落叶乔木下较幽静的角落和窗前栽植。花可熏茶，叶可提取芳香油。

45 乐昌含笑 *Michelia chapensis*

【科属】木兰科，含笑属

【别名】南方白兰花、广东含笑、景烈白兰、景烈含笑等

【花期】3~4月

【果期】8~9月

【高度】高15~30m

识别要点

乔木，小枝无毛，幼时节上有毛。叶薄革质，倒卵形至长圆状倒卵形，长5~16cm，先端短尾尖，基部楔形。花被片6枚，黄白色。

【分布及生境】原产于江西、湖南、广东、广西、贵州等地。生于山地林间。

【生长习性】喜温暖、湿润的气候，生长适宜温度为15~32℃，能抗41℃的高温，也耐寒。喜光，但苗期喜偏阴。喜土壤深厚、疏松、肥沃、排水良好的酸性至微碱性土壤。

【观赏与应用】树干挺拔，树荫浓郁，花香醉人，可孤植或丛植于园林中，也可作行道树。

46 深山含笑 *Michelia maudiae*

【科属】木兰科，含笑属

【别名】光叶白兰花、莫夫人玉兰等

【花期】2~3月

【果期】9~10月

【高度】高达20m

识别要点

全株无毛。顶芽窄葫芦形，被白粉。叶宽椭圆形，长7~18cm，叶表深绿色，叶背有白粉，中脉隆起，网脉明显。花大，白色，芳香。聚合果长10~12cm，种子斜卵形。

【分布及生境】原产于浙江南部、福建、湖南、广东、广西、贵州等地。

【生长习性】喜温暖、湿润环境，有一定耐寒能力。喜光，幼时较耐阴。自然更新能力强，生长快，适应性广。抗干热，对二氧化硫的抗性较强。喜土层深厚、疏松、肥沃而湿润的酸性沙质土。根系发达，萌芽力强。

【观赏与应用】是华南常绿阔叶林的常见树种。枝叶光洁，花大而早开，可植于庭院。花洁白如玉，花期长，且三年生树即可开花，宜植为园林观赏树种。花可供观赏及药用，也可提取芳香油。

47 鹅掌楸 *Liriodendron chinense*

【科属】木兰科，鹅掌楸属

【别名】马褂木等

【花期】5~6月

【果期】10~11月

【高度】高达40m

识别要点

落叶乔木。树冠阔卵形。叶马褂状，近基部有1对侧裂片，上部平截，叶背苍白色，有乳头状白粉点。花杯状，黄绿色，外面绿色较多，而内侧黄色较多。花被片9枚，清香。聚合果纺锤形，翅状小坚果钝尖。

【分布及生境】产于长江流域以南及浙江、安徽南部，华北中部以南能露地越冬。

【生 长 习 性】喜温暖湿润气候，在深厚、肥沃、湿润、酸性土上生长良好。稍耐阴，不耐水湿，在积水地带生长不良。种子发芽率很低，但萌芽力强。

【观赏与应用】叶形奇特美观，是公园、城镇绿化中的珍贵观赏树种，也可作庭荫树和行道树。木材供建筑、家具、细木工等用材，树皮可入药。

蜡梅科

48

蜡梅 *Chimonanthus praecox*

【科属】蜡梅科，蜡梅属

【别名】金梅、蜡花、蜡木等

【花期】11月到翌年3月

【果期】4～11月

【高度】高达3m

识别要点

落叶丛生灌木，叶半革质，椭圆状卵形至卵状披针形，长7～15cm，先端渐尖，叶基圆形或广楔形，叶表有硬毛，叶背光滑。花单生，直径约2.5cm，花被外轮蜡黄色，中轮有紫色条纹，有浓香。果托坛状，聚合果紫褐色。花远在叶前开放。

【分布及生境】野生于山东、江苏、安徽、浙江、福建、江西、湖南、湖北、河南、陕西、四川、贵州、云南等地。生于山地林中。

【生长习性】性喜阳光，耐阴，怕风，较耐寒，在不低于-15℃时能安全越冬。好生于土层深厚、肥沃、疏松、排水良好的微酸性沙质壤土上，在盐碱地上生长不良。耐旱性较强，怕涝，故不宜在低洼地栽培。

【观赏与应用】花开于寒月早春，花黄如蜡，清香四溢，为冬季观赏佳品。配植于室前、墙隅均极适宜，作为盆花、桩景和瓶花亦独具特色。我国传统上喜用南天竹与蜡梅搭配，可谓色、香、形三者相得益彰，极得造化之妙。

樟科

49

香樟 *Cinnamomum camphora*

【科属】樟科，樟属

【别名】樟、樟木等

【花期】4~5月

【果期】8~11月

【高度】高达30m

识别要点

常绿大乔木，树冠近球形。叶互生，卵形、卵状椭圆形；背面有白粉，具离基三出脉，脉腋有腺体。花序腋生，花小，黄绿色。浆果球形，紫黑色。

【分布及生境】产于中国南方及西南各地。主要生长于亚热带土壤肥沃的向阳山坡、谷地及河岸平地。山坡或沟谷中也常有栽培。

【生长习性】喜光，稍耐阴；喜温暖湿润气候，耐寒性不强。适生于深厚肥沃的酸性或中性沙壤土，根系发达，深根性，抗倒能力强。

【观赏与应用】树冠圆满，枝叶浓密青翠，树姿壮丽，是优良的庭荫树、行道树、风景树、防风林树种，也是我国珍贵的造林树种。木材是制造高级家具、雕刻、乐器的优良用材。树可提取樟脑油，供国防、化工、香料、医药工业用材，根、皮、叶可入药。

50 天竺桂 *Cinnamomum japonicum*

【科属】樟科，樟属

【别名】大叶天竺桂、山肉桂等

【花期】4～5月

【果期】7～9月

【高度】高10～15m

识别要点

常绿乔木。枝条细弱，圆柱形，极无毛，红色或红褐色，具香气。叶近对生，革质，上面绿色，光亮，下面灰绿色，晦暗，两面无毛，离基三出脉，叶柄粗壮，腹凹背凸，红褐色，无毛。圆锥花序腋生，果长圆形。

【分布及生境】分布于江苏、浙江、安徽、江西、福建及台湾。生于低山或近海的常绿阔叶林中。

【生 长 习 性】喜温暖湿润环境，较耐寒。长势强，树冠扩展快，本地能露地过冬。

【观赏与应用】树姿优美，抗污染，观赏价值高，病虫害少，常被用作行道树或庭院树种栽培，也用作造林栽培。枝叶及树皮可提取芳香油，可作各种香精及香料的原料。

51

月桂 *Laurus nobilis*

【科属】樟科，月桂属

【别名】月桂树、桂冠树等

【花期】3~5 月

【果期】6~9月

【高度】高12m

识别要点

常绿小乔木。小枝绿色有纵条纹。单叶互生，叶椭圆形至椭圆状披针形，叶缘细波状，革质，有光泽，无毛，叶柄紫褐色，叶片揉碎后有香气。花为雌雄异株，花小黄色，花序在开花前呈球状。果暗紫色。

【分布及生境】原产于地中海一带，中国浙江、江苏、福建、台湾、四川及云南等地有引种栽培。

【生长习性】喜光，稍耐阴。喜温暖湿润气候，也耐短期低温（-8℃）。喜深厚、肥沃、排水良好的壤土或沙壤土。不耐盐碱，怕涝。

【观赏与应用】四季常青，苍翠欲滴，枝叶茂密，分枝低，可修剪成各种球形或柱体，孤植、丛植点缀草坪、建筑。常作绿墙分隔空间或作障景。叶可制作调味香料。

52 狭叶山胡椒 *Lindera angustifolia*

【科属】樟科，山胡椒属

【别名】狭叶钓樟、山胡椒等

【花期】3～4月

【果期】9～10月

【高度】高2～8m

识别要点

落叶灌木或小乔木，幼枝条黄绿色，无毛。冬芽卵形，紫褐色，芽鳞具脊。叶互生，椭圆状披针形，先端渐尖，基部楔形，近革质，上面绿色无毛，下面苍白色，沿脉上被疏柔毛，羽状脉，侧脉每边8～10条。伞形花序，果球形，成熟时黑色，果梗被微柔毛或无毛。

【分布及生境】分布于山东、浙江、福建、安徽、江苏、江西、河南、陕西、湖北、广东、广西等地。生于山坡灌丛或疏林中。

【生 长 习 性】耐半阴，喜光，耐寒。

【观赏与应用】花黄果黑，叶入秋后变成橘红色，入冬枯而不落，至翌年春方与嫩叶交替，颇具观赏价值，具有药用价值。

53

华东楠 *Machilus leptophylla*

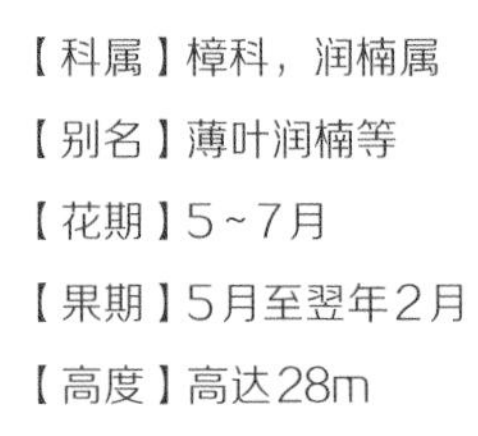

【科属】樟科，润楠属

【别名】薄叶润楠等

【花期】5~7月

【果期】5月至翌年2月

【高度】高达28m

识别要点

高大常绿乔木；树皮灰褐色。枝粗壮，暗褐色，无毛。叶互生或在当年生枝上轮生，倒卵状长圆形，先端短渐尖，基部楔形，坚纸质，幼时下面全面被贴伏银色绢毛。圆锥花序，果球形，果梗长5~10mm。

【分布及生境】分布于福建、浙江、江苏、湖南、广东、广西、贵州等地。生长于阴坡谷地混交林中。

【生长习性】耐阴树种，具有深根性，喜温暖湿润气候和肥沃的微酸性、中性沙壤土，有一定的耐寒性，但幼树时期的耐寒性较差，生长速度中等。

【观赏与应用】树形高大，枝繁叶茂，四季常青，嫩叶呈粉红色或红棕色，是我国南方优良的庭院观赏、绿化树种；具有良好的防风和固土能力，是低山丘陵区理想的生态公益林树种，也是现代生物防护林带优良的防火树种之一。

三白草科

54

蕺菜 *Houttuynia cordata*

【科属】三白草科，蕺菜属

【别名】鱼腥草等

【花期】4～7月

【果期】7～10月

【高度】高30～60cm

识别要点

腥臭草本植物，叶薄纸质，有腺点，背面尤甚，卵形或阔卵形，背面常呈紫红色；叶脉5～7条，叶柄无毛；托叶膜质，花序长约2cm，总苞片长圆形或倒卵形，顶端钝圆。雄蕊长于子房，花丝长为花药的3倍。蒴果，顶端有宿存的花柱。

【分布及生境】产于中国中部、东南至西南部各地。生于沟边、溪边或林下湿地。

【生 长 习 性】对温度适应范围广，喜湿耐涝，对土壤要求不严格，以沙壤土、沙土为好，但黏性土也能生长。对光照条件要求不严，弱光条件下也能正常生长发育。

【观赏与应用】叶茂花繁，生性强健，为乡土地被植物，可带状丛植于溪沟旁，或群植于潮湿的疏林下。具有药用价值，全株入药，有清热、解毒、利水之效。嫩根茎可食，可作蔬菜或调味品。

55 三白草 *Saururus chinensis*

【科属】三白草科，三白草属

【别名】塘边藕等

【花期】4~6月

【果期】6~9月

【高度】30~100cm

识别要点

湿生草本植物，叶纸质，密生腺点，阔卵形，顶端短尖，基部心形，两面均无毛。叶脉5~7条，均自基部发出。花序白色，花序轴密被短柔毛，苞片近匙形。果近球形，表面多疣状凸起。此草常有三枚叶片为乳白色，故名“三白草”。

【分布及生境】产于河北、山东、河南和长江流域及其以南各地。凡塘边、沟边、溪边等浅水处或低洼地均可栽培。

【生长习性】喜温暖湿润气候，耐阴。

【观赏与应用】可栽培作为湿地水景观赏植物。

马兜铃科

56 马兜铃 *Aristolochia debilis*

【科属】马兜铃科，马兜铃属

【别名】水马香果、蛇参果等

【花期】7～8月

【果期】9～10月

识别要点

草质藤本植物。茎柔弱，叶互生，叶片卵状三角形，先端钝圆，基部心形，两侧裂片圆形。基出脉5～7条。花单生或2朵聚生于叶腋，小苞片三角形，易脱落，黄绿色，口部有紫斑。蒴果近球形，种子扁平。因其成熟的果实像挂在马颈下的响铃，故名“马兜铃”。

【分布及生境】分布于黄河以南至长江流域以南以及山东、河南等地；广东、广西常有栽培。生于山谷、沟边、路旁阴湿处及山坡灌丛中。

【生长习性】喜光，稍耐阴，喜沙质黄壤土，耐寒，适应性强。

【观赏与应用】常于郊野路边、林缘、灌丛中散生。在园林中宜成片种植，作地被植物。也可用于攀援低矮栅栏作垂直绿化材料。

莲科

57

荷花 *Nelumbo nucifera*

【科属】莲科，莲属

【别名】莲花、菡萏、芙蓉等

【花期】6~8月

【果期】8~9月

识别要点

多年生挺水植物。根状茎（藕）肥厚多节，节间内有多数孔眼。叶盾状圆形，上被蜡质，蓝绿色，有带刺长叶柄挺出水面。花大，单生于花梗顶端，高于叶面，粉红色、红色或白色，花清香，昼开夜合。花托于果期膨大凸出于花中央，有多数蜂窝孔，内有小坚果（莲子）。品种较多，主要分观赏及食用两大类。观赏类又有单瓣、重瓣以及各种花色、花型的品种。依应用不同可分为藕莲、子莲和花莲三大系统。

【分布及生境】原产于亚洲热带和温带地区。

【生 长 习 性】喜温暖和阳光充足，耐寒，喜肥，喜富含腐殖质、微酸性的黏质壤土，忌干旱。非常喜光，极不耐阴，具有强烈的趋光性。冬天可在冰层下过冬，盆栽可于冷室越冬，气温保持0℃以上，土壤湿润即可。

【观赏与应用】布置园林水面，多采用盆栽和池栽等布置手法，在园林水景和园林小品中经常出现。藕微甜而脆，可做菜，藕制成粉可食用。

睡莲科

58

睡莲 *Nymphaea tetragona*

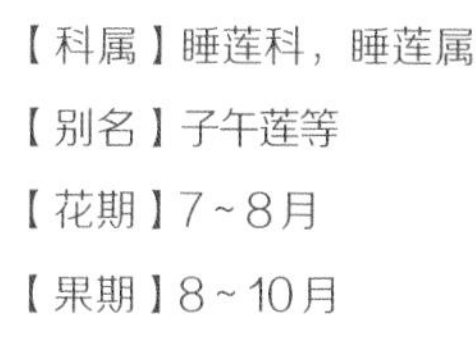

【科属】睡莲科，睡莲属

【别名】子午莲等

【花期】7~8月

【果期】8~10月

识别要点

多年生浮水植物。根茎直立，不分枝。叶较小，近圆形或卵状椭圆形，具长细叶柄，表面浓绿色，背面暗紫色；幼叶具表面褐色斑纹，浮于水面。花单生，小型，直径2~7.5cm，多为白色，花药金黄色；午后开放。

【分布及生境】原产于中国，分布广泛，常生长在池塘边缘。睡莲可分为耐寒、不耐寒两大类，前者分布于亚热带和温带地区，后者分布于热带地区。

【生 长 习 性】保持充足阳光，不得缺水。

【观赏与应用】花色绚丽多彩，花姿楚楚动人，可池塘片植或居室盆栽。还可以结合景观的需要，选用外形美观的缸盆，摆放于建设物、雕塑、假山石前。睡莲中的微型品种，可栽在考究的小盆中，用以点缀、美化居室环境。

59 萍蓬草 *Nuphar pumilum*

【科属】睡莲科，萍蓬草属

【别名】黄金莲、萍蓬莲等

【花期】5~7月

【果期】7~9月

识别要点

多年水生草本植物；根状茎，叶纸质，宽卵形或卵形，少数椭圆形、马蹄形。花黄色，浆果卵形，种子矩圆形，褐色。

【分布及生境】分布于黑龙江、吉林、河北、江苏、浙江、江西、福建和广东等地。生长在湖沼中。

【生 长 习 性】喜肥，喜温暖和阳光照射。

【观赏与应用】是一种观叶、观花植物，浮叶马蹄形，表面油绿光亮，背面紫红色，密被茸毛，较为美丽。夏季开花，花朵金黄鲜艳。

金鱼藻科

60

金鱼藻 *Ceratophyllum demersum*

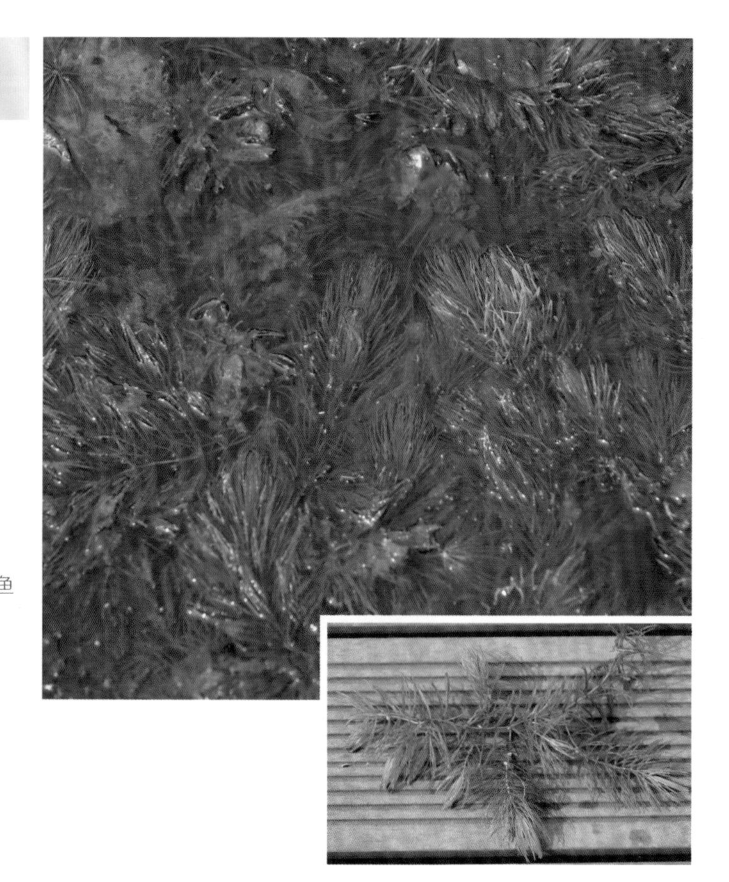

【科属】金鱼藻科，金鱼藻属

【别名】细草、软草等

【花期】6~7月

【果期】8~10月

识别要点

多年生沉水草本植物；茎长40~150cm，平滑，具分枝。叶4~12轮生，1~2次二叉状分歧，裂片丝状，或丝状条形，先端带白色软骨质，边缘仅一侧有数细齿。花苞片9~12枚，条形，浅绿色，透明。坚果黑色，平滑。

【分布及生境】分布于东北、华北、华东等地区。群生于淡水池塘、水沟、稳水小河、温泉流水及水库中，常生于1~3m深的水域中，形成密集的水下群落。

【生长习性】对水温要求较宽，但对结冰较为敏感，在冰中几天内冻死。是喜氮植物，水中无机氮含量高时生长较好。

【观赏与应用】人工养殖鱼缸布景。于池塘、水沟等处常见，可做猪、鱼及家禽饲料。以全草入药，四季可采，晒干。

毛茛科

61

毛茛 *Ranunculus japonicus*

【科属】毛茛科，毛茛属

【别名】野芹菜、山辣椒等

【花期】4~9月

【果期】4~9月

【高度】可达70cm

识别要点

多年生草本植物。须根多数簇生。茎直立，基生叶数枚，叶片圆心形或五角形，基部心形或截形，中裂片倒卵状楔形。两面贴生柔毛，叶柄生开展柔毛。聚伞花序有多数花，疏散；花贴生柔毛；萼片椭圆形，生白柔毛；花瓣倒卵状圆形，花托短小，无毛。聚合果近球形，瘦果扁平。

【分布及生境】广布于温带和寒温带地区，在我国除西藏外，各地皆有分布。生于田沟旁和林缘路边的湿草地上。

【生长习性】喜温暖湿润气候，日温在25℃时生长最好。生长期间需要适当的光照，忌土壤干旱，不宜在重黏性土中栽培。

【观赏与应用】野生地被植物，可形成野趣，具药用价值。

62 石龙芮 *Ranunculus sceleratus*

【科属】毛茛科，毛茛属

【别名】无毛野芹菜、鸭巴掌、水堇等

【花期】1~7月

【果期】5~8月

【高度】10~50cm

识别要点

一年生草本植物。茎无毛或疏被柔毛；基生叶，中裂片楔形或菱形，侧裂片斜倒卵形；花托被柔毛或无毛，茎生叶渐小；瘦果斜倒卵球形。

【分布及生境】中国各地均有分布。生于河沟边及平原湿地，野生于水田边、溪边、潮湿地区，甚至生于水中。

【生 长 习 性】喜温暖潮湿的气候，忌土壤干旱，在肥沃的腐殖质土中生长良好。

【观赏与应用】植株小巧，叶形较特殊，自然野趣，精巧优美，可沿水际线呈带状种植，也可作潮湿地的地被植物。

63 铁线莲 *Clematis florida*

【科属】毛茛科，铁线莲属

【别名】铁线牡丹、番莲等

【花期】一年两次花期，第一次花期集中在1~2月，第二次花期在6~9月

【果期】3~4月

识别要点

草质藤本植物，长约1~2m。茎棕色或紫红色，具六条纵纹，节部膨大，被稀疏短柔毛。二回三出复叶，小叶片狭卵形至披针形，顶端钝尖，基部圆形或阔楔形，边缘全缘，极稀有分裂。花单生于叶腋，苞片宽卵圆形或卵状三角形；萼片6枚，白色，倒卵圆形或匙形；瘦果倒卵形，扁平。

【分布及生境】分布于广西、广东、湖南、江西等地。生于低山区的丘陵灌丛中。

【生长习性】喜阴湿环境，及肥沃、排水良好的碱性壤土，忌积水或夏季干旱而不能保水的土壤。耐寒性强，可耐-20℃低温。

【观赏与应用】花有芳香气味，主要用于垂直绿化，构成园林绿化独立的景观。也可作展览用切花、地被。

64 转子莲 *Clematis patens*

【科属】毛茛科，铁线莲属

【别名】大花铁线莲等

【花期】5~6月

【果期】6~7月

识别要点

多年生草质藤本植物。须根密集，红褐色。茎圆柱形，攀援，长约1m，表面棕黑色或暗红色，有明显的六条纵纹。羽状复叶；小叶片常3枚，稀5枚，纸质，卵圆形或卵状披针形。单花顶生，被淡黄色柔毛，无苞片。瘦果卵形，被金黄色长柔毛。

【分布及生境】分布于山东东部和辽宁东部。生长于山坡杂草丛中及灌丛中。

【生 长 习 性】宜在夏季通风凉爽并有散射光的地方种植，喜深厚、肥沃、排水良好且通透性好的土壤。

【观赏与应用】花大而美丽，是点缀园墙、棚架、围篱及凉亭等垂直绿化的好材料，也可与假山、岩石配植，或盆栽观赏。

65 野棉花 *Anemone vitifolia*

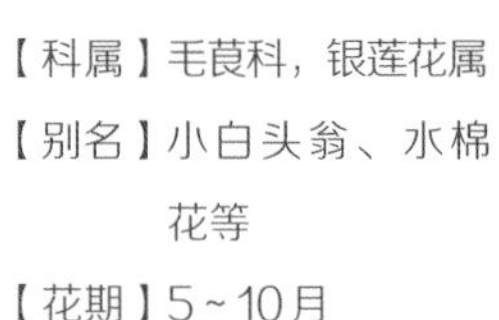

【科属】毛茛科，银莲花属

【别名】小白头翁、水棉花等

【花期】5～10月

【果期】次年4～5月

【高度】60～100cm

识别要点

多年生草本植物。根状茎斜，木质。基生叶2～5片，有长柄；叶片心状卵形或心状宽卵形。花葶粗壮，有密或疏的柔毛；聚伞花序2～4回分枝；苞片3枚，形状似基生叶，但较小；花梗密被短绒毛；萼片5枚，白色或带粉红色，倒卵形；雄蕊长约为萼片长度的1/4，花丝丝形；子房密被绵毛。聚合果球形；瘦果有细柄，密被绵毛。

【分布及生境】分布于湖南、贵州、云南、四川西南部、西藏东南部和南部等地。生于山地草坡、沟边或疏林中。

【生 长 习 性】喜半阴，耐寒。

【观赏与应用】是一种自然生长具有观赏性的野生植物，有生性强健、秋季开花、管理粗放、覆盖性好的特点。

66

天葵 *Semiaquilegia adoxoides*

【科属】毛茛科，天葵属

【别名】紫背天葵等

【花期】3~4月

【果期】4~5月

【高度】10~30cm左右

识别要点

多年生小草本植物。块根，基生叶多数，为掌状三出复叶，叶片轮廓卵圆形，小叶扇状菱形，三深裂，深裂片又有2~3个小裂片，两面均无毛；茎生叶与基生叶相似。花小，苞片小，花梗纤细，萼片白色，常带淡紫色，顶端急尖，花瓣匙形。蓇葖果，种子卵状椭圆形，褐色至黑褐色，表面有许多小瘤状突起。

【分布及生境】分布于四川、贵州、湖北、湖南、广西北部、江西、福建、浙江、江苏、安徽、陕西南部。生于疏林下、路旁或山谷地的较阴处。

【生 长 习 性】耐寒怕热，适宜生长的平均温度是0~25℃，喜阴湿，忌积水，以排水良好、疏松、肥沃的壤土栽培为好。

【观赏与应用】野生，块根入药。全草又作土农药。

小檗科

67

豪猪刺 *Berberis julianae*

【科属】小檗科，小檗属

【别名】土黄莲等

【花期】3月

【果期】5~11月

【高度】1~3m

识别要点

常绿灌木，茎刺粗壮，三分叉。叶革质，椭圆形，先端渐尖，基部楔形，上面深绿色，中脉凹陷，侧脉微显，背面淡绿色，叶缘平展，每边具10~20刺齿。花10~25朵簇生，黄色。浆果长圆形，蓝黑色，顶端具明显宿存花柱，被白粉。

【分布及生境】分布于湖北、四川、贵州、湖南、广西。生长在山坡、沟边、林中、林缘、灌丛中或竹林中。

【生长习性】耐旱、耐寒，高山和平坝都可生长。喜肥沃、排水良好的夹沙土。

【观赏与应用】具有一定的观赏价值。果可食及加工果汁，果、根可入药。

68 阔叶十大功劳 *Mahonia bealei*

【科属】小檗科，十大功劳属

【别名】黄天竹、猫儿刺等

【花期】9月至翌年3月

【果期】3~5月

【高度】0.5~4m，或更高

识别要点

直立丛生灌木，全体无毛。小叶9~15片，卵形或卵状椭圆形，每边有2~5枚刺齿，厚革质，正面深绿色有光泽，背面黄绿色，边缘反卷，侧生小叶，基部歪斜。花黄色，有香气，花序6~9条。浆果卵圆形。

【分布及生境】中国各地均有分布。

【生长习性】喜温暖、湿润和阳光充足的环境，耐阴，较耐寒；对土壤要求不严，在肥沃、排水良好的沙质壤土上生长最好。

【观赏与应用】枝干曲雅可观、叶形奇特，成簇的黄花入秋后开放，芳香宜人，暗蓝色的果实别致而可爱，是一种叶、花、果俱佳的观赏植物。可点缀于草坪，或栽于公园、庭院的建筑物旁、水榭、窗前等处，也常与假山石配植，还可作刺篱，同时也是制作盆景的好材料。

69 十大功劳（狭叶十大功劳）

Mahonia fortunei

【科属】小檗科，十大功劳属

【别名】细叶十大功劳等

【花期】7~9月

【果期】9~11月

【高度】树高1~2m

识别要点

树皮灰色，木质部黄色。小叶5~9片，侧生小叶狭披针形至披针形，长5~11cm，边缘每侧有刺齿6~13枚，侧生小叶柄短或近无。花黄色，4~8条总状花序簇生。果卵形，蓝黑色，被白粉。

【分布及生境】分布于广西、四川、贵州、湖北、江西、浙江。

【生长习性】喜温暖湿润的气候，性强健、耐阴、忌烈日暴晒，有一定的耐寒性，较抗干旱。

【观赏与应用】叶形奇特，典雅美观，盆栽植株可供室内陈设；其耐阴性良好，因此可长期在室内散射光条件下生长。在庭院中也可栽于假山旁侧或石缝中，或作绿篱。

70 南天竹 *Nandina domestica*

【科属】小檗科，南天竹属

【别名】蓝田竹、红枸子等

【花期】3~6月

【果期】5~11月

【高度】1~4m

识别要点

常绿灌木，二至三回羽状复叶，互生；小叶全缘革质，椭圆状披针形，先端渐尖，基部楔形，无毛。圆锥花序顶生，花小，白色，花序长13~25cm。浆果球形，熟时红色。

【分布及生境】产于长江流域及陕西、河北、山东、江西、广东、广西、云南、贵州、四川等地。对环境的适应性强，一般园林中均有栽植。

【生长习性】喜半阴，阳光不足生长弱，结果少，烈日暴晒时嫩叶易焦枯。喜通风良好的湿润环境。不耐严寒，黄河流域以南可露地种植。是钙质土的指示植物。萌芽力强，寿命长。

【观赏与应用】秋冬叶色红艳，果实累累，姿态清丽，可观果、观叶、观姿态。丛植于建筑前，特别是古建筑前，配植于粉墙一角或假山旁最为协调；也可丛植于草坪边缘、园路转角、林荫道旁、常绿或落叶树丛前。常盆栽或装饰厅堂、居室，布置大型会场。枝叶或果枝配蜡梅是春节插花佳品。根、叶、果可入药。

罂粟科

71

紫堇 *Corydalis edulis*

【科属】罂粟科，紫堇属

【别名】楚葵、苔菜等

【花期】3~4月

【果期】4~5月

【高度】15~80cm

识别要点

一年生灰绿色草本植物，叶片近三角形，上面绿色，下面苍白色，羽状全裂，裂片狭卵圆形，顶端钝，茎生叶与基生叶同形。总状花序，有花。花粉红色至紫红色，平展。蒴果线形，下垂，种子密生环状小凹点。

【分布及生境】分布于辽宁、北京、河北、山西、河南、陕西、甘肃、四川、云南、贵州、湖北、江西、安徽、江苏、浙江、福建等地。生于丘陵、沟边或多石地。

【生 长 习 性】喜温暖湿润环境，宜在水源充足、肥沃的沙质壤土中种植，怕干旱，忌连作，宜与高秆作物套种。

【观赏与应用】花形奇特、清新而美丽，可用于地栽和盆栽观赏。

72 延胡索 *Corydalis yanhusuo*

【科属】罂粟科，紫堇属

【别名】玄胡索、元胡、延胡等

【花期】3~5月

【果期】4~7月

【高度】10~30cm

识别要点

多年生草本植物。块茎圆球形，质黄。茎直立，常分枝。叶二回三出或近三回三出，小叶三裂，具全缘的披针形裂片。总状花序疏生5~15花，花紫红色。萼片小，早落。外花瓣宽展，具齿，顶端微凹，具短尖。蒴果线形，具一列种子。

【分布及生境】分布于安徽、江苏、浙江、湖北、河南。长于丘陵草地。

【生长习性】喜温暖湿润气候，但稍能耐寒，怕干旱，雨水要均匀，尤其是4月上旬前后为块茎膨大期，需“三晴三雨”天气。以土壤疏松，湿润富含腐殖质的沙质壤土种植为宜，在平原地区应选地势高、排水良好的地田种植。

【观赏与应用】全株具药用价值，以块茎入药，有活血散瘀、利气止痛的功能，是一味传统的止痛药。

悬铃木科

73 二球悬铃木 *Platanus acerifolia*

【科属】悬铃木科，悬铃木属

【别名】英国梧桐等

【花期】4~5月

【果期】9~10月

【高度】可达35m

识别要点

落叶乔木，树冠广卵圆形。树皮灰绿色，裂成不规则的大块状脱落，内皮淡黄白色。嫩枝密生星状毛。叶基心形或截形，裂片三角状卵形，中部裂片长宽近相等。果序常两个生于总柄，花柱刺状。

【分布及生境】原产于欧洲东南部至西亚，世界各地均有引种。中国自东北、西北、华北至华中、西南、华东均广泛栽培。

【生长习性】该种系三球悬铃木与一球悬铃木杂交而成。喜光，不耐阴。喜温暖、湿润气候，对土壤要求不严，耐干旱瘠薄，也耐湿。根系浅，易风倒，萌芽力强，耐修剪。

【观赏与应用】树形优美，冠大荫浓，栽培容易，成荫快，耐污染，抗烟尘，对城市环境适应能力强，是世界著名的四大行道树种之一。也可孤植、丛植作庭荫树。

金缕梅科

74

枫香 *Liquidambar formosana*

【科属】金缕梅科，枫香属

【别名】枫树、路路通、枫木等

【花期】3～4月

【果期】10月

【高度】高达40m

识别要点

树冠广卵形或略扁平。叶常为掌状3裂，长6～12cm，基部心形或截形，裂片先端尖，缘有锯齿，幼叶有毛，后渐脱落。果序较大，刺状萼片宿存。

【分布及生境】分布于秦岭及淮河以南各地，北起河南、山东，东至台湾，西至四川、云南及西藏，南至广东；也见于越南北部、老挝及朝鲜南部。

【生长习性】喜阳光，多生于平地、村落附近，及低山的次生林。在海南岛常组成次生林的优势种。

【观赏与应用】树高干直，树冠宽阔，气势雄伟，深秋叶色红艳，是南方著名的秋色叶树种。在园林中栽作庭荫树，与常绿树丛配合种植，秋季红绿相衬，会显得格外美丽。枫香具有较强的耐火性和对有毒气体的抗性，因此可用于工矿区绿化。

75 北美枫香 *Liquidambar styraciflua*

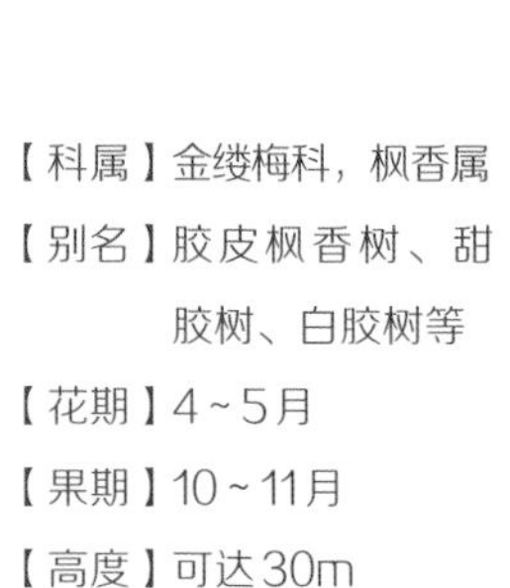

【科属】金缕梅科，枫香属

【别名】胶皮枫香树、甜胶树、白胶树等

【花期】4~5月

【果期】10~11月

【高度】可达30m

识别要点

落叶乔木；小枝红褐色，通常有木栓质翅。叶5~7掌状裂，背面主脉有明显白簇毛。树形优美，秋叶红色或紫色，宜栽作观赏树。

【分布及生境】原产于北美洲，在中国分布于南方和中部的丘陵地区，如长江流域雨水很充足的地区。

【生长习性】亚热带湿润气候树种。喜光照，在潮湿、排水良好的微酸性土壤上生长较好。

【观赏与应用】可作行道树，广泛种植在小区庭院中。孤植、丛植、群植均相宜，同样适合做防护林和湿地生态林。

76 红花檵木 *Loropetalum chinense* var. *rubrum*

【科属】金缕梅科，檵木属

【别名】红继木、红梽木等

【花期】4～5月

【果期】8月

【高度】80～100cm

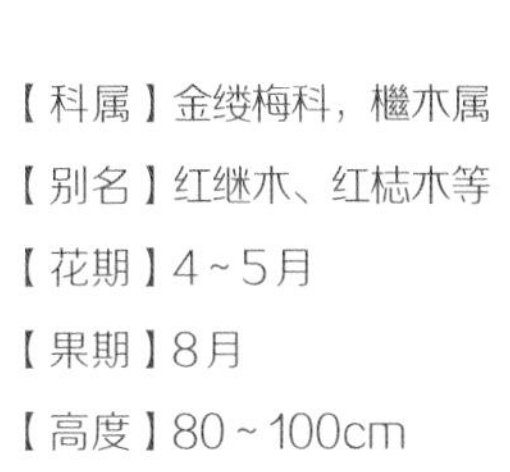

识别要点

常绿灌木或小乔木。树皮暗灰或浅灰褐色，多分枝。嫩枝红褐色，密被星状毛。叶革质互生，两面均有星状毛，全缘，暗红色。花瓣4枚，紫红色线形长1～2cm，花3～8朵簇生于小枝端。蒴果褐色，近卵形。

【分布及生境】主要分布于长江中下游及以南地区。

【生长习性】喜光，稍耐阴，但阴时叶色容易变绿。适应性强，耐旱。喜温暖，耐寒冷。萌芽力和发枝力强，耐修剪。耐瘠薄，但适宜在肥沃、湿润的微酸性土壤中生长。

【观赏与应用】湖南珍贵乡土彩叶观赏植物，生态适应性强，耐修剪，易造型，广泛用于色篱、模纹花坛、灌木球、彩叶小乔木、桩景造型、盆景等城市绿化美化。

77 银缕梅 *Shaniodendron subaequale*

【科属】金缕梅科，银缕梅属

【别名】单氏木等

【花期】5月

【果期】8~10月

【高度】可达4~5m

识别要点

落叶小乔木，芽体裸露，细小，被绒毛。叶薄革质，倒卵形，先端钝，基部圆形、截形或微心形，上面绿色，下面浅褐色，头状花序生于当年枝的叶腋内，有花；花无花梗，萼筒浅杯状，萼齿卵圆形，先端圆形；蒴果近圆形，种子纺锤形，两端尖，褐色有光泽。

【分布及生境】分布于大别山区、浙江、安徽、江苏等地。生长在丘陵山坡下部沟谷两旁的杂木次生林中。

【生长习性】喜光，耐旱，耐瘠薄。

【观赏与应用】树姿古朴，叶片入秋变黄色，花朵银丝缕缕更为奇特，可作园林景观树，也是优良的盆景树种。木材坚硬，纹理通直，是优良用材。

78 蚊母树 *Distylium racemosum*

【科属】金缕梅科，蚊母树属

【别名】米心树、蚊子树等

【花期】4~5月

【果期】6~7月

【高度】可达16m

识别要点

常绿小乔木或灌木，树冠开展。嫩枝端具星状鳞毛，小枝呈Z字形。顶芽歪斜，暗褐色。单叶互生，叶厚革质，光滑，椭圆形或倒卵形，顶端钝，基部宽楔形，平滑无毛，背面叶脉略隆起，全缘。总状花序，苞片针形。

【分布及生境】分布于长江中下游至东南部；中亚热带常绿、落叶阔叶林区，南亚热带常绿阔叶林区，热带季雨林及雨林区均有分布。

【生长习性】阳性，喜暖热气候，喜湿润，抗有毒气体，较耐寒，也耐阴，对土壤要求不严。

【观赏与应用】可庭植观赏，也可作色块、绿篱、盆景等。

杜仲科

79

杜仲 *Eucommia ulmoides*

【科属】杜仲科，杜仲属

【花期】4月

【果期】10月

【高度】高达20m

识别要点

落叶乔木，树冠球形或卵形。植物体内有丝状胶质。枝具片状髓。单叶互生，羽状脉。叶椭圆状，先端渐尖，缘有锯齿。翅果扁平，矩圆形。花在叶前开放或与叶同放。

【分布及生境】分布于陕西、甘肃、河南、湖北、四川、云南、贵州、湖南、安徽、陕西、江西、广西及浙江等地，现各地广泛栽种。在低山、谷地或低坡的疏林里，以及岩石峭壁中均能生长。张家界为杜仲之乡，是世界最大的野生杜仲产地。杜仲也被引种到欧美各地的植物园，被称为“中国橡胶树”，虽然和橡胶树并没有任何亲缘关系。

【生长习性】喜温暖湿润气候和阳光充足的环境，耐严寒，适应性很强，对土壤没有严格要求，但以土层深厚、疏松肥沃、湿润、排水良好的壤土为宜。

【观赏与应用】为园林观赏树种。树皮具药用价值。

榆科

80

榆树 *Ulmus pumila*

【科属】榆科，榆属

【别名】白榆、家榆等

【花期】3~4月

【果期】4~6月

【高度】高达25m

识别要点

落叶乔木，树冠圆球形。叶椭圆状卵形或椭圆状披针形，叶缘不规则重锯齿或单锯齿，无毛或脉腋微有簇生柔毛，老叶较厚。花簇生，翅果近圆形，熟时黄白色。

【分布及生境】产于东北、华北、西北及华东。生于山坡、山谷、川地、丘陵及沙岗等处。

【生长习性】喜光，耐寒，喜深厚、排水良好的土壤，耐盐碱，不耐水湿。生长快，萌芽力强，耐修剪。

【观赏与应用】冠大荫浓，树体高大，适应性强，是城镇绿化常用的庭荫树、行道树。也可群植于草坪、山坡，常密植作树篱，是北方农村四旁绿化的主要树种，也是防风固沙、水土保持和盐碱地造林的重要树种。

81

榔榆 *Ulmus parvifolia*

【科属】榆科，榆属

【别名】小叶榆等

【花期】8~9月

【果期】10月

【高度】高达25m

识别要点

落叶乔木，树冠扁球形至卵圆形。树皮绿褐色或黄褐色，不规则鳞片状脱落。叶窄椭圆形、卵形或倒卵形，先端尖或钝尖，基部歪斜，单锯齿，质较厚，嫩叶背面有毛，后脱落。翅果椭圆形，较小。

【分布及生境】分布于河北、山东、江苏、安徽、浙江、福建、台湾、江西、广东、广西、湖南、湖北、贵州、四川、陕西、河南等地。生长于平原、丘陵、山坡及谷地。

【生长习性】喜光，喜温暖湿润气候，耐干旱瘠薄，耐湿。萌芽力强，耐修剪，生长速度中等，主干易歪，不通直。耐烟尘，对二氧化硫等有害气体抗性强。

【观赏与应用】是良好的观赏树及工厂绿化、四旁绿化树种，常孤植成景，适宜种植于池畔、亭榭附近，也可配于山石之间。萌芽力强，是制作盆景的好材料。

82

榉树 *Zelkova serrata*

【科属】榆科，榉属

【别名】光叶榉、鸡油树等

【花期】3～4月

【果期】10～11月

【高度】可达30m左右

识别要点

落叶乔木，树冠倒卵状伞形。树干通直，小枝有柔毛。叶椭圆状卵形，先端渐尖，桃形锯齿排列整齐，上面粗糙，背面密生灰色柔毛，叶柄短。坚果小，径2.5～4mm，歪斜且有皱纹。

【分布及生境】分布于辽宁（大连）、陕西（秦岭）、甘肃（秦岭）、山东、江苏、安徽、浙江、江西、福建、台湾、河南、湖北、湖南和广东。生于河谷、溪边疏林中。在华东地区常有栽培，在湿润肥沃土壤长势良好。

【生长习性】喜光，喜温暖气候和肥沃湿润的土壤，耐轻度盐碱，不耐干旱、瘠薄。具有深根性，抗风能力强。耐烟尘，抗污染，寿命长。

【观赏与应用】树体高大雄伟，盛夏绿荫浓密，秋叶红艳。可孤植、丛植于公园、草坪、建筑旁作庭荫树；可与常绿树种混植作风景林；可列植作行道树，也是农村四旁绿化树种。

83 朴树 *Celtis sinensis*

【科属】榆科，朴属

【别名】黄果朴、白麻子等

【花期】4月

【果期】10月

【高度】高达20m

识别要点

落叶乔木，树冠扁球形。幼枝有短柔毛，后脱落。叶宽卵形、椭圆状卵形，先端短渐尖，基部歪斜，中部以上有浅钝锯齿，三出脉，背面沿叶脉疏生毛，网脉隆起。核果近球形，橙红色，果梗与叶柄近等长。

【分布及生境】分布于中国山东（青岛、崂山）、河南、江苏、安徽、浙江、福建、江西、湖南、湖北、四川、贵州、广西、广东、台湾。在越南、老挝也有所分布。生长于路旁、山坡、林缘处。

【生长习性】喜光，稍耐阴，耐寒。适温暖湿润气候，适生于肥沃平坦之地。对土壤要求不严，有一定耐干旱能力，亦耐水湿及瘠薄土壤，适应力较强。

【观赏与应用】适合在公园、庭院、街道、公路等处作为庭荫树，是很好的绿化树种，也可以用来防风固堤。茎皮为造纸和人造棉原料；果实可榨油作润滑油；木材坚硬，可供工业用材；根、皮、叶入药有消肿止痛、解毒治热的功效，外敷治水火烫伤；叶制土农药，可杀红蜘蛛。

84

珊瑚朴 *Celtis julianae*

【科属】榆科，朴属

【别名】棠壳子树等

【花期】3～4月

【果期】9～10月

【高度】可达30m

识别要点

落叶乔木，密生褐黄色茸毛，叶片厚纸质，宽卵形，基部歪斜，叶面粗糙至稍粗糙，叶背密生短柔毛。果单生叶腋，果椭圆形至近球形。

【分布及生境】分布于四川北部和金佛山、贵州、湖南西北部、广东北部、福建、江西、浙江等地。生长在山坡、山谷林中或林缘。

【生 长 习 性】喜肥沃、疏松土壤。

【观赏与应用】可做庭荫树，也可供家具、农具、建筑、薪炭用材；其树皮含纤维，可作人造棉、造纸等原料；果核可榨油，供制皂、润滑油用。

桑科

85

桑 *Morus alba*

【科属】桑科，桑属

【别名】桑树等

【花期】4~5月

【果期】6~8月

【高度】可达15m

识别要点

落叶乔木或灌木。树体富含乳浆，树皮黄褐色。叶卵形，叶端尖，叶基圆形，边缘有粗锯齿。叶面无毛，有光泽，叶背脉上有疏毛。雌雄异株，柔荑花序，聚花果卵圆形或圆柱形，黑紫色或白色。

【分布及生境】原产于中国中部和北部，现东北至西南、西北直至新疆各地均有栽培。

【生 长 习 性】喜光，幼时稍耐阴。喜温暖湿润气候，耐寒。耐干旱，但畏积水。对土壤的适应性强，能耐瘠薄和轻碱性。根系发达，抗风力强。萌芽力强，耐修剪。有较强的抗烟尘、抗有毒气体能力。

【观赏与应用】树叶茂密，秋季叶色变黄，颇为美观，且能抗烟尘及有毒气体，适于城市、工矿区及农村四旁绿化。适应性强，为良好的绿化及经济树种。桑叶有药用价值，可疏风散热、清肺、明目；桑树具有很高的经济价值，桑叶为养蚕的主要饲料，桑皮、桑木可造纸，桑木可材用；桑果可食用，可酿酒。

86

构树 *Broussonetia papyrifera*

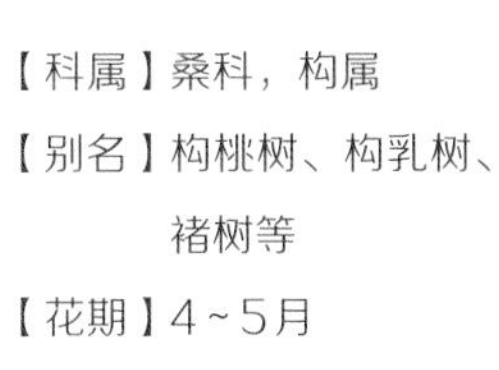

【科属】桑科，构属

【别名】构桃树、构乳树、褚树等

【花期】4~5月

【果期】6~8月

【高度】10~20m

识别要点

落叶乔木，树皮浅灰色，小枝密被丝状刚毛。叶卵形，叶缘具粗锯齿，不裂或有不规则2~5裂，两面密生柔毛。聚花果圆球形，橙红色。

【分布及生境】产于中国南北各地。常野生或栽于村庄附近的荒地、田园及沟旁。

【生 长 习 性】喜光，适应性强；耐干旱瘠薄，也耐湿，生长快，根系浅，侧根发达，萌芽性强，对烟尘及多种有毒气体抗性强。

【观赏与应用】枝叶茂密，适应性强，可作庭荫树及防护林树种，是工矿区绿化的优良树种。在城市行人较多处宜种植雄株，以免果实带来污染。在人迹较少的公园偏僻处、防护林带等处可种植雌株，聚花果能吸引鸟类觅食，以增添山林野趣。

87

无花果 *Ficus carica*

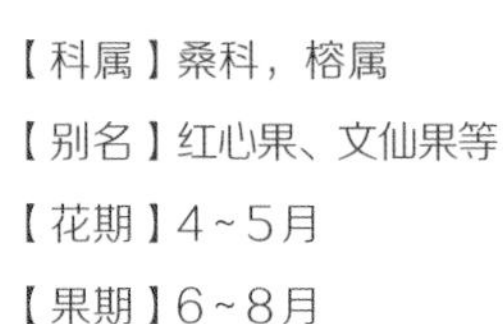

【科属】桑科，榕属

【别名】红心果、文仙果等

【花期】4 ~ 5月

【果期】6 ~ 8月

【高度】3 ~ 15m

识别要点

落叶小乔木。小枝粗壮。单叶互生，厚膜质，宽卵形或近球形，3 ~ 5掌状深裂，边缘有波状齿，叶面有粗糙短硬毛，托叶脱落后在枝上留有极为明显的环状托叶痕。肉穗花序，单生于叶腋。聚花果梨形，熟时黑紫色。

【分布及生境】原产于欧洲地中海沿岸和中亚地区，唐朝时传入中国，在长江流域和华北沿海地带栽植较多。

【生 长 习 性】喜温暖湿润的海洋性气候，喜光，喜肥，不耐寒，不抗涝，较耐干旱。

【观赏与应用】树形优雅，是庭院、公园的观赏树木。此外，无花果适应性强，抗风，耐旱，耐盐碱，在沿海地区栽植可以起到防风固沙、绿化沙滩的作用。无花果除可以鲜食外，药用价值也很高，具有健胃清肠、消肿解毒的功效。

88

薜荔 *Ficus pumila*

【科属】桑科，榕属

【别名】凉粉果、木莲等

【花期】4~5月

【果期】5~8月

识别要点

常绿攀缘或匍匐灌木，含乳汁；小枝有棕色绒毛。叶二型：在不生花序托的枝上叶小而薄，心状卵形，基部偏斜，几无柄；在生花序托的枝上叶较大而厚，革质，卵状椭圆形，网脉凸起，顶端钝，表面无毛，背面有短毛，网脉明显，突起呈蜂窝状。隐花果单生于叶腋。

【分布及生境】分布于中国东南部，西北、华北偶见栽培，其余地区常见野生；无论山区、丘陵、平原，在土壤湿润肥沃处都有程度不同零星野生分布，多攀附在村庄前后、山脚、山窝以及沿河沙洲、公路两侧的古树、大树上和断墙残壁、庭院围墙上。

【生 长 习 性】喜温暖湿润环境，温度保持在4℃以上就可以安全越冬。

【观赏与应用】可用于垂直绿化，薜荔花序托中瘦果具有食用价值，可加工成凉粉食用，是中国南方民间传统的消暑佳品。叶具药用价值。藤蔓柔性好，可用来编织和作为造纸原料。

89

葎草 *Humulus scandens*

【科属】桑科，葎草属

【别名】拉拉藤等

【花期】春夏

【果期】秋季

【高度】20 ~ 65cm

识别要点

多年生缠绕草本植物，茎、枝、叶柄均具倒钩刺。叶纸质，肾状五角形，掌状5 ~ 7深裂，稀为3裂，基部心脏形，表面粗糙，疏生糙伏毛，背面有柔毛和黄色腺体，裂片卵状三角形，边缘具锯齿。雄花小，黄绿色，圆锥花序；雌花序球果状，苞片纸质，三角形，顶端渐尖，具白色绒毛。瘦果成熟时露出苞片外。

【分布及生境】在中国除新疆、青海外，南北各地均有分布。常生于沟边、荒地、废墟、林缘边。

【生 长 习 性】适应能力非常强，适生幅度特别宽。

【观赏与应用】常见杂草，对农业生产等有不良影响。具有一定药用价值，茎皮纤维可作造纸原料，种子油可制肥皂，果穗可代啤酒花用。

90

柘 *Cudrania tricuspidata*

【科属】桑科，柘属

【别名】水荔枝、佳子等

【花期】5~6月

【果期】6~7月

【高度】通常1~7m，有的可达23m

识别要点

落叶灌木或小乔木，树皮灰褐色，小枝无毛，略具棱，有棘刺，刺长5~20mm；冬芽赤褐色。叶卵形或菱状卵形，偶为3裂，表面深绿色，背面绿白色，无毛或被柔毛，侧脉4~6对。球形头状花序，聚花果近球形，肉质，成熟时橘红色。

【分布及生境】华东、中南、西南各地及华北等大部分地区均有分布。生于阳光充足的山地或林缘。

【生长习性】喜光，耐阴，耐寒，耐干旱瘠薄，适生性强。

【观赏与应用】良好的绿篱树种。木材可制作家具，是南通传统特色家具用材，果可生食或酿酒，根皮具有药用价值。

荨麻科

91

苎麻 *Boehmeria nivea*

【科属】荨麻科，苎麻属

【别名】野麻、白叶苎麻等

【花期】5~8月

【果期】8~10月

【高度】0.5~1.5m

识别要点

亚灌木或灌木，茎上部与叶柄均密被开展的长硬毛。叶互生，草质，通常圆卵形，边缘在基部之上有牙齿，上面稍粗糙，疏被短伏毛，下面密被雪白色毡毛，侧脉约3对；托叶分生，钻状披针形，背面被毛。圆锥花序腋生。瘦果近球形，光滑，基部突缩成细柄。

【分布及生境】产于云南、贵州、广西、广东、福建、江西、台湾、浙江、湖北、四川等地，甘肃、陕西、河南的南部广泛栽培。一般生长在山区平地、缓坡地、丘陵地或平原冲击土上。

【生长习性】为喜温短日照植物。土质最好是沙壤土到黏壤土，要求土层深厚、疏松、有机质含量高，保水、保肥、排水良好。

【观赏与应用】枝繁叶茂，根系发达，治理水土流失的效果显著。具有食用价值和生产价值，苎麻叶是蛋白质含量较高、营养丰富的饲料，麻骨还可酿酒、制糖。麻壳可脱胶提取纤维，供纺织、造纸或修船填料之用。

胡桃科

92

山核桃 *Carya cathayensis*

【科属】胡桃科，山核桃属

【别名】小核桃、长寿果等

【花期】4～5月

【果期】9月

【高度】10～20m

识别要点

乔木，树皮平滑，灰白色。小枝细瘦，新枝密被盾状着生的橙黄色腺体。小叶5～7枚，边缘有细锯齿。雄性柔荑花序3条成一束；雌性穗状花序直立，花序轴密被腺体，具1～3雌花。果实倒卵形，幼时具4条狭翅状的纵棱，密被橙黄色腺体，成熟时腺体变稀疏，纵棱变得不显著；内果皮硬，淡灰黄褐色；隔膜内及壁内无空隙。

【分布及生境】主要分布于浙江和安徽等地。

【生 长 习 性】适生于山麓疏林中或腐殖质丰富的山谷。

【观赏与应用】可做庭院树，果仁味美可食，也可用来榨油，其油芳香可口，可供食用，也可作配制假漆；果壳可制活性炭；木材坚韧，为优质用材。

93

美国山核桃 *Carya illinoensis*

【科属】胡桃科，山核桃属

【别名】薄壳山核桃等

【花期】5月

【果期】9~11月

【高度】可达50m

识别要点

落叶乔木，树冠广卵形。鳞芽、幼枝有灰色毛。小叶11~17枚，长圆形。果有纵脊，果壳薄，种仁大。

【分布及生境】原产于北美及墨西哥。中国河北、河南、江苏、浙江、福建、江西、湖南、四川等地有栽培。

【生 长 习 性】喜光，喜温暖湿润气候，有一定耐寒性。不耐干旱瘠薄，耐水湿。栽植在沟边、池旁的植株生长良好。具有深根性，根系发达，根部有菌根共生。

【观赏与应用】在适生地区是优良的行道树和庭荫树，还可植作风景林。干果树种，树干为制作家具的优良材料。

94

胡桃 *Juglans regia*

【科属】胡桃科，胡桃属

【别名】核桃等

【花期】4～5月

【果期】9～11月

【高度】20～30m

识别要点

落叶乔木。树皮灰色，老时纵裂，枝条髓部片状。小叶5～9枚，椭圆状卵形，顶生小叶通常较大，背面脉腋簇生淡褐色毛。雄性柔荑花序下垂，雌花1～3朵集生枝顶。核果球形，直径4～5cm，外果皮薄，中果皮肉质，内果皮骨质。

【分布及生境】产于华北、西北、西南、华中、华南和华东。生于山坡及丘陵地带，平原及丘陵地区常见栽培。

【生长习性】喜光，喜温凉气候，较耐干冷，不耐温热，喜排水良好、湿润肥沃的微酸性至弱碱性壤土或黏质壤土，抗旱性较弱，不耐盐碱；具有深根性，抗风性较强，不耐移植，有肉质根，不耐水淹。

【观赏与应用】世界著名的“四大干果”，营养价值很高，被誉为“万岁子”“长寿果”。核桃树冠开展，浓荫覆地，干皮灰白色，姿态魁伟美观，是优良的园林结合生产树种。可孤植或丛植于庭院、公园、草坪、池畔、建筑旁；胡桃秋叶金黄色，宜在风景区装点秋色。木质细腻，可供雕刻等用。

95 枫杨 *Pterocarya stenoptera*

【科属】胡桃科，枫杨属

【别名】麻柳等

【花期】4~5月

【果期】8~9月

【高度】高达30m

识别要点

落叶乔木，裸芽密生锈褐色毛，侧芽叠生。羽状复叶互生，叶轴有翼。小叶9~23枚，矩圆形或窄椭圆形，缘有细锯齿，叶柄顶生小叶常不发育。果序下垂，长20~30cm，坚果近球形，两侧具2翅，似元宝。

【分布及生境】在华北、华中、华东、华南和西南各地均有分布，甘肃、辽宁、江苏、浙江、山东、河北、河南、湖北、湖南、四川、云南等省均有栽培。

【生长习性】喜光，稍耐阴。喜温暖湿润气候。对土壤要求不严，耐水湿。稍耐干旱瘠薄，耐轻度盐碱。深根性，萌蘖性强。

【观赏与应用】广泛栽植作庭院树或行道树。

96 化香树 *Platycarya strobilacea*

【科属】胡桃科，化香树属

【别名】花木香、还香树等

【花期】5~6月

【果期】7~8月

【高度】可达20m

识别要点

落叶小乔木，树皮灰色，老时则不规则纵裂。二年生枝条暗褐色，具细小皮孔；叶长约15~30cm，小叶纸质。两性花序和雄花序在小枝顶端排列成伞房状花序束，直立；果序球果状。

【分布及生境】分布于甘肃、陕西和河南的南部及山东、安徽、江苏、浙江、江西、福建、台湾、广东、广西、湖南、湖北、四川、贵州和云南等地。

【生长习性】喜光性树种，喜温暖湿润的气候和深厚肥沃的中性壤土，耐干旱瘠薄，速生萌芽性强。

【观赏与应用】枝叶茂密、树姿优美，可作为风景树大片造林，也可作为庭荫树。

杨梅科

97

杨梅 *Myrica rubra*

【科属】杨梅科，杨梅属

【别名】珠红、龙睛等

【花期】4月

【果期】6~7月

【高度】可达15m

识别要点

常绿乔木。叶革质，倒卵状披针形，背面密生金黄色腺体。花单性异株；雄花序穗状，单生或数条丛生叶腋；雌花序单生叶腋，密生覆瓦状苞片。核果球形，直径10~15mm，有小疣状突起，熟时深红色或紫红色，味甜酸。

【分布及生境】原产于中国温带、亚热带湿润气候地区海拔125~1500m的山坡或山谷林中，主要分布于云南、贵州、浙江、江苏、福建、广东、湖南、广西、江西、四川、安徽、台湾等地。

【生长习性】喜酸性土壤，与柑橘、枇杷、茶树、毛竹等分布相仿，但其抗寒能力比柑橘、枇杷强。

【观赏与应用】果实为江南的著名水果。孤植、丛植于草坪、庭院或列植于路边都很适合；若采用密植方式来分隔空间或起遮蔽作用也很理想。是园林绿化结合生产的优良树种。

壳斗科

98

板栗 *Castanea mollissima*

【科属】壳斗科，栗属

【别名】栗、栗子、毛栗等

【花期】4~6月

【果期】8~10月

【高度】5~20m

识别要点

落叶乔木。树皮灰褐色，不规则深纵裂。幼枝密生灰褐色绒毛。叶长椭圆形，先端渐尖或短尖，缘齿尖芒状，背面有灰白色短柔毛，在枝上排列为2列。雄花，柔荑花序有绒毛；雌花单个着生在雄花基部。坚果高1.5~3cm，宽1.8~3.5cm。

【分布及生境】中国是板栗产区，北起辽宁、吉林，南至广东、广西均有分布，主要产区有河北、山东、河南、江苏、安徽、湖北、浙江、广西、贵州等地。

【生长习性】喜光树种；若开花期光照充足，空气干爽，则开花坐果良好。对土壤要求不严格，除极端沙土和黏土外，均能生长。

【观赏与应用】是园林绿化结合生产的优良树种。果实具食用价值。

99 麻栎 *Quercus acutissima*

【科属】壳斗科，栎属

【别名】橡碗树、栎等

【花期】3~4月

【果期】翌年9~10月

【高度】高达30m

识别要点

落叶乔木，幼枝有黄色柔毛，后渐脱落。叶长椭圆状披针形。先端渐尖，基部圆或宽楔形，侧脉排列整齐，芒状锯齿，背面绿色。坚果球形，壳斗碗状，鳞片粗刺状，木质反卷，有灰白色绒毛。

【分布及生境】分布于辽宁、河北、山西、山东、江苏、安徽、浙江、江西、福建、河南、湖北、湖南、广东、海南、广西、四川、贵州、云南等地。生于山地阳坡，成小片纯林或混交林。

【生长习性】喜光，深根性，对土壤条件要求不严，耐干旱、瘠薄，也耐寒、耐旱；宜酸性土壤，也能适应石灰岩钙质土，是荒山瘠地造林的先锋树种。与其他树种混交能形成良好的干形，萌芽力强，但不耐移植。抗污染、抗尘土、抗风能力都较强。寿命长，可达500~600年。

【观赏与应用】树干高耸，枝叶茂密，秋叶橙褐色，季相变化明显，树冠开阔，可作庭荫树、行道树。最适宜在风景区与其他树种混交形成风景林。也适合营造防风林、水源涵养林和防火林。

100 石栎 *Lithocarpus glaber*

【科属】壳斗科，柯属

【别名】柯、青刚栎等

【花期】9～10月

【果期】翌年9～10月

【高度】10～15m

识别要点

乔木，叶革质或厚纸质，倒卵形，顶部突急尖，短尾状，或长渐尖，基部楔形，中脉在叶面微凸起。雄穗状花序多排成圆锥花序；雌花序常着生少数雄花，雌花每3朵、很少5朵一簇。果序轴通常被短柔毛；壳斗碟状或浅碗状，通常为上宽下窄的倒三角形，坚果椭圆形，果次年同期成熟。

【分布及生境】产于秦岭南坡以南各地。生于坡地杂木林中，阳坡较常见。

【生 长 习 性】喜温暖湿润的气候，需肥沃、保水能力强的土壤。

【观赏与应用】具经济价值。是优良用材林、水源涵养林和水土保持林树种，木材纹理直、质地硬。木材光泽好，是家具、建筑、船只及胶合板贴面的良好材料来源。

101 白栎 *Quercus fabri*

【科属】壳斗科，栎属

【别名】栗子树等

【花期】4月

【果期】10月

【高度】可达20m

识别要点

落叶乔木或灌木状，树皮灰褐色。叶片倒卵形，顶端钝，叶缘具波状锯齿，幼时两面被灰黄色星状毛，叶柄被棕黄色绒毛。花序轴被绒毛，壳斗杯形，包着坚果；小苞片卵状披针形，排列紧密。坚果长椭圆形，果脐突起。

【分布及生境】分布于陕西（南部）、江苏、安徽、浙江、江西、福建、河南、湖北、湖南、广东、广西、四川、贵州、云南等地。生长在丘陵、山地杂木林中。

【生长习性】喜光，喜温暖气候，较耐阴。喜深厚、湿润、肥沃土壤，也较耐干旱、瘠薄，但在土壤肥沃湿润处生长最好。

【观赏与应用】萌芽力强，树形优美，叶片季相变化明显，具有较高的观赏价值，可以作为园林绿化树种。可通过孤植、丛植或群植展示个体美或群体美。果实具食用价值。

商陆科

102

商陆 *Phytolacca acinosa*

【科属】商陆科，商陆属

【别名】章柳、山萝卜等

【花期】5～8月

【果期】6～10月

【高度】0.5～1.5m

识别要点

多年生草本植物，根肥大，肉质。叶片薄纸质，椭圆形或披针状椭圆形，顶端急尖，基部楔形，渐狭，两面散生细小白色斑点（针晶体），背面中脉凸起；叶柄粗壮，基部稍扁宽。花白色，总状花序顶生或与叶对生，圆柱状，直立，通常比叶短，密生多花。果序直立；浆果扁球形，熟时黑色；种子肾形，黑色，具3棱。

【分布及生境】分布于中国西南至东北，朝鲜、日本及印度也有分布。生命力强，常野生于山脚、林间、路旁及房前屋后，平原、丘陵及山地均有分布。

【生长习性】喜温暖湿润的气候条件，耐寒不耐涝，适宜生长温度为14～30℃；地上部分在秋冬落叶时枯萎，而地下的肉质根能耐-15℃的低温。对土壤适应性广。

【观赏与应用】具有良好的保水保土作用。

103

美洲商陆 *Phytolacca americana*

【科属】商陆科，商陆属

【别名】垂序商陆等

【花期】6~8月

【果期】8~10月

【高度】成株高度可达1~2m

识别要点

多年生草本植物，根肥大，倒圆锥形。叶大，长椭圆形，质柔嫩，先端急尖。总状花序顶生或侧生；夏秋季开花，花序梗长4~12cm，花白色，微带红晕；果序下垂，浆果扁球形，熟时紫黑色。

【分布及生境】原产于北美；现世界各地引种，我国大部分地区都有栽培。

【生 长 习 性】适应性强，栽培较易。

【观赏与应用】原产北美洲，1935年在我国杭州采集到标本，并且作为观赏植物被引进，多用于庭院栽培、观赏。全株有毒，根及果实毒性最强。

紫茉莉科

104

紫茉莉 *Mirabilis jalapa*

【科属】紫茉莉科，紫茉莉属
【别名】胭脂花、粉豆花等
【花期】6 ~ 10月
【果期】8 ~ 11月
【高度】株高60 ~ 100cm

识别要点

多年生草本植物。茎直立，多分枝。叶对生，卵状三角形，先端尖。花数朵簇生于总苞上，生于枝顶，有红、橙、黄、白等颜色或有斑纹及二色相间等；花傍晚开放，清晨凋谢，具清香。果黑色，圆形，表面皱缩如核，形似地雷。

【分布及生境】原产于美洲热带地区。中国南北各地均有栽培。

【生长习性】性喜温和而湿润的气候条件，不耐寒，冬季地上部分枯死，在江南地区地下部分可安全越冬而成为宿根草花，来年春季续发长出新的植株。喜通风良好环境。

【观赏与应用】为常见观赏花卉，有时为野生。夏天有驱蚊的作用。

藜科

105

藜 *Chenopodium album*

【科属】藜科，藜属

【别名】灰菜、蔓华、飞扬草、灰苋菜等

【花期】5~10月

【果期】5~10月

【高度】30~150cm

识别要点

一年生草本植物。茎直立，粗壮。叶片菱状卵形，边缘具不整齐锯齿。花两性，花簇于枝上部排列成穗状圆锥状花序。果皮与种子贴生；种子横生，双凸镜状，边缘钝，黑色，有光泽，表面具浅沟纹。

【分布及生境】分布遍及全球温带及热带地区，中国各地均产。生长于农田、菜园、村舍附近或有轻度盐碱的土地上。生于路旁、荒地及田间，尚未由人工引种栽培。

【生 长 习 性】适应性强，对环境要求不高。

【观赏与应用】杂草，也可作饲料用。

106 雾冰藜 *Bassia dasyphylla*

【科属】藜科，雾冰藜属

【别名】星状刺果藜、五星蒿等

【花期】7~9月

【果期】7~9月

【高度】3~50cm

识别要点

一年生草本植物。茎直立，密被水平伸展的长柔毛。叶互生，肉质，圆柱状，密被长柔毛，先端钝，基部渐狭。花两性，单生或两朵簇生，通常仅一花发育。果实卵圆状，种子近圆形，光滑。

【分布及生境】分布于黑龙江、吉林、辽宁、山东、河北、山西、陕西、甘肃、内蒙古、青海、新疆和西藏等地。生于戈壁、盐碱地，沙丘、草地、河滩、阶地及洪积扇上。

【生长习性】适应性强，对环境要求不高。

【观赏与应用】可在野生状态环境中作地被植物，有一定的固沙作用。

苋科

107

牛膝 *Achyranthes bidentata*

【科属】苋科，牛膝属

【别名】怀牛膝、山苋菜等

【花期】7~9月

【果期】9~10月

【高度】30~100cm

识别要点

多年生草本植物，根圆柱形，土黄色。茎有棱角或四方形。叶片椭圆形。穗状花序顶生及腋生，总花梗有白色柔毛，花多数，密生。胞果矩圆形，黄褐色，光滑。种子矩圆形，黄褐色。

【分布及生境】分布于中国、朝鲜、俄罗斯、印度、越南、菲律宾、马来西亚、非洲。在中国除东北外，全国广泛分布。生长于山坡林下。

【生 长 习 性】深根性植物，喜温暖而干燥的气候条件，不耐寒。

【观赏与应用】可在野生状态环境中作地被植物，根可入药。

108 水花生 *Alternanthera philoxeroides*

【科属】苋科，莲子草属

【别名】喜旱莲子草、空心莲子草、革命草、空心苋等

【花期】5～10月

识别要点

多年生草本植物；茎基部匍匐，上部上升，管状，幼茎及叶腋有白色或锈色柔毛，茎老时无毛。叶片矩圆形或倒卵状披针形，顶端具短尖，基部渐狭，全缘。花密生，成具总花梗的头状花序，单生在叶腋，球形，苞片及小苞片白色。果实未见。

【分布及生境】原产于南美洲的巴西、乌拉圭、阿根廷等国，中国引种于北京、江苏、浙江、江西、湖南、福建，后逸为野生。生长在池沼、水沟内。

【生长习性】耐旱、耐湿，喜温暖环境。

【观赏与应用】水花生为水生兼旱生植物，生长能力强，对农田植物生长危害严重，但可用于荒地绿化、改善环境。

109

绿穗苋 *Amaranthus hybridus*

【科属】苋科，苋属

【花期】7 ~ 8月

【果期】9 ~ 10月

【高度】30 ~ 50cm

识别要点

一年生草本植物，茎直立。叶片卵形，基部楔形，上面近无毛，下面疏生柔毛；叶柄有柔毛。花序顶生，细长，由穗状花序而成，中间花穗最长；苞片及小苞片钻状披针形，中脉坚硬，绿色，花被片矩圆状披针形，中脉绿色；胞果卵形，环状横裂，种子近球形。

【分布及生境】分布于陕西南部、江苏、浙江、江西等地。生在田野、旷地或山坡。

【生长习性】适应性强，生长迅速，枝叶繁茂，其根系发达，具有很强的耐旱性，在生育期忍受极度干旱条件。在pH5.5 ~ 8.6的酸性和碱性的土壤中都可以生长良好。

【观赏与应用】茎秆粗壮，抗倒伏和抗风沙能力强，既可防风固沙，又可防止水土流失，同时抗病虫害的能力也较强，不易患染病虫害。

110 川牛膝 *Cyathula officinalis*

【科属】苋科，杯苋属

【别名】白牛膝、拐牛膝、肉牛膝等

【花期】6～7月

【果期】8～9月

【高度】40～100cm

识别要点

多年生草本植物，根圆柱形；茎直立，稍四棱形。叶片椭圆形或窄椭圆形，少数倒卵形。花丛为3～6次二歧聚伞花序，密集成花球团，淡绿色，干时近白色。胞果椭圆形或倒卵形，淡黄色。种子椭圆形，透镜状，带红色，光亮。

【分布及生境】仅分布于四川、云南、贵州，野生或栽培。一般生长在高寒山区。

【生 长 习 性】喜凉爽、湿润气候，较耐寒。

【观赏与应用】可以作为野生状态的地被植物，适合较湿润的环境。

111

苋 *Amaranthus tricolor*

【科属】苋科，苋属

【别名】雁来红、老来少、三色苋等

【花期】7～9月

【果期】9～10月

【高度】株高60～150cm

识别要点

一年生草本植物，茎直立，粗壮，绿色或红色，分枝少。单叶互生，卵形或菱状卵形，有长柄。初秋时上部叶片变色，普通品种变为红、黄、绿三色相间，优良品种则呈鲜黄或鲜红色，艳丽，顶生叶尤为鲜红耀眼。花小，单性或杂性，簇生叶腋或呈顶生穗状花序，花序小而不明显，单性花或两性花，雌雄同株，浆果卵形。

【分布及生境】原产于亚洲热带。分布于中国大陆及印度、日本、中亚等地。对土壤要求不严，适生于排水良好的肥沃土壤中，有一定的耐碱性。

【生长习性】耐干旱，不耐寒，喜湿润向阳及通风良好的环境。喜肥沃而排水良好的土壤，忌水涝和湿热。

【观赏与应用】是优良的观叶植物，可作花坛背景、篱垣或在路边丛植；也可大片种植于草坪之中，与各色花草组成绚丽的图案；还可盆栽，做切花。

112 鸡冠花 *Celosia cristata*

【科属】苋科，青葙属

【别名】笔鸡冠、芦花鸡冠等

【花期】7~10月

【果期】8~11月

【高度】30~80cm

识别要点

一年生直立草本植物，全株无毛，粗壮。分枝少，近上部扁平，绿色或带红色，有棱纹凸起。单叶互生，具柄；叶片先端渐尖或长尖，基部渐窄成柄，全缘。中部以下多花；苞片、小苞片和花被片干膜质，宿存；胞果卵形，长约3mm，熟时盖裂，包于宿存花被内。种子肾形，黑色，有光泽。因其花瓣形似鸡冠，故名鸡冠花。

常见栽培品种：火炬鸡冠花，因花冠形如火炬而得名。

【分布及生境】原产于非洲、美洲热带和印度。

【生长习性】喜阳光充足、湿热，不耐霜冻。不耐瘠薄，喜疏松肥沃和排水良好的土壤。

【观赏与应用】世界各地广为栽培，是普通的庭院植物。

马齿苋科

113 半支莲 *Portulaca grandiflora*

【科属】马齿苋科，马齿苋属

【别名】大花马齿苋等

【花期】6~9月

【果期】8~11月

【高度】12~55cm

识别要点

一年生草本植物，茎平卧或斜升，紫红色，多分枝。叶密集枝端，叶片细圆柱形。花单生或数朵簇生枝端，日开夜闭，红色、紫色或黄白色。蒴果近椭圆形，种子细小，多数，圆肾形。

【分布及生境】原产于巴西。公园、花圃常有栽培。

【生长习性】喜欢温暖、阳光充足的环境，阴暗潮湿之处生长不良，极耐瘠薄。

【观赏与应用】适应性强，是优良的节水抗旱植物，花朵颜色绚烂，非常适合城市园林绿化。

114

环翅马齿苋 *Portulaca umbraticola*

【科属】马齿苋科，马齿苋属

【别名】阔叶马齿苋等

【花期】5~8月

【果期】6~9月

【高度】15~25cm

识别要点

一年生草本植物，茎细弱，有棱，上下等粗。叶片扁平，肥厚，倒卵形，全缘。花大，直径比叶长，果期基部有环翅；花瓣5枚，有黄色、白色、粉色、红色等，也有重瓣品种。蒴果，种子细小。

【分布及生境】分布于美洲、西班牙、法国、意大利、中国、日本、越南、印度等地。

【生长习性】喜光照，喜湿润及阳光充足的环境。耐热、耐旱、耐涝、耐瘠薄，不耐寒。生长适温16~30℃。不择土壤，以肥沃、排水良好的沙质壤土为佳。

【观赏与应用】花色丰富，品种繁多，且有重瓣品种，观赏性极佳，为庭院植物，园林中常用于花坛、园路边、阶旁绿化，也是优良的地被植物，可用于花境。

115 马齿苋 *Portulaca oleracea*

【科属】马齿苋科，马齿苋属

【别名】马生菜、五行草等

【花期】5~8月

【果期】6~9月

【高度】10~30cm

识别要点

一年生草本植物，全株无毛，茎紫红色。叶互生，有时近对生；叶片扁平，肥厚，倒卵形，似马齿状，顶端圆钝或平截，有时微凹，基部楔形，全缘。花无梗，花瓣黄色，常3~5朵簇生枝端，午时盛开。蒴果卵球形，种子细小，多数偏斜球形，黑褐色，有光泽，具小疣状凸起。

【分布及生境】广布于全世界温带和热带地区，中国南北各地均产，适宜在各种田地和坡地栽培。

【生长习性】喜高湿，耐旱，耐涝，具向阳性，以中性和弱酸性土壤较好。

【观赏与应用】适合作为野生状态环境下的地被植物。嫩茎叶可作蔬菜，味酸。也是很好的饲料。

落葵科

116

落葵 *Basella alba*

【科属】落葵科，落葵属

【别名】木耳菜、胭脂菜、豆腐菜等

【花期】5~9月

【果期】7~10月

识别要点

一年生缠绕草本植物。茎长可达数米，无毛，肉质，绿色或略带紫红色。叶片卵形或近圆形，顶端渐尖，基部微心形或圆形，下延成柄，全缘，背面叶脉微凸起。穗状花序腋生，白色，花药淡黄色。果实球形，红色至深红色或黑色，多汁液，外包宿存小苞片及花被。

【分布及生境】原产于亚洲热带地区。中国南北方各地多有种植，南方有逸为野生的。

【生长习性】喜温暖气候，耐热及耐湿性较强，高温季节生长良好，即使在高温35℃以上，只要不缺水分，仍可继续生长。但不耐寒，遇霜即枯死。

【观赏与应用】叶含有多种维生素和钙、铁，可栽培作蔬菜，也可观赏。

石竹科

117

石竹 *Dianthus chinensis*

【科属】石竹科，石竹属

【别名】丝叶石竹、北石竹、山竹子等

【花期】5～9月

【果期】7～9月

【高度】株高30～50cm

识别要点

多年生草本植物，作一、二年生栽培。茎细弱铺散。叶较窄，条状。花单生或数朵顶生，花瓣先端浅裂呈牙齿状，苞片与萼筒近等长，萼筒上有枝。花有粉、粉红、红、淡紫等颜色，微香。

【分布及生境】原产于中国北方，现南北方普遍生长。生于草原和山坡草地。

【生 长 习 性】喜阳光充足、干燥，通风及凉爽湿润气候。要求肥沃、疏松、排水良好及含石灰质的壤土或沙质壤土，忌水涝，好肥。

【观赏与应用】温室盆栽可以花开四季。花朵繁茂，此起彼伏，观赏期较长。园林中可用于花坛、花境、花台或盆栽，也可用于岩石园和草坪边缘点缀。大面积成片栽植时可作景观地被植物。

118 欧石竹 *Carthusian pink*

【科属】石竹科，石竹属

【别名】完美石竹等

【花期】3～11月

【果期】8月

【高度】10～30cm

识别要点

多年生草本植物，植株无毛，具有多样性，基生叶草状丛生。茎和叶衔接处形成叶鞘，直径比茎宽。花簇生，花萼圆柱形，在顶端有轻微的收缩。与所有石竹科植物一样，有一系列对生的苞叶围绕花萼，其长度大约为花萼的一半。花有纹脉，直径20～30mm，深粉红色，花瓣5枚，锯齿状。

【分布及生境】原产于英国。

【生长习性】喜光、耐寒、耐旱、耐瘠薄，零下35℃可露地越冬，在pH6.5～7.5的土壤中均可生长，是不可多得的开花常绿地被。

【观赏与应用】植株低矮、紧密，适合作为贴地生长的草坪花卉，是布置花坛、护坡、高速公路分车带及大型绿地的良好材料。

119 鹅肠菜 *Myosoton aquaticum*

【科属】石竹科，鹅肠菜属

【别名】牛繁缕等

【花期】5~8月

【果期】6~9月

【高度】通常20~30cm

识别要点

二年生或多年生草本植物，具须根。茎上升，多分枝，叶片卵形，顶端急尖，基部稍心形，顶生二歧聚伞花序；苞片叶状，花梗细，花后伸长并向下弯，萼片卵状披针形或长卵形，花瓣白色，裂片线形或披针状线形。蒴果卵圆形，种子近肾形。

【分布及生境】分布于中国南北各地。生长在河流两旁冲积沙地的低湿处或灌丛林缘和水沟旁。

【生 长 习 性】最适温度为15~20℃，耐阴湿。

【观赏与应用】可以作为野生状态环境中的地被植物，幼苗可作野菜和饲料。

120

球序卷耳 *Cerastium glomeratum*

【科属】石竹科，卷耳属

【别名】粘毛卷耳、婆婆指甲菜等

【花期】3~4月

【果期】5~6月

【高度】可达30cm

识别要点

一年生草本植物。茎单生或丛生，密被长柔毛，上部混生腺毛。茎下部叶叶片匙形，顶端钝，基部渐狭成柄状；上部茎生叶叶片倒卵状椭圆形，顶端急尖，基部渐狭成短柄状，两面皆被长柔毛，边缘具缘毛，中脉明显。聚伞花序呈簇生状或呈头状，花瓣5枚，白色，线状长圆形。蒴果长圆柱形，种子褐色，扁三角形，具疣状凸起。

【分布及生境】在中国普遍分布，生于田野、路旁及山坡草丛中。

【生 长 习 性】适应性强。

【观赏与应用】可在野生状态环境中作地被植物，可调制干草，牛羊猪喜食。

蓼科

121

何首乌 *Fallopia multiflora*

【科属】蓼科，何首乌属

【别名】多花蓼、紫乌藤等

【花期】8~9月

【果期】9~10月

识别要点

多年生缠绕草本植物。块根肥厚，长椭圆形，黑褐色。茎缠绕，长2~4m，基部木质化，多分枝，中空。叶卵形，基部心形。花序圆锥状，花小，白色。瘦果卵形，具3棱，黑褐色，有光泽，包于宿存花被内。

【分布及生境】产于陕西南部、甘肃南部、华东、华中、华南、四川、云南及贵州。生于山谷灌丛、山坡林下、沟边石隙。

【生 长 习 性】喜温暖湿润气候，耐阴，忌干旱，怕涝，对环境的适应性强，适宜生长在土层深厚、疏松肥沃、富含腐殖质、湿润且排水良好的沙质土壤中。

【观赏与应用】其块根入药，是常见中药材。

122

千叶吊兰 *Muehlenbeckia complexa*

【科属】蓼科，千叶兰属

【别名】铁丝草、电线蓼等

【花期】5~6月

【果期】8~10月

识别要点

多年生常绿藤本植物，呈匍匐状，茎红褐色或黑褐色，似铁丝茎。可爬到5m或更高覆盖树木。叶小，互生，心形或近圆形，先端尖，基部近截平，叶子长2cm。花小，黄绿色。种子黑色。

【分布及生境】原产于新西兰，中国长江三角洲地区有栽培应用。

【生长习性】喜温暖湿润的环境，喜阳亦耐阴，耐寒性强，适应性强，喜松软肥沃、排水良好的沙质土壤。

【观赏与应用】可用于园林花台、花境以及室内花篮或花盆种植；可吸收大量有害气体，净化室内空气。

123

丛枝蓼 *Polygonum posumbu*

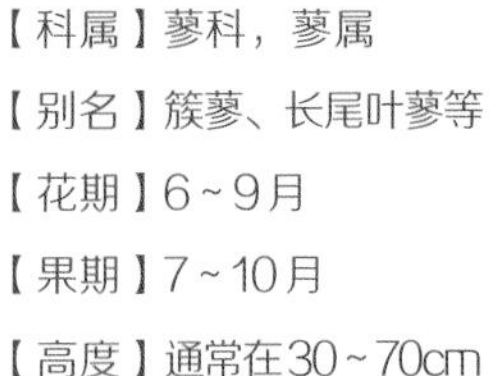

【科属】蓼科，蓼属

【别名】簇蓼、长尾叶蓼等

【花期】6 ~ 9月

【果期】7 ~ 10月

【高度】通常在30 ~ 70cm

识别要点

一年生草本植物。茎细弱，无毛，具纵棱。叶卵状披针形，顶端尾状渐尖，基部宽楔形，纸质，两面疏生硬伏毛或近无毛，下面中脉稍凸出，边缘具缘毛。总状花序呈穗状，顶生或腋生，细弱，下部间断，花稀疏；苞片漏斗状，淡绿色，每苞片内含3 ~ 4花，花被5深裂，淡红色。瘦果卵形，具3棱，黑褐色，有光泽。

【分布及生境】分布于中国南北各地。生长于山坡林下、山谷水边。

【生 长 习 性】喜阴湿，适应性强。

【观赏与应用】适合作为野生状态环境中的地被植物，可观花、观叶。

124

水蓼 *Polygonum hydropiper*

【科属】蓼科，蓼属

【别名】辣蓼等

【花期】5～9月

【果期】6～10月

【高度】20～80cm

识别要点

一年生草本植物。茎直立，多分枝，无毛，节部膨大。叶披针形，顶端渐尖，基部楔形，边缘全缘，具缘毛，两面无毛，被褐色小点，具辛辣味。总状花序呈穗状，顶生或腋生，通常下垂，花稀疏，苞片漏斗状，绿色，每苞内具3～5花，花被5深裂，绿色，上部白色或淡红色，被黄褐色透明腺点。瘦果卵形，密被小点，黑褐色，无光泽。

【分布及生境】分布于中国南北各地。生长在河滩、水沟边、山谷湿地。

【生 长 习 性】喜湿、适应性强。

【观赏与应用】适合作为野生状态环境中的地被植物，可观叶。

125

毛蓼 *Polygonum barbatum*

【科属】蓼科，蓼属

【别名】蓼子草、红蓼子等

【花期】7～9月

【果期】8～10月

【高度】60～90cm

识别要点

多年生草本植物。茎直立，被稀疏短柔毛或近秃净。叶披针形，先端渐尖，基部狭窄，两面疏生短柔毛，尤以边缘和中脉上为甚；托叶鞘筒状，膜质，密生长柔毛，先端有粗壮的长睫毛。穗状花序顶生或腋生，稍分枝，花被5深裂，白色或淡红色。瘦果卵形，有3棱，黑色，有光泽。

【分布及生境】分布于江苏、浙江、安徽、福建、台湾、云南等地。生于水旁、田边、路边湿地及林下。

【生 长 习 性】耐水湿，喜温暖湿润气候，播种繁殖。

【观赏与应用】适合在野生状态下的水旁、田边、路边湿地及林下作地被植物，可观花。

126

酸模叶蓼 *Polygonum lapathifolium*

【科属】蓼科，蓼属

【别名】斑蓼、大马蓼等

【花期】6~8月

【果期】7~9月

【高度】50~90cm

识别要点

一年生草本植物。茎直立，具分枝，节部膨大。叶披针形，顶端渐尖或急尖，基部楔形，上面绿色，常有一个大的黑褐色新月形斑点，两面沿中脉被短硬伏毛，全缘，边缘具粗缘毛；托叶鞘筒状，膜质，淡褐色。总状花序呈穗状，顶生或腋生，近直立，花紧密，花被淡红色或白色。瘦果宽卵形，双凹，黑褐色，有光泽。

【分布及生境】广布于中国南北各地。常见于旱田和水田及其周边。

【生 长 习 性】一年生多次开花结实，适应性较强，

【观赏与应用】适合在野生状态下的旱田、水田及其周边作地被植物，可观叶。

127 红蓼 *Polygonum orientale*

【科属】蓼科，蓼属

【别名】荭草、大红蓼等

【花期】6~9月

【果期】8~10月

【高度】可达2m

识别要点

一年生草本植物。茎直立，粗壮，上部多分枝，密被开展的长柔毛。叶宽卵形，顶端渐尖，边缘全缘，密生缘毛，两面密生短柔毛，叶脉上密生长柔毛。总状花序呈穗状，顶生或腋生，花紧密，微下垂，通常数个再组成圆锥状；苞片宽漏斗状，草质，绿色，被短柔毛，边缘具长缘毛，每苞内具3~5花，花被5深裂，淡红色或白色。瘦果近球形，双凹，黑褐色，有光泽。

【分布及生境】除西藏外，广布于中国各地，野生或栽培。生于沟边湿地、村边路旁。

【生长习性】喜温暖湿润环境，要求光照充足。其适应性很强，对土壤要求不严，喜肥沃、湿润、疏松的土壤，也能耐瘠薄。

【观赏与应用】绿化、美化庭院的优良草本植物。茎、叶、花适于观赏，可以种植在庭院、墙根、水沟旁点缀人们不涉足的角落。也可在室内简易水养。

128

扛板归 *Persicaria perfoliata*

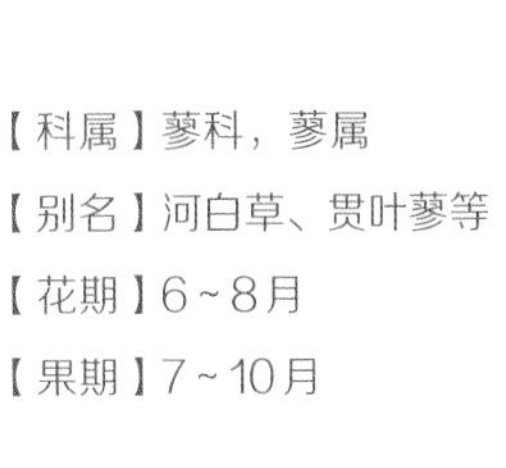

【科属】蓼科，蓼属

【别名】河白草、贯叶蓼等

【花期】6~8月

【果期】7~10月

识别要点

一年生草本植物。茎攀缘，多分枝，长1~2m，具纵棱，沿棱具稀疏的倒生皮刺。叶三角形。总状花序呈短穗状，不分枝顶生或腋生。瘦果球形，黑色，有光泽，包于宿存花被内。

【分布及生境】在中国分布于大部分湿润及半湿润地区。生长于田边、路旁、山谷湿地。

【生 长 习 性】适生性强，对土壤要求不严格，但喜温暖、向阳环境，宜生长在土层较深厚肥沃的沙壤土。

【观赏与应用】集食、饲、药用于一身，不仅可以采集加工成可口的菜肴，也是优质畜禽饲用植物，还具有较高的药用价值。

129

桃叶蓼 *Polygonum persicaria*

【科属】蓼科，蓼属

【别名】春蓼、大蓼、墨记草等

【花期】6～9月

【果期】7～10月

【高度】40～80cm

识别要点

一年生草本植物。茎直立或上升，分枝或不分枝。叶披针形或椭圆形，顶端渐尖或急尖，基部狭楔形，两面疏生短硬伏毛；托叶鞘筒状，膜质。总状花序呈穗状，顶生或腋生。瘦果近圆形或卵形，双凸镜状，稀具3棱，黑褐色，平滑，有光泽，包于宿存花被内。

【分布及生境】分布于东北、华北、华东、西南，及陕西、河南、湖北等地。生于河岸水湿地。

【生长习性】适应性强，阳性植物，稍耐阴，耐寒，也耐热，不择土壤，耐干旱瘠薄，潮湿处也能生长。

【观赏与应用】适合作为野生状态环境下的湿地地被植物，可观花。

130 虎杖 *Reynoutria japonica*

【科属】蓼科，虎杖属

【别名】花斑竹、酸筒杆等

【花期】8~9月

【果期】9~10月

【高度】通常在30~100cm

识别要点

多年生草本植物。根状茎粗壮，横走。茎直立，粗壮，空心，具明显的纵棱，具小突起，无毛，散生红色或紫红色斑点。叶宽卵形，近革质，顶端渐尖，基部宽楔形、截形或近圆形，边缘全缘，疏生小突起。花单性，雌雄异株，花序圆锥状，腋生；苞片漏斗状，花被5深裂，淡绿色。瘦果卵形，具3棱，黑褐色，有光泽。

【分布及生境】产于陕西南部、甘肃南部、华东、华中、华南、四川、云南及贵州。生于山坡灌丛、山谷、路旁、田边湿地。

【生长习性】喜温暖、湿润性气候，根系发达，耐旱力、耐寒力较强。

【观赏与应用】植株分枝整齐，观赏性较高，已经应用于园林绿化；根状茎可供药用，有活血、散瘀等功效。

131 酸模 *Rumex acetosa*

【科属】蓼科，酸模属

【别名】酸溜溜、山羊蹄等

【花期】5~7月

【果期】6~8月

【高度】40~100cm

识别要点

多年生草本植物。根为须根。茎直立，具深沟槽，通常不分枝。基生叶和茎下部叶箭形，顶端急尖或圆钝，基部裂片急尖，全缘或微波状；茎上部叶较小，具短叶柄或无柄；托叶鞘膜质，易破裂。花序狭圆锥状，顶生，花单性，雌雄异株。瘦果椭圆形，具3锐棱，两端尖，黑褐色，有光泽。

【分布及生境】分布于中国南北各地。生于山坡、林缘、沟边、路旁。

【生 长 习 性】适应性很强，喜阳光，但又较耐阴，较耐寒。

【观赏与应用】适合在野生状态下的旱田和湿地作地被植物，可观花序、果序。

132

羊蹄 *Rumex japonicus*

【科属】蓼科，酸模属

【别名】洋铁叶、羊蹄酸模等

【花期】5~6月

【果期】6~7月

【高度】可达100cm

识别要点

多年生草本植物，茎直立。基生叶长圆形或披针状长圆形，顶端急尖，基部圆形或心形，边缘微波状。花序圆锥状，花两性，多花轮生；花梗细长，花被片淡绿色，网脉明显。瘦果宽卵形，两端尖。

【分布及生境】分布于东北、华北、陕西、华东、华中、华南、四川及贵州。生长于田边路旁、河滩、沟边湿地。

【生长习性】返青早、抗寒性强、一般3月末至4月初开始发芽。

【观赏与应用】是滨海湿地绿化的优良植物。嫩叶、嫩芽具食用价值。

芍药科

133

芍药 *Paeonia lactiflora*

【科属】芍药科，芍药属

【别名】将离、野芍药等

【花期】5~6月

【果期】8月

【高度】40~70cm

识别要点

多年生宿根草本植物，中部复叶二回三出，小叶矩形或披针形；花单生或数朵成聚伞状花序，花有白、粉红等颜色；心皮3~5枚，无毛；花盘不发达；聚合蓇葖果。

【分布及生境】分布于中国西南至东北。朝鲜、日本、蒙古及俄罗斯西伯利亚和远东地区有分布。各地公园均有栽培，可供观赏。

【生 长 习 性】性耐寒，以土层深厚、湿润、排水良好的壤土最适宜。

【观赏与应用】是既能药用，又能供观赏的经济植物。芍药是中国的传统名花，适宜布置在专类花坛、花境，或散植于林缘、山石边和庭院中，也适于盆栽和提供鲜切花。芍药的块根可以入药。

134

牡丹 *Paeonia suffruticosa*

【科属】芍药科，芍药属

【别名】鼠姑、鹿韭等

【花期】4～5月

【果期】6月

【高度】0.5～2m

识别要点

落叶灌木。叶互生，叶常为二回三出复叶，阔卵形至卵状长椭圆形，先端3～5裂，叶背有白粉，平滑无毛。花大，花瓣5枚，或为重瓣，玫瑰色、红紫色、粉红色至白色，通常变异很大，心皮5枚，被柔毛，聚合蓇葖果。

【分布及生境】中国牡丹资源特别丰富，栽培面积较大、较集中的地区有菏泽、洛阳、北京、临夏、彭州、铜陵等。

【生长习性】喜温暖、凉爽、干燥、阳光充足的环境。喜阳光，也耐半阴，耐寒，耐干旱，耐弱碱，忌积水，怕热，怕烈日直射。适宜在疏松、深厚、肥沃、地势高燥、排水良好的中性沙壤土中生长。在酸性或黏重土壤中生长不良。

【观赏与应用】色、姿、香、韵俱佳，花大色艳，花姿绰约，韵压群芳。通常分为墨紫色、白色、黄色、粉色、红色、紫色、雪青色、绿色等八大色系。牡丹花可供食用，根皮具药用价值。

山茶科

135 山茶 *Camellia japonica*

【科属】山茶科，山茶属

【别名】山椿、耐冬等

【花期】2～4月

【果期】11～12月

【高度】可达10～15m

识别要点

常绿乔木或灌木，小枝淡绿色或紫绿色。叶互生，卵形、倒卵形或椭圆形，叶缘有细齿，叶表有光泽。花大无梗，腋生或单生枝顶，萼密被短毛；花丝基部连合成筒状；子房无毛。蒴果近球形；种子椭圆形。

【分布及生境】原产于中国，各地广泛栽培。

【生长习性】喜温暖、湿润和半阴环境。怕高温，忌烈日，适宜水分充足、空气湿润环境，忌干燥。高温干旱的夏秋季，应及时浇水或喷水，空气相对湿度以70%～80%为好。梅雨季注意排水，以免引起根部受涝腐烂。露地栽培，选择土层深厚、疏松，排水良好，pH5～6的土壤最为适宜，碱性土壤不适宜山茶生长。盆栽土用肥沃疏松、微酸性的壤土或腐叶土。

【观赏与应用】中国的传统园林花木，山茶耐阴，江南地区配置于疏林边缘，假山旁植可构成山石小景；庭院中可于院墙一角散植几株。

136

茶梅 *Camellia sasanqua*

【科属】山茶科，山茶属

【别名】茶梅花等

【花期】11月至翌年1月

【果期】4~5月

【高度】3~13m

识别要点

常绿小乔木或灌木，分枝稀疏。小枝、芽鳞、叶柄、子房、果皮均有毛，且芽鳞表面有倒生柔毛。叶椭圆形至长卵形。花白色，无柄。蒴果，内有种子3粒。

【分布及生境】分布于长江流域以南地区。

【生 长 习 性】性强健，喜光，喜温暖湿润环境，稍耐阴，不耐严寒和干旱，喜酸性土，有一定的抗旱性。

【观赏与应用】作为一种优良的花灌木，在园林绿化中有广阔的发展前景。也可作基础种植及常绿篱垣材料，开花时可为花篱，落花后又可为绿篱，也可盆栽。

137

茶 *Camellia sinensis*

【科属】山茶科，山茶属

【别名】茗、茶树等

【花期】10月至翌年2月

【果期】翌年10月

识别要点

常绿灌木或小乔木。常呈丛生灌木状。叶革质，长椭圆形，叶端渐尖或微凹，叶缘浅锯齿，侧脉明显，背面幼时有毛。花白色，腋生；子房有长毛，花柱顶端3裂。蒴果扁球形，萼宿存；种子棕褐色。

【分布及生境】原产于中国，后来鉴真东渡，将茶叶传播至世界各地。

【生 长 习 性】喜温暖湿润气候，适宜年均温15～25℃，能忍受短期低温；喜光，稍耐阴；喜深厚肥沃、排水良好的酸性土壤。

【观赏与应用】茶是良好的园林绿化树种。茶叶可作饮品，含有多种有益成分，并有保健功效。茶是我国重要的经济作物，有很高的经济价值。

138

厚皮香

Ternstroemia gymnanthera

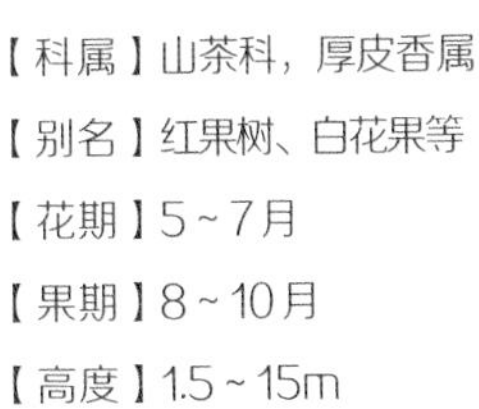

【科属】山茶科，厚皮香属

【别名】红果树、白花果等

【花期】5～7月

【果期】8～10月

【高度】1.5～15m

识别要点

灌木或小乔木；枝条灰绿色，粗壮，近轮生，多次分叉形成圆锥形树冠。叶基部渐窄下延，表面暗绿色，有光泽，中脉在表面显著下凹。花淡黄色，有浓香，常数朵集生枝梢。果近球形，萼片宿存。

【分布及生境】分布于华东、华中、华南及西南各地。多生于山地林中、林缘路边或近山顶疏林中。

【生长习性】喜温暖、凉爽气候，较耐寒，喜微酸性土壤，苗期需要阴凉条件。因此圃地应选在排水良好、灌溉方便、肥沃疏松的耕地或土层深厚、结构良好的山地。

【观赏与应用】树冠浑圆，枝平展成层，叶厚光亮，姿态优美，适宜栽植在门厅两侧、道路角隅、草坪边缘。

藤黄科

139

金丝桃 *Hypericum monogynum*

【科属】藤黄科，金丝桃属

【别名】土连翘等

【花期】6~7月

【果期】8~9月

【高度】0.5~1.3m

识别要点

常绿、半常绿或落叶灌木。全株光滑无毛。小枝圆柱形，红褐色。叶无柄，长椭圆形，基部渐狭而稍抱茎，上面绿色，背面粉绿色，网脉明显。花单生或聚伞花序；花瓣鲜黄色；雄蕊多数，5束，较花瓣长。蒴果卵圆形。

【分布及生境】分布于河北、陕西、山东、江苏、安徽、江西、福建、台湾、河南、湖北、湖南、广东、广西、四川、贵州、云南等地。生于山坡、路旁或灌丛中。

【生长习性】喜光，稍耐阴，稍耐寒，喜肥沃中性沙壤土，忌积水。常野生于湿润河谷或溪旁半阴坡。萌芽力强，耐修剪。

【观赏与应用】花叶秀丽，是南方庭院的常用观赏花木。可植于林荫树下，或者庭院角隅等。叶子很美丽，长江以南冬夏常青，是南方庭院中常见的观赏花木。华北多盆栽观赏，也可作切花材料。

杜英科

140

杜英 *Elaeocarpus decipiens*

【科属】杜英科，杜英属

【别名】假杨梅、青果等

【花期】6~7月

【果期】8~9月

【高度】可达15m

识别要点

常绿乔木，干皮不裂，嫩枝被微毛。单叶互生，倒披针形至披针形，先端尖，缘有钝齿，革质，绿叶丛中常存有少量鲜红的老叶。花下垂，花瓣先端细裂如丝；腋生总状花序。核果椭球形。

【分布及生境】产于广东、广西、福建、台湾、浙江、江西、湖南、云南、贵州南部等地。

【生 长 习 性】喜温暖潮湿环境，耐寒性稍差。稍耐阴，根系发达，萌芽力强，耐修剪。喜排水良好、湿润、肥沃的酸性土壤。

【观赏与应用】是观叶赏树时值得驻足停留欣赏的植物。叶茂常青，适于作隔声防噪林带的中层树种。对二氧化硫抗性强，可选作有污染源的厂矿绿化树种。

椴树科

141

南京椴 *Tilia miqueliana*

【科属】椴树科，椴树属

【别名】菩提椴等

【花期】7月

【果期】8~9月

【高度】可达20m

识别要点

乔木，树皮灰白色，嫩枝有黄褐色茸毛。叶卵圆形，先端急短尖，基部心形，侧脉6~8对，边缘有整齐锯齿。聚伞花序，有花3~12朵，苞片狭窄倒披针形，两面有星状柔毛。果实球形，无棱，被星状柔毛，有小突起。

【分布及生境】分布于江苏、浙江、安徽、江西、广东。野外的南京椴常在山谷或山凹处，沿溪流两侧生长。

【生长习性】喜温暖湿润气候，适应能力强，耐干旱瘠薄，对土壤具有改良作用。幼苗枝梢在北京冬季易遭受冻害，但施以防寒保护可使其安全越冬，防冻能力也将伴随树木生长而增强。

【观赏与应用】树形美观，姿态雄伟，叶大荫浓，寿龄长，花芳香馥郁，病虫害少，对烟尘及有害气体抗性强，是优良的园林观赏树种，适宜作庭荫树、园景树及行道树种植，也适合工矿区绿化，可做蜜源植物。

142

扁担杆 *Grewia biloba*

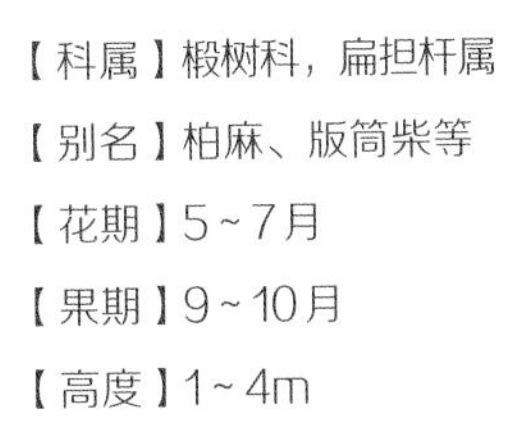

【科属】椴树科，扁担杆属

【别名】柏麻、版筒柴等

【花期】5~7月

【果期】9~10月

【高度】1~4m

识别要点

灌木或小乔木，嫩枝被粗毛。叶薄革质，椭圆形，先端锐尖，基部楔形或钝，两面有稀疏星状粗毛，基出脉3条，边缘有细锯齿，托叶钻形。聚伞花序腋生，多花。核果红色，有2~4颗分核。

【分布及生境】分布于华东、广东至四川等地。生长于丘陵、低山路边草地、灌丛或疏林。

【生 长 习 性】中性树种，喜光，稍耐阴。对土壤要求不严。在肥沃、排水良好的土中生长旺盛。耐寒，耐干旱，耐修剪，耐瘠薄。

【观赏与应用】果实橙红艳丽且悬挂枝梢长达数月之久，为良好的观果树种。园林中可丛植一片或与假山、岩石配植；因耐阴，也可种植在疏林内作为下木，或植为果篱。

梧桐科

143

梧桐 *Firmiana simplex*

【科属】梧桐科，梧桐属

【别名】青桐、桐麻等

【花期】6月

【果期】9~10月

【高度】高达16m

识别要点

落叶乔木。树干端直，树冠卵圆形；干枝翠绿色，平滑。叶片基部心形，掌状3~5裂，全缘；叶柄与叶片近等长。萼裂片长条形，黄绿色带红，向外卷。蓇葖果匙形，网脉明显。

【分布及生境】原产于中国和日本。在中国分布于华东、华中、西南及华北各地，尤以长江流域为多。宜植于村边、宅旁、山坡、石灰岩山坡等处。

【生长习性】喜光，喜温暖气候及土层深厚、肥沃、湿润、排水良好、含钙丰富的土壤。春季萌芽晚，但秋季落叶很早，故有“梧桐一叶落，天下尽知秋”之说。

【观赏与应用】为优美的庭荫树和行道树，与棕榈、竹子、芭蕉等配植，点缀山石园景，协调古雅，具有我国民族风格。对多种有害气体有较强抗性，可作厂矿绿化。

锦葵科

144

木槿 *Hibiscus syriacus*

【科属】锦葵科，木槿属

【别名】木棉、荆条等

【花期】6~9月

【果期】10月

【高度】3~4m

识别要点

落叶灌木，多分枝；小枝密被黄色星状绒毛。叶菱形至三角状卵形，端部常3裂，边缘具不整齐齿缺，三出脉；花单生于枝端、叶腋，花冠钟状，浅紫蓝色；果卵圆形，密被黄色星状绒毛。

【分布及生境】福建、台湾、广东、广西、云南、贵州、四川、湖南、湖北、安徽、江西、浙江、江苏、山东、河北、河南、陕西等地均有栽培。

【生长习性】对环境的适应性很强，较耐干旱和贫瘠，对土壤要求不严格，尤喜光和温暖潮润的气候。耐修剪，萌蘖性强。

【观赏与应用】是夏、秋季的重要观花灌木，南方多作花篱、绿篱；北方作庭院点缀及室内盆栽。同时还具有很强的滞尘功能，是有污染工厂的主要绿化树种。

145 海滨木槿 *Hibiscus hamabo*

【科属】锦葵科，木槿属

【别名】海 槿 、 海 塘 苗 木等

【花期】6~10月

【果期】8~11月

【高度】2~3m

识别要点

落叶小乔木，扁球形树冠，枝叶繁盛。厚纸质单叶互生，叶缘中上部具细圆齿，叶面绿色光滑，具星状毛，叶背密被毡状绒毛，掌状脉5~7条。叶柄长0.8~2.5cm，托叶长1cm，早落。花两性，单生于近枝端叶腋，花冠金黄色呈钟状；花瓣5枚，倒卵形，外卷，内侧基部暗紫色。三角状卵形蒴果，褐色种子呈肾形，具腺状乳突。

【分布及生境】分布于浙江舟山群岛和福建的沿海岛屿。浙江、江苏、上海、北京和天津等地均有引种栽培。多生长于海滨盐碱地上。

【生 长 习 性】喜光，耐高温、低温（-10℃）。对土壤的适应能力强，极耐盐碱，耐海水淹浸。主干被海潮间歇性淹泡1m左右，仍正常生长和开花结实。

【观赏与应用】枝叶浓密，花金黄色、大且艳丽，花期长，尤能显示其独特的观赏价值。且具有耐修剪、抗污染等优良性状，在园林绿化中既可孤植又可丛植、片植，也可修剪成各种花墙、花篱，特别适合于工矿企业、公路、海滨沙滩及盐碱地绿化、造园等。

146

木芙蓉 *Hibiscus mutabilis*

【科属】锦葵科，木槿属

【别名】木莲、芙蓉花等

【花期】8~10月

【果期】9~12月

【高度】2~5m

识别要点

灌木或小乔木，常作宿根栽培。枝密被星状毛。叶大，具细长叶柄，广卵形，掌状裂，基部心形，具钝齿，两面有毛。花大，单生或聚生于上部枝叶腋，副萼短于萼。

【分布及生境】辽宁、河北、山东、陕西、安徽、江苏、浙江、江西、福建、台湾、广东、广西、湖南、湖北、四川、贵州和云南等地有栽培，中国湖南原产。

【生长习性】喜光，稍耐阴；喜温暖湿润气候，不耐寒，在长江流域以北地区露地栽植时，冬季地上部分常冻死，喜肥沃湿润且排水良好的沙壤土。生长较快，萌蘖性强。

【观赏与应用】适宜在庭院栽植，可孤植、丛植于墙边、路旁、庭前等处。

147

黄秋葵 *Abelmoschus esculentus*

【科属】锦葵科，秋葵属

【别名】秋葵、糊麻等

【花期】5～9月

【果期】9～12月

【高度】1.5～2m

识别要点

一年生草本植物。茎圆柱形，疏生散刺。叶掌状，裂片阔至狭，托叶线形，被疏硬毛。花单生于叶腋间，花梗疏被糙硬毛，小苞片钟形；花萼钟形，密被星状短绒毛；花黄色，内面基部紫色。蒴果筒状尖塔形，种子球形，具毛脉纹。

【分布及生境】湖南、湖北、广东等地有栽培。以土层深厚、疏松肥沃、排水良好的壤土或沙壤土较宜。

【生 长 习 性】耐旱，耐湿，但不耐涝；喜温暖，怕严寒，耐热力强；对光照条件尤为敏感，要求光照时间长，光照充足。

【观赏与应用】花果期长，花大而艳丽，花有黄色、白色、紫色，因此也作观赏植物栽培。有蔬菜王之称，有很高的经济和食用价值。

148

蜀葵 *Althaea rosea*

【科属】锦葵科，蜀葵属

【别名】一丈红、大蜀季等

【花期】2~8月

【果期】6~9月

【高度】可达2m

识别要点

多年生草本植物，常作二年生栽培。全株被柔毛。茎无分枝或少分枝。叶互生，具长柄，近圆心形，掌状浅裂或波状角裂，具齿，叶面粗糙多皱。花大，腋生，聚成顶生总状花序。

【分布及生境】原产于中国西南地区，在中国分布很广，华东、华中、华北、华南地区均有分布。世界各地广泛栽培。

【生 长 习 性】喜阳光充足，耐半阴，但忌涝。耐盐碱能力强，耐寒冷，在华北地区可以安全露地越冬。在疏松肥沃、排水良好、富含有机质的沙质土壤中生长良好。

【观赏与应用】适宜种植在建筑物旁、假山旁，或点缀花坛、草坪，成列或成丛种植。可作绿篱、花墙，美化园林环境。

大风子科

149

山桐子 *Idesia polycarpa*

【科属】大风子科，山桐子属

【别名】山梧桐、半霜红等

【花期】4~5月

【果期】10~11月

【高度】8~21m

识别要点

落叶乔木，树皮淡灰色，不裂；小枝圆柱形，细而脆，黄棕色，有明显的皮孔，树冠长圆形，当年生枝条紫绿色，有淡黄色的长毛；冬芽有淡褐色毛，有4~6片锥状鳞片。叶薄革质或厚纸质，卵形或心状卵形，或为宽心形。浆果成熟期紫红色，扁圆形。种子红棕色，圆形。

【分布及生境】分布于甘肃南部、陕西南部、山西南部、河南南部、台湾北部，及西南、中南、华东、华南等地。生长于低山区的山坡、山洼等落叶阔叶林和针阔叶混交林中。

【生长习性】喜光树种，不耐庇荫。喜深厚、潮润、肥沃疏松的土壤，而在干燥和瘠薄山地生长不良。在酸性、中性、微碱土壤上均能生长。能耐-14℃低温。

【观赏与应用】为山地营造速生混交林和经济林的优良树种，树形优美，果实长序，为优良园林观赏树种。具经济价值，果实、种子均含油。

150 柞木 *Xylosma congesta*

【科属】大风子科，柞木属

【别名】凿子树等

【花期】春季

【果期】冬季

【高度】4~15m

识别要点

常绿大灌木或小乔木；树皮棕灰色。叶薄革质，雌雄株稍有区别，通常雌株的叶有变化，菱状椭圆形至卵状椭圆形。花小，总状花序腋生，花盘圆形，边缘稍波状。浆果黑色，球形，顶端有宿存花柱。种子2~3粒，卵形，长2~3mm，鲜时绿色，干后褐色，有黑色条纹。

【分布及生境】产于秦岭以南和长江以南各地。生于林边、丘陵和平原或村边附近灌丛中。

【生长习性】喜光树种，适应性强，耐火，耐干旱瘠薄，耐寒性强，能耐-50℃的低温。喜欢温凉气候和中性至酸性土壤，通常生于向阳干燥山坡。

【观赏与应用】树形优美，可供庭院美化和观赏等，具木材经济价值。

堇菜科

151

三色堇 *Viola tricolor*

【科属】堇菜科，堇菜属

【别名】猫儿脸、蝴蝶花等

【花期】4~7月

【果期】5~8月

【高度】10 ~ 40cm

识别要点

一、二年生或多年生草本植物，全株光滑。地上茎较粗，直立或稍倾斜，有棱，单一或多分枝。花大，直径约3.5 ~ 6cm，每个茎上有3 ~ 10朵，通常每花有紫、白、黄三色。蒴果椭圆形，长8 ~ 12mm，无毛。

【分布及生境】中国各地公园栽培供观赏。原产于欧洲北部，中国南北方栽培普遍。

【生长习性】较耐寒，喜凉爽，喜阳光，忌高温和积水，耐寒抗霜，喜肥沃、排水良好、富含有机质的中性壤土或黏壤土。

【观赏与应用】常地栽于花坛中，还适宜布置于花境和草坪边缘。

152 角堇 *Viola cornuta*

【科属】堇菜科，堇菜属

【别名】小三色堇等

【高度】10～30cm

识别要点

多年生草本植物，具根状茎。叶互生，披针形或卵形，有锯齿或分裂；托叶小，呈叶状，离生，有叶柄。花两性，两侧对称，花色丰富，花瓣有红、白、黄、紫、蓝等颜色，常有花斑，有时上瓣和下瓣呈不同颜色，花朵较三色堇小。果实为蒴果，种子倒卵状，种皮坚硬，有光泽，内含丰富的内胚乳。花期较长，通常可以从冬末或早春开始，持续至次年的4～5月。

【分布及生境】原产于西班牙和比利牛斯山脉，野生状态下生长在山区。

【生长习性】忌高温，耐寒性强，可耐轻度霜冻，在中国长江流域及以南地区可露地越冬，喜光，适度耐阴，开花对日照时间长度不敏感，喜凉爽环境。

【观赏与应用】观赏价值很高，可用于花坛周边景观、林地装饰、花园，也可装饰床前、窗台。

153

白花堇菜 *Viola lactiflora*

【科属】堇菜科，堇菜属

【花期】5~9月

【果期】5~9月

【高度】7~20cm

识别要点

多年生草本植物，无地上茎。根状茎短而稍粗，深褐色或带黑色。叶通常3~5枚或较多，均基生。花中等大，白色，带淡紫色脉纹。种子卵球形，黄褐色至暗褐色。

【分布及生境】产于黑龙江、吉林、辽宁、内蒙古、河北等地，生于沼泽化草甸、草甸、河岸湿地、灌丛及林缘较阴湿地带。

【生 长 习 性】喜光，喜湿润的环境，耐阴也耐寒，不择土壤，适应性极强。

【观赏与应用】是美丽的观叶、观花地被，也适宜制作微型盆栽。

154 紫花地丁 *Viola philippica*

【科属】堇菜科，堇菜属

【别名】野堇菜、光瓣堇菜等

【花期】4月中下旬至9月

【果期】4月中下旬至9月

【高度】4～14cm，果期高可达20cm

识别要点

多年生草本植物，无地上茎。根状茎短，垂直，淡褐色。叶多数，基生，莲座状；花中等大，紫堇色或淡紫色，稀呈白色。蒴果长圆形，无毛；种子卵球形，长1.8mm，淡黄色。

【分布及生境】产于黑龙江、吉林、辽宁、内蒙古、河北、山西、陕西、甘肃、山东、江苏、安徽、浙江、江西、福建、台湾、河南、湖北、湖南、广西、四川、贵州、云南。生于田间、荒地、山坡草丛、林缘或灌丛中，在庭院较湿润处常形成小群落。

【生长习性】喜光，喜湿润的环境，耐阴也耐寒，不择土壤，适应性极强，繁殖容易。

【观赏与应用】花期早且集中，株丛紧密，返青早，观赏价值高，便于经常更换和移栽布置。作为有适度自播能力的地被植物，可大面积群植。幼苗或嫩茎可食用。

155 犁头草 *Viola japonica*

【科属】堇菜科，堇菜属

【别名】玉如意、心叶堇菜等

【花期】5~7月

【果期】7~9月

【高度】通常不足20cm

识别要点

多年生草本植物。主根粗短，白色。叶丛生，长卵形至三角状卵形，长2~6cm，宽1.5~4cm，先端钝，基部心形，边缘具钝锯齿，下面稍带紫色，两面及叶柄稍有毛或无毛。花淡紫色，蒴果椭圆形。

【分布及生境】产于江苏、山东、福建、河南、安徽、浙江、江西、湖南、四川、贵州、云南。生于林缘、林下开阔草地间、山地草丛、溪谷旁。

【生 长 习 性】适应性强，对环境要求不高。

【观赏与应用】适合在野生状态下的旱地、林下作地被植物，可观花、观叶。

156 球果堇菜 *Viola collina*

【科属】堇菜科，堇菜属

【别名】毛果堇菜、圆叶毛堇菜等

【花期】5~8月

【果期】5~8月

【高度】可达20cm

识别要点

多年生草本植物，根状茎粗而肥厚，具结节。叶均基生，呈莲座状；叶片宽卵形或近圆形，花淡紫色；蒴果球形，密被白色柔毛。

【分布及生境】广泛分布于亚洲和欧洲，多生于沟谷、草坡、灌丛、林下、林缘或路旁阴湿处。

【生 长 习 性】耐阴，适应性强。

【观赏与应用】适合在野生状态下的旱地、林下作地被植物，可观叶、观花。

玄参科

157

夏堇 *Torenia fournieri*

【科属】玄参科，蝴蝶草属

【别名】兰猪耳等

【花期】6～12月

【果期】6～12月

【高度】15～50cm

识别要点

一年生直立草本植物，叶片长卵形，先端短渐尖，边缘具带短尖的粗锯齿。总状花序，苞片条形，萼椭圆形；花冠筒淡青紫色，背黄色；上唇直立，浅蓝色，宽倒卵形；下唇裂片矩圆形或近圆形，紫蓝色。蒴果长椭圆形，黄色。

【分布及生境】中国南方常见栽培，有时在路旁、墙边或旷野草地也偶有逸生的发现。

【生长习性】耐高温暑热，也可耐5℃低温。适宜半阴和背风，喜肥沃而排水良好的土壤。

【观赏与应用】夏秋季高温地区重要的草花植物。

柽柳科

158

柽柳 *Tamarix chinensis*

【科属】柽柳科，柽柳属

【别名】三春柳、观音柳等

【花期】4 ~ 9月

【果期】8 ~ 9月

【高度】3 ~ 8m

识别要点

乔木或灌木，叶鲜绿色，从木质化生长枝上生出的绿色营养枝上的叶长圆状披针形或长卵形。每年开花两三次。总状花序侧生在生木质化的小枝上，蒴果圆锥形。柽柳今人谓之三春柳，因其一年开花3次而得名。

【分布及生境】野生分布于辽宁、河北、河南、山东、江苏（北部）、安徽（北部）等地；栽培于中国东部至西南部各地。喜生于河流冲积平原、海滨、滩头、潮湿盐碱地和沙荒地。

【生 长 习 性】耐高温和严寒；为喜光树种，不耐遮阴。耐烈日暴晒，耐干又耐水湿，抗风又耐碱土，能在含盐量1%的重盐碱地上生长。深根性，生长较快，树龄可达百年以上。

【观赏与应用】在庭院中可作绿篱用，适合栽植在水滨、池畔、桥头、河岸、堤防等处，也可列植于街道公路。可以生长在荒漠、河滩或盐碱地，是能适应干旱沙漠和滨海盐土生存、防风固沙、改造盐碱地、绿化环境的优良树种。

葫芦科

159

马瓟儿 *Zehneria japonica*

【科属】葫芦科，马瓟儿属

【别名】马交儿等

【花期】4～7月

【果期】7～10月

识别要点

多年生草质藤本植物，有不分枝卷须，攀援或平卧。叶片膜质，三角状卵形、卵状心形或戟形，不分裂或3～5浅裂。雌雄同株，果实长圆形或狭卵形，成熟后橘红色或白色。

【分布及生境】中国南方大部分地区均有分布。生于水边草丛、山坡草地。

【生 长 习 性】喜温暖环境，对其他生长环境要求不高。

【观赏与应用】为南方常见杂草，秋季果熟时悬于枝间，极为可爱，可用于小型棚架、栅栏等处的绿化。

160

栝楼 *Trichosanthes kirilowii*

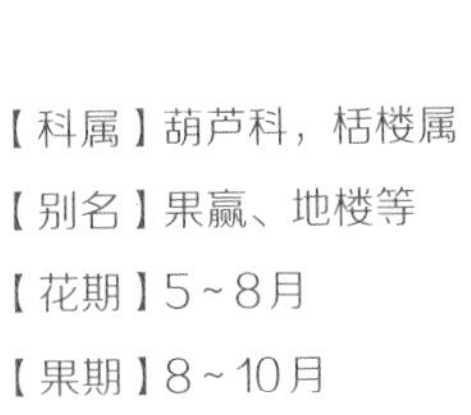

【科属】葫芦科，栝楼属

【别名】果赢、地楼等

【花期】5~8月

【果期】8~10月

识别要点

攀缘藤本植物，长达10m。块根圆柱状，粗大肥厚，富含淀粉，淡黄褐色。茎较粗，多分枝。叶片纸质，轮廓近圆形。花雌雄异株，雄花总状花序单生，雌花单生。果实椭圆形，成熟时黄褐色或橙黄色。

【分布及生境】分布于辽宁、华北、华东、中南、陕西、甘肃、四川、贵州和云南等地。生于山坡林下、灌丛中、草地和村旁田边。在其自然分布区内外广为栽培。

【生长习性】喜温暖潮湿气候，较耐寒，不耐干旱。选择向阳、土层深厚、疏松肥沃的沙质壤土地块栽培为好。不宜在低洼地及盐碱地栽培。

【观赏与应用】适合在野生状态环境中作藤蔓植物种植，可观花、观叶，具药用价值。

161 盒子草 *Actinostemma tenerum*

【科属】葫芦科，盒子草属
【别名】龟儿草、盒儿藤等
【花期】7~9月
【果期】9~11月

识别要点

草本植物，枝纤细，叶柄细，被短柔毛。叶形变异大，叶片心状戟形、心状狭卵形或披针状三角形，雄花总状，有时圆锥状。雌花梗具关节，花萼和花冠同雄花。果实绿色，卵形，阔卵形，长圆状椭圆形，疏生暗绿色鳞片状凸起，果盖锥形，种子表面有不规则雕纹。

【分布及生境】分布于辽宁、河北、河南、山东、江苏、浙江、安徽、湖南、四川、西藏南部、云南西部、广西、江西、福建、台湾等地。多生于水边草丛中。

【生 长 习 性】耐水湿，适应性强。

【观赏与应用】适合在野生状态环境中作藤蔓植物种植，可观果、观叶。

杨柳科

162

加杨 *Populus×canadensis* Moench

【科属】杨柳科，杨属

【别名】加拿大杨等

【花期】4月

【果期】5~6月

【高度】可达30m

识别要点

大乔木，树干直；树皮粗厚，深沟裂，大枝微向上斜伸；树冠卵形；叶三角形，先端渐尖，基部截形。花序轴光滑，苞片淡绿褐色，花盘淡黄绿色，花丝白色；蒴果卵圆形。

【分布及生境】在中国除广东、云南、西藏外，各地区均有分布。

【生长习性】喜温暖湿润气候，喜光，耐寒，喜湿润而排水良好的冲积土，对水涝、盐碱和薄土地均有一定的适应能力。

【观赏与应用】树高冠大，绿荫浓密，环境适应性强，生长迅速，宜作行道树、庭荫树及防护林等，也适合工矿区绿化及四旁绿化。

163 旱柳 *Salix matsudana*

【科属】杨柳科，柳属

【别名】立柳、青皮柳等

【花期】4月

【果期】4~5月

【高度】可达20m

识别要点

落叶乔木，胸径达80cm。大枝斜上，树冠广圆形。树皮暗灰黑色，有裂沟。枝细长，直立或斜展，浅褐黄色或带绿色，后变褐色，无毛，幼枝有毛。芽微有短柔毛，叶披针形。花序与叶同时开放，雄花序圆柱形，雌花序较雄花序短。果序长达2~2.5cm。

【分布及生境】生长于东北、华北平原、西北黄土高原，西至甘肃、青海，南至淮河流域以及浙江、江苏，为平原地区常见树种。

【生长习性】喜光，耐寒，湿地、旱地皆能生长，但在湿润而排水良好的土壤上生长最好；根系发达，抗风能力强，生长快，易繁殖。

【观赏与应用】树形美，易繁殖，深为人们喜爱。适合于庭前、道旁、河堤、溪畔、草坪栽植。为早春蜜源树，具经济价值。

164 垂柳 *Salix babylonica*

【科属】杨柳科，柳属

【别名】水柳、垂丝柳等

【花期】3 ~ 4月

【果期】4 ~ 5月

【高度】12 ~ 18m

识别要点

乔木，树冠开展而疏散。树皮灰黑色，不规则开裂。枝细，下垂，淡褐黄色、淡褐色或带紫色，无毛。芽线形，先端急尖。叶狭披针形或线状披针形，先端长渐尖，基部楔形两面无毛或微有毛，上面绿色，下面色较淡，锯齿缘。花序先叶开放，或与叶同时开放。蒴果长3 ~ 4mm，带绿黄褐色。

【分布及生境】产于长江流域与黄河流域，其他各地均有栽培。

【生 长 习 性】喜光，喜温暖湿润气候及潮湿深厚的酸性及中性土壤。较耐寒，特耐水湿，但也能生于土层深厚的高燥地区。萌芽力强，根系发达，生长迅速，对有毒气体有一定的抗性，并能吸收二氧化硫。

【观赏与应用】枝条细长，宜配植在水边，也可作庭荫树、行道树、公路树。适用于工厂绿化，也是固堤护岸的重要树种。

165 腺柳 *Salix chaenomeloides*

【科属】杨柳科，柳属

【别名】河柳等

【花期】4月

【果期】5月

【高度】8～30m

识别要点

乔木，小枝红褐色或褐色，无毛，有光泽。叶卵形、椭圆状披针形或近椭圆形。总花梗和花序轴皆有柔毛；雌花序下垂，长达5.5cm，有疏生花；仅腹面有1腺体；子房无毛，有梗。蒴果卵形，长3～7mm，果穗中轴有白色绒毛。

【分布及生境】分布在河北、山东、山西、河南、陕西、安徽、江苏、浙江。常生于河滩之处。是台湾原生种植物，分布于全岛低海拔山麓、溪岸或平地。

【生长习性】喜光，耐寒，喜水湿。是常见的湿地绿化植物。它在春天长新芽，3～6月间会开淡绿色的花。果实成熟时带有棉絮，称为柳絮，每逢4～5月，柳絮纷飞时，就是种子成熟的时候。

【观赏与应用】木材供制器具；树皮可提栲胶；纤维供纺织及制作绳索；枝条供编织；又为蜜源植物。

十字花科

166

羽衣甘蓝 *Brassica oleracea* var. *acephala*

【科属】十字花科，芸薹属

【别名】绿叶甘蓝、牡丹菜等

【花期】3～5月

【果期】4～5月

【高度】20～40cm

识别要点

二年生观叶草本花卉，为甘蓝的园艺变种。基生叶片紧密互生呈莲座状，叶片有光叶、皱叶、裂叶、波浪叶之分，外叶较宽大，叶片翠绿色、黄绿色或蓝绿色，叶柄粗壮而有翼，叶脉和叶柄呈浅紫色。总状花序，花浅黄色。果实为角果，6月份种子成熟，种子黑褐色扁球形。

【分布及生境】在国内园林绿地中进行栽培。

【生 长 习 性】喜冷凉气候，生长发育的适温为20～25℃，极耐寒，能忍受多次短暂的霜冻而不枯萎，抗高温能力达35℃以上，转色需有15℃左右的低温刺激；喜充足阳光，对土壤的适应性很强。

【观赏与应用】叶紧密互生，团抱成球形，叶片较宽大，叶缘细密多皱并具波状起伏。心部叶片的色彩丰富，全株好似一朵盛开的牡丹花，故又名叶牡丹。可作为北方晚秋、初冬季城市绿化的理想补充观叶花卉，还可在住宅中盆植于屋顶花园、阳台、窗台观赏。

167

荠菜 *Capsella bursa-pastoris*

【科属】十字花科，荠属

【别名】菱角菜、地米菜等

【花期】4~6月

【果期】4~6月

【高度】可达50cm

识别要点

一年或二年生草本植物。茎直立，单一或从下部分枝。基生叶丛生呈莲座状，大头羽状分裂；茎生叶基部箭形，抱茎，边缘有缺刻或锯齿。总状花序顶生及腋生。短角果倒三角形或倒心状三角形。种子2行，长椭圆形，长约1mm，浅褐色。

【分布及生境】全国各地均有分布，全世界温带地区广泛分布。常生长在山坡、田边及路旁，野生，偶有栽培。

【生 长 习 性】属耐寒蔬菜，喜冷凉湿润的气候；气温低于10℃或高于22℃时，生长缓慢。对土壤要求不严，但是肥沃疏松的土壤能使其生长旺盛，叶片肥嫩，品质好。

【观赏与应用】茎叶可作蔬菜食用，种子具经济价值。

168

诸葛菜 *Orychophragmus violaceus*

【科属】十字花科，诸葛菜属

【别名】二月蓝、紫金草等

【花期】3~5月

【果期】5~6月

【高度】10~50cm

识别要点

一年或二年生草本植物，无毛。茎单一，直立。基生叶及下部茎生叶大头羽状全裂，顶裂片近圆形或短卵形。花紫色、浅红色或褪成白色。长角果线形，长7~10cm。种子卵形至长圆形，长约2mm，稍扁平，黑棕色，有纵条纹。

【分布及生境】分布于辽宁、河北、山西、山东、河南、安徽、江苏、浙江、湖北、江西、陕西、甘肃、四川。可栽植于树池、坡上、树荫下、篱边、路旁、草地、假山石周围、山谷中等。

【生长习性】适应性强，耐寒，萌发早，喜光，对土壤要求不严，酸性土和碱性土均可生长。

【观赏与应用】生活史从每年9月至次年6月，甚至在寒冷冬季仍可保绿不枯，可以较好地覆盖地面。是不可多得的早春观花、冬季观绿的地被植物。

杜鹃花科

169

杜鹃 *Rhododendron simsii*

【科属】杜鹃花科，杜鹃属

【别名】望帝、映山红等

【花期】4~5月

【果期】6~8月

【高度】2~5m

识别要点

落叶灌木，分枝多而纤细，密被亮棕褐色扁平糙伏毛。叶革质，常集生枝端，卵形、椭圆状卵形、倒卵形或倒卵形至倒披针形。花芽卵球形，鳞片外面中部以上被糙伏毛，边缘具睫毛。花2~3朵簇生枝顶。蒴果卵球形，长达1cm，密被糙伏毛；花萼宿存。

【分布及生境】原产于东亚，在中国分布于江苏、安徽、浙江、江西、福建、台湾、湖北、湖南、广东、广西、四川、贵州和云南。生于山地疏灌丛或松林下。

【生 长 习 性】喜酸性土壤，在钙质土中生长得不好，甚至不生长。喜凉爽、湿润、通风的半阴环境，夏季要防晒遮阴，冬季应注意保暖防寒。忌烈日暴晒，适宜在光照强度不大的散射光下生长。

【观赏与应用】园林中最宜在林缘、溪边、池畔及岩石旁成丛成片栽植，也可于疏林下散植，也是花篱的良好材料。

170 西洋杜鹃 *Rhododendron hybridum*

【科属】杜鹃花科，杜鹃属

【别名】比利时杜鹃等

【花期】4～5月

【果期】6～8月

【高度】30cm左右

识别要点

由皋月杜鹃、映山红及毛白杜鹃等反复杂交而育成。常绿灌木，根系木质纤细，植株低矮，枝杆紧密。叶互生，纸质，厚实，叶片集生于枝端，表面有淡黄色伏贴毛。先叶后花，顶生总状花序，簇生，花萼较大，裂片披针形，宽卵形，花色艳丽多样。蒴果长圆状卵球形。一年多次现蕾开花，四季有花。

【分布及生境】在荷兰、比利时育成，在温带、亚热带广布。是长日照植物，但喜半阴，怕强光直射。

【生 长 习 性】当直射光过强时，叶子会失绿，使叶边缘呈褐红色。生长适温为12～25℃，4～9月以18～25℃为宜。

【观赏与应用】多为盆栽，可制作各种风格的树桩盆景。

171

马缨杜鹃

Rhododendron delavayi

【科属】杜鹃花科，杜鹃属

【别名】马缨花等

【花期】5月

【果期】12月

【高度】1~7m

识别要点

常绿灌木或小乔木。树皮淡灰褐色，薄片状剥落；幼枝粗壮，被白色绒毛，后变为无毛。顶生冬芽卵圆形，淡绿色，多少被白色绒毛。叶革质，长圆状披针形。顶生伞形花序，圆形，紧密，有花10~20朵。蒴果圆柱形，黑褐色。

【分布及生境】产于中国广西西北部、四川西南部及贵州西部、云南全省和西藏南部。生于常绿阔叶林或灌木丛中。

【生长习性】喜凉爽湿润的气候，忌酷热干燥。要求富含腐殖质、疏松、湿润及pH在5.5~6.5的酸性土壤，耐修剪。

【观赏与应用】花朵美丽，颜色鲜艳，具有较高的园艺价值，还有一定的药用价值。

花荵科

172

芝樱 *Phlox subulata*

【科属】花荵科，福禄考属

【别名】丛生福禄考、针叶天蓝绣球等

【花期】5月上旬至6月下旬

【果期】6～10月

【高度】10～20cm

识别要点

多年生矮小草本植物。茎丛生，铺散，多分枝，被柔毛。叶对生或簇生于节上，钻状线形或线状披针形。花数朵生于枝顶，成简单的聚伞花序。蒴果长圆形，高约4mm。

【分布及生境】原产于北美东部，中国华东地区有引种栽培，主要聚集在草原和河堤之上。

【生长习性】喜温暖、湿润及光照充足的环境。不耐热，耐寒，耐瘠薄，耐干旱，耐盐碱，生长适温为15～26℃，不择土壤，但以疏松、排水良好的壤土为佳。

【观赏与应用】可以大量种植于花坛中，或者和其他低矮灌木组合种植于花坛中，体现出良好的绿化效果。

柿科

173

柿树 *Diospyros kaki*

【科属】柿科，柿属

【别名】柿子、朱果等

【花期】5~6月

【果期】9~10月

【高度】可达10m以上

识别要点

落叶大乔木，树皮深灰色，沟纹较密，裂成长方块状。冬芽小，卵形。叶纸质，卵状椭圆形，通常较大。花雌雄异株，花序腋生，为聚伞花序。果形有球形、扁球形、球形而略呈方形、卵形等；果肉较脆硬，老熟时果肉变得柔软多汁，呈橙红色或大红色等。有种子数颗，种子褐色，椭圆状，侧扁。

【分布及生境】原产于长江流域，在辽宁西部、长城一线经甘肃南部折入四川、云南，在此线以南，东至台湾，各地多有栽培。生长在山区、平地或沙滩。

【生长习性】深根性树种，又是阳性树种，喜温暖气候、充足阳光，及深厚、肥沃、湿润、排水良好的土壤，适生于中性土壤，较耐寒，较耐瘠薄，抗旱性强，不耐盐碱土。

【观赏与应用】叶大荫浓，秋末冬初，霜叶染成红色，是优良的风景树。果实可食用，木材可用来制作家具。

安息香科

174

秤锤树 *Sinojackia xylocarpa*

【科属】安息香科，秤锤树属

【别名】秤砣树等

【花期】3~4月

【果期】7~9月

【高度】可达7m

识别要点

落叶乔木，嫩枝密被星状短柔毛，灰褐色。叶纸质，叶片倒卵形或椭圆形。总状聚伞花序生于侧枝顶端。果实卵形，红褐色，有浅棕色的皮孔，外果皮木质，不开裂，内果皮木质，坚硬。种子长圆状线形，栗褐色。

【分布及生境】产于江苏（南京），杭州、上海、武汉等地曾有栽培。为北亚热带树种，生于林缘或疏林中。

【生 长 习 性】为喜光树种，幼苗、幼树不耐阴。喜生于深厚、肥沃、湿润、排水良好的土壤上，不耐干旱瘠薄。具有较强的抗寒性，能忍受-16℃的短暂极端低温。

【观赏与应用】枝叶浓密，秋季叶落后宿存的悬挂果实宛如秤锤一样，颇具野趣，是一种优良的观赏树种。园林中可群植于山坡，与湖石或常绿树配植，也可制作成盆景赏玩，有较高的观赏价值。

山矾科

175

山矾 *Symplocos sumuntia*

【科属】山矾科，山矾属

【别名】郑花、春桂等

【花期】2～3月

【果期】6～7月

【高度】可达13m

识别要点

乔木，嫩枝褐色。叶薄革质，卵形、狭倒卵形、倒披针状椭圆形。总状花序，花冠白色，花盘环状，无毛。核果卵状坛形，长7～10mm，外果皮薄而脆，顶端宿萼裂片直立，有时脱落。

【分布及生境】分布于江苏、浙江、福建、台湾、广东、海南、广西、江西、湖南、湖北、四川、贵州、云南，生长在山林间。

【生长习性】喜光，耐寒，耐旱，耐半阴。

【观赏与应用】根、叶、花均可药用；叶可制作媒染剂。

176 白檀 *Symplocos tanakana*

【科属】山矾科，山矾属

【别名】乌子树、碎米子树等

【花期】5月

【果期】10月

【高度】5～10m

识别要点

落叶灌木或小乔木；嫩枝有灰白色柔毛，老枝无毛。叶膜质或薄纸质，阔倒卵形、椭圆状倒卵形或卵形。圆锥花序，花冠白色，花盘具5个凸起的腺点。核果熟时蓝色，卵状球形，稍偏斜，长5～8mm，顶端宿萼裂片直立。

【分布及生境】分布于东北、华北、华中、华南、西南各地，生长在山坡、路边、疏林或密林中。

【生 长 习 性】喜光，耐寒，耐旱，耐半阴。

【观赏与应用】开花繁茂，白花蓝果，早春飘散着阵阵花香，是极具开发前景的园林栽培观赏树种。其材质优良，可用作工业及建筑用材。

紫金牛科

177 紫金牛 *Ardisia japonica*

【科属】紫金牛科，紫金牛属

【别名】小青、矮茶等

【花期】5~6月

【果期】11~12月，有时5~6月仍有果

【高度】10~30cm

识别要点

小灌木或亚灌木，近蔓生，具匍匐生根的根茎。叶对生或近轮生，叶片坚纸质或近革质，椭圆形至椭圆状倒卵形。

【分布及生境】产于陕西及长江流域以南各地，如福建、江西、湖南、四川、江苏、浙江、贵州、广西、云南等，海南尚未发现。习见于山间林下或竹林下阴湿的地方。

【生 长 习 性】喜温暖、湿润环境，喜荫蔽，忌阳光直射。适宜生长于富含腐殖质、排水良好的土壤。

【观赏与应用】枝叶常青，入秋后果色鲜艳，经久不凋，能在郁密的林下生长，是一种优良的地被植物。可作盆栽观赏，与岩石相配成小盆景，也可种植在高层建筑群的绿化带下层以及立交桥下。

报春花科

178

过路黄 *Lysimachia christiniae*

【科属】报春花科，珍珠菜属

【别名】金钱草、铺地莲等

【花期】5～7月

【果期】7～10月

识别要点

多年生草本植物。茎柔弱，平卧延伸，长20～60cm。叶对生，卵圆形、近圆形以至肾圆形，花单生叶腋。蒴果球形，直径4～5mm，无毛，有稀疏黑色腺条。

【分布及生境】产于云南、四川、贵州、陕西（南部）、河南、湖北、湖南、广西、广东、江西、安徽、江苏、浙江、福建，生于沟边、路旁阴湿处和山坡林下。

【生 长 习 性】喜温暖、阴凉、湿润环境，不耐寒。适宜肥沃疏松、腐殖质较多的沙质壤土。

【观赏与应用】可广泛用作园林色块、绿化隔离带及地被植物栽植。

179

点地梅 *Androsace umbellata*

【科属】报春花科，点地梅属

【别名】喉咙草、佛顶珠、白花草等

【花期】2~4月

【果期】5~6月

识别要点

一年生或二年生无茎草本植物。全株被节状的细柔毛。主根不明显，具多数须根。叶全部基生，平铺地面。伞形花序4~15花，蒴果近球形；种子棕褐色，长圆状多面体形。

【分布及生境】产于东北、华北和秦岭以南各地，生于林缘、草地和疏林下。

【生 长 习 性】喜湿润、温暖、向阳环境和肥沃土壤。种子自播能力强。

【观赏与应用】花小，形似梅花，盛花时如繁星点点，一片雪白，植株低矮，适宜岩石园栽植及灌木丛旁作地被材料。

180 泽珍珠菜 *Lysimachia candida*

【科属】报春花科，珍珠菜属
【别名】星宿菜等
【花期】3～6月
【果期】4～7月
【高度】10～30cm

识别要点

一年生或二年生草本植物，全体无毛。茎单生或数条簇生，直立，单一或有分枝。基生叶匙形或倒披针形。总状花序顶生，蒴果球形，直径2～3mm。

【分布及生境】产于陕西（南部）、河南、山东以及长江以南各地。生于田边、溪边和山坡路旁潮湿处。

【生长习性】浅根性植物，根系吸收能力较弱，喜肥。干旱时需要早晚淋水，雨季注意排水防涝。

【观赏与应用】适合作地被材料、水景材料或盆栽应用。

海桐花科

181

海桐 *Pittosporum tobira*

【科属】海桐花科，海桐花属

【花期】3~5月

【果期】9~10月

【高度】3~10m

识别要点

常绿灌木或小乔木，嫩枝被褐色柔毛，有皮孔。叶聚生于枝顶，二年生，革质。伞形花序顶生或近顶生，花白色，有芳香，后变黄色。蒴果圆球形，有棱或呈三角形，直径12mm。入秋后果实开裂，露出红色的种子。

【分布及生境】产于江苏南部、浙江、福建、台湾、广东等地。生长于山谷密林。

【生长习性】对气候的适应性较强，能耐寒冷，也耐暑热。对土壤的适应性强，在黏土、沙土及轻盐碱土中均能正常生长。对二氧化硫、氟化氢、氯气等有毒气体抗性强。

【观赏与应用】株形圆整，四季常青，花味芳香，种子红艳，是优良的观叶、观果植物。是抗二氧化硫等有害气体能力强的环保树种。适于盆栽布置展厅、会场、主席台等处，也宜地植于花坛四周、道路两侧、建筑物旁或作园林中的绿篱、绿带，尤其适合在工矿区种植。

绣球科

182

八仙花 *Hydrangea macrophylla*

【科属】绣球科，绣球属

【别名】粉团花、紫绣球等

【花期】6~8月

【果期】7~10月

【高度】1~4m

识别要点

灌木，茎常于基部发出多数放射枝而形成圆形灌丛。叶纸质或近革质，倒卵形或阔椭圆形。伞房状聚伞花序近球形，花密集，多数不育。蒴果，种子未熟。

【分布及生境】产于山东、江苏、安徽、浙江、福建、河南、湖北、湖南、广东及其沿海岛屿、广西、四川、贵州、云南等地。生于山谷溪旁或山顶疏林中。

【生长习性】喜温暖、湿润和半阴环境。土壤以疏松、肥沃和排水良好的沙质壤土为好。但土壤pH的变化会使绣球的花色变化较大。为了加深蓝色，可在花蕾形成期施用硫酸铝；为保持粉红色，可在土壤中施用石灰。

【观赏与应用】是长江流域优良观花植物。园林中可栽植于稀疏的树荫下及林荫道旁，片植于阴向山坡。

景天科

183

佛甲草 *Sedum lineare*

【科属】景天科，景天属

【别名】指甲草等

【花期】4~5月

【果期】6~7月

【高度】10~20cm

识别要点

多年生草本植物，无毛。3叶轮生，少有4叶轮生或对生，叶线形。花序聚伞状，顶生，疏生花。蓇葖果略叉开，长4~5mm，花柱短；种子小。

【分布及生境】中国云南、四川、贵州、广东、湖南、湖北、甘肃、陕西、河南、安徽、江苏、浙江、福建、台湾、江西等地区均有栽培，生于低山或平地草坡上。

【生长习性】适应性强，不择土壤，可以生长在较薄的基质上，其耐干旱能力强，耐寒力也较强。在严寒期地上部茎叶冻枯，处于休眠期，翌年土壤一解冻即萌发新芽，早春即能覆盖地面。

【观赏与应用】是优良的地被植物，根系纵横交错，能防止表土被雨水冲刷，适宜用作护坡草。植株细腻，花美丽，可盆栽观赏，还具有药用价值。

184

费菜 *Phedimus aizoon*

【科属】景天科，费菜属

【别名】土三七、金不换等

【花期】6~7月

【果期】8~9月

【高度】可达50cm

识别要点

多年生草本植物。根状茎短，有1~3条茎，直立，无毛，不分枝。叶互生，狭披针形、椭圆状披针形至卵状倒披针形，叶坚实，近革质。聚伞花序有多花，水平分枝，平展。蓇葖果芒状排列，长7mm；种子椭圆形，长约1mm。

【分布及生境】产于四川、湖北、江西、安徽、浙江、江苏、青海、宁夏、甘肃、内蒙古、河南、山西、陕西、河北、山东、辽宁、吉林、黑龙江。

【生 长 习 性】阳性植物，稍耐阴，耐寒，耐干旱瘠薄。

【观赏与应用】株丛茂密，枝翠叶绿，花色金黄，适应性强，适宜在城市中一些立地条件较差的裸露地面作绿化覆盖。

185

垂盆草 *Sedum sarmentosum*

【科属】景天科，景天属

【别名】打不死等

【花期】5 ~ 7月

【果期】8月

【高度】20 ~ 50cm

识别要点

多年生草本植物。不育枝及花茎细，匍匐而节上生根，直到花序之下。3叶轮生，叶倒披针形至长圆形。聚伞花序，有3 ~ 5分枝，花少。种子卵形，长0.5mm。

【分布及生境】分布于福建、贵州、四川、湖北、湖南、江西、安徽、浙江、江苏、甘肃、陕西、河南、山东、山西、河北、辽宁、吉林、北京。生于山坡阳处或岩石上。

【生长习性】喜温暖湿润、半阴的环境，适应性强，较耐旱、耐寒，不择土壤，对光线要求不严，一般适宜在中等光线条件下生长，也耐弱光。

【观赏与应用】草坪草的优良性状以及耐粗放管理的特性使其适合在屋顶绿化、地被、护坡、花坛、吊篮等城市景观中进行广泛应用。

虎耳草科

186

溲疏 *Deutzia scabra*

【科属】虎耳草科，溲疏属

【别名】巨骨、空木等

【花期】5~6月

【果期】10~11月

【高度】可达3m

识别要点

落叶灌木，稀半常绿。树皮薄片状剥落，小枝中空，红褐色，幼时有星状毛，老枝光滑。叶对生，有短柄，卵形至卵状披针形。直立圆锥花序，花白色或带粉红色斑点。蒴果近球形，顶端扁平，具短喙和网纹。

【分布及生境】中国各地区都有分布，但以西南部最多。多见于山谷、路边、岩缝及丘陵低山灌丛中。

【生长习性】喜光，稍耐阴，喜温暖、湿润气候，但耐寒，耐旱，性强健，萌芽力强，耐修剪。对土壤的要求不严，但以腐殖质pH6~8且排水良好的土壤为宜。

【观赏与应用】初夏白花繁密，素雅，宜丛植于草坪、路边、山坡及林缘，也可作花篱及岩石园种植材料。花枝可供瓶插观赏。

187 扯根菜 *Penthorum chinense*

【科属】虎耳草科，扯根菜属

【别名】干黄草、水泽兰等

【花期】7 ~ 10月

【果期】7 ~ 10月

【高度】40 ~ 90cm

识别要点

多年生草本植物，根状茎分枝；茎不分枝，稀基部分枝，具多数叶。叶互生，无柄或近无柄，披针形至狭披针形。聚伞花序具多花，长1.5 ~ 4cm。蒴果红紫色，直径4 ~ 5mm；种子多数，卵状长圆形。

【分布及生境】在中国广泛分布。生长于林下、灌丛草甸及水边。

【生 长 习 性】喜光，耐寒，半耐阴，耐旱。

【观赏与应用】适合在野生状态环境中作水生植物种植，可观叶，嫩苗可供蔬食。

188

矾根 *Heuchera micrantha*

【科属】虎耳草科，矾根属

【别名】肾形草、珊瑚铃等

【花期】4~6月

【果期】4~6月

【高度】50~80cm

识别要点

多年生常绿草本花卉，浅根性，叶基生，阔心形，成熟叶片长20~25cm，叶色丰富，在温暖地区常绿。花小，钟状，直径0.6~1.2cm，红色，两侧对称，花序复总状。

【分布及生境】原产于美洲中部，中国少数地方引种栽培。自然生长在湿润多石的高山或悬崖旁。

【生长习性】耐寒，喜阳光，也耐半阴，在肥沃、排水良好、富含腐殖质的土壤中生长良好。冬季温暖地区叶子四季不凋，覆盖力强。

【观赏与应用】株姿优雅，花色鲜艳，是花坛、花境、花带等植物景观的理想材料，还可在林下片植。

189 圆锥绣球 *Hydrangea paniculata*

【科属】虎耳草科，绣球属

【别名】水亚木、白花丹等

【花期】7～8月

【果期】10～11月

【高度】1～5m，有时达9m

识别要点

灌木或小乔木，枝暗红褐色或灰褐色，初时被疏柔毛，后变无毛。叶纸质，2～3片对生或轮生，卵形或椭圆形。圆锥状聚伞花序尖塔形，蒴果椭圆形。种子褐色，扁平，具纵脉纹，轮廓纺锤形。

【分布及生境】分布于西北（甘肃）、华东、华中、华南、西南等地区。生于山谷、山坡疏林下或山脊灌丛中。

【生 长 习 性】耐寒性不强。喜光，喜排水良好的土壤环境。

【观赏与应用】花序硕大，非常美丽。盆栽用于阳台或天台装饰。适合林缘、池畔、路旁或墙垣边栽培观赏，也是花境常用的材料。

190

虎耳草 *Saxifraga stolonifera*

【科属】虎耳草科，虎耳草属

【别名】石荷叶等

【花期】4～11月

【果期】4～11月

【高度】8～45cm

识别要点

多年生草本植物。茎上有着长长的腺毛，基生叶长有长的叶柄，叶片有近心形、肾形和扁圆形；茎生叶则是披针形，有圆锥状的聚伞花序。因其叶大形如虎耳而得名。

【分布及生境】产于河北（小五台山）、陕西、甘肃东南部、江苏、安徽、浙江、江西、福建、台湾、河南、湖北、湖南、广东、广西、四川东部、贵州、云南东部和西南部。生于林下、灌丛、草甸和阴湿岩隙。

【生长习性】喜阴凉潮湿，要求土壤肥沃、湿润，以阴凉潮湿的林下和坎壁上为佳。

【观赏与应用】常见地被植物。

蔷薇科

191

金焰绣线菊 *Spiraea japonica* 'Goldflame'

【科属】蔷薇科，绣线菊属

【花期】6月

【果期】8~9月

【高度】60~110cm

识别要点

栽培种，为落叶灌木。单叶互生，具锯齿，叶色鲜艳夺目，春季叶色黄红相间，夏季叶色绿，秋季叶紫红色。花玫瑰红色，花序较大，花序伞形。蓇葖果常沿腹缝开裂。种子数粒，细小。

【分布及生境】原产于美国，北京植物园于1990年引种，经引种驯化，能很好地适应北京地区生长，现中国各地均有种植。

【生 长 习 性】较耐阴，喜潮湿气候，在温暖向阳而又潮湿的地方生长良好。能耐37.7℃高温和-30℃的低温。

【观赏与应用】其叶色有丰富的季相变化，有较高的观赏价值。可用于建植大型图纹、花带、彩篱等园林造型，可布置花坛、花境，点缀园林小品，可丛植、孤植或列植，也可作绿篱。

192

金山绣线菊 *Spiraea japonica* 'Gold Mound'

【科属】蔷薇科，绣线菊属

【花期】6月中旬～8月上旬

【果期】8～9月

【高度】仅25～35cm

识别要点

落叶小灌木，枝细长而有角棱。叶菱状披针形，叶缘具深锯齿，叶面稍感粗糙。花两性，伞房花序；萼筒钟状，萼片5枚；花瓣5枚，圆形较萼片长。蓇葖果，种子长圆形，种皮膜质。新生小叶金黄色，夏叶浅绿色，秋叶金黄色；花浅粉红色。

【分布及生境】原产于北美；于1995年引种到济南，现中国多地有分布。适应性强，栽植范围广。

【生长习性】喜光，不耐阴，较耐旱，不耐水湿，抗高温。对土壤要求不严，但以深厚、疏松、肥沃的壤土为佳。

【观赏与应用】可作观花色叶地被，种在花坛、花境、草坪、池畔等地，也可作色块或列植作绿篱。

193

绣球绣线菊 *Spiraea blumei*

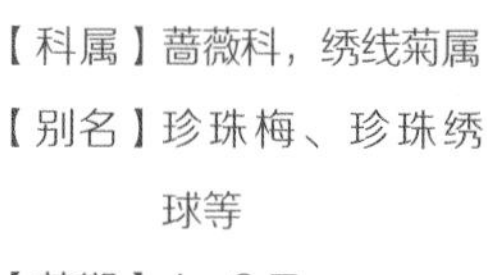

【科属】蔷薇科，绣线菊属

【别名】珍珠梅、珍珠绣球等

【花期】4～6月

【果期】8～10月

【高度】1～2m

识别要点

灌木，小枝细，深红褐色。叶片菱状卵形，先端圆钝缺刻状锯齿，或3～5浅裂，具不明显的三出基脉。伞形花序有总梗，无毛，具花10～25朵；苞片披针形，萼筒钟状，萼片三角形或卵状三角形；花瓣宽倒卵形，白色。蓇葖果较直立，萼片直立。

【分布及生境】产于辽宁、内蒙古、河北、河南、山西、陕西、甘肃、湖北、江西、山东、江苏、浙江、安徽、四川、广东、广西、福建等地。生于向阳山坡、杂木林内或路旁，海拔500～2000m。

【生 长 习 性】喜阳光充足、排水良好的沙质壤土地。

【观赏与应用】树姿优美、枝叶繁密，是园林绿化中优良的观花、观叶树种。

194

珍珠绣线菊 *Spiraea thunbergii*

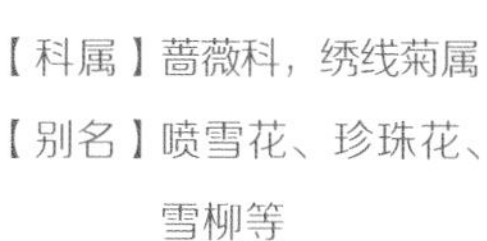

【科属】蔷薇科，绣线菊属

【别名】喷雪花、珍珠花、雪柳等

【花期】3～5月

【果期】8～10月

【高度】高达1.5m

识别要点

落叶灌木，丛生分枝，枝纤细而开展，呈拱状弯曲，小枝具角棱。单叶互生，花、叶同放，花白色，小而密集，花梗细长，3～5朵成伞形花序。

【分布及生境】原产于中国及日本，国内主要分布于浙江、江西、云南等地。

【生 长 习 性】喜阳光并具有很强的耐阴性，耐寒，耐湿又耐旱。对土壤要求不严，在一般土壤中即能正常生长，在湿润肥沃的土壤中长势更强。萌蘖力强，耐修剪。

【观赏与应用】开花时花量繁多，洁白美丽，可在园林庭院中单株栽植，也可丛植。

195

风箱果 *Physocarpus amurensis*

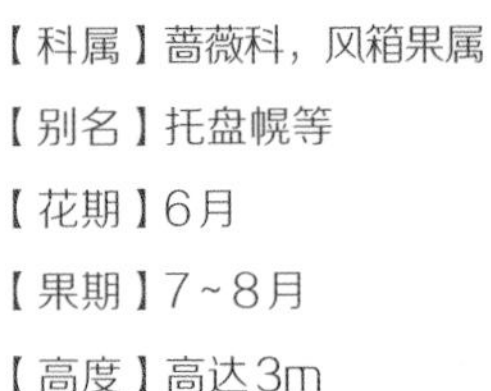

【科属】蔷薇科，风箱果属

【别名】托盘幌等

【花期】6月

【果期】7~8月

【高度】高达3m

识别要点

灌木，小枝圆柱形，树皮成纵向剥裂；叶片三角卵形至宽卵形，基部心形或近心形，边缘有重锯齿；花序伞形总状；蓇葖果膨大，卵形，内含光亮黄色种子2~5枚。

【分布及生境】产于黑龙江（帽儿山）、河北（雾灵山、承德）。常生于山顶、山沟、山坡林缘、灌丛中，聚生成丛。

【生长习性】喜光，也耐半阴，耐寒性强，要求土壤湿润，但不耐水渍。

【观赏与应用】树形开展，花色素雅，花序密集，果实初秋时呈红色，具有较高的观赏价值，可植于亭台周围、丛林边缘及假山旁边。

196

火棘 *Pyracantha fortuneana*

【科属】蔷薇科，火棘属

【别名】火把果、救军粮等

【花期】3~5月

【果期】8~11月

【高度】高达3m

识别要点

常绿灌木，叶片倒卵形或倒卵状长圆形；花集成复伞房花序，花瓣白色，近圆形，花药黄色；果实近球形，直径约5mm，橘红色或深红色。

【分布及生境】分布于黄河以南及广大西南地区。一般生长在山坡的阳面。

【生长习性】喜强光，耐贫瘠，抗干旱。对土壤要求不严，但以排水良好、湿润、疏松的中性或微酸性壤土为好。

【观赏与应用】其适应性强，耐修剪，喜萌发，作绿篱具有优势；栽植于风景林地，可以体现自然野趣；可作为盆景和插花材料。

197 山楂 *Crataegus pinnatifida*

【科属】蔷薇科，山楂属

【别名】红果、山里红等

【花期】5~6月

【果期】9~10月

【高度】3~10m

识别要点

落叶乔木，树皮粗糙，暗灰色或灰褐色；刺长约1~2cm，有时无刺；叶片宽卵形或三角状卵形，先端短渐尖，通常两侧各有3~5羽状深裂片，裂片卵状披针形或带形，先端短渐尖，边缘有尖锐稀疏不规则重锯齿。伞房花序具多花，果实近球形或梨形，深红色，有浅色斑点；果实小核3~5枚。

【分布及生境】在山东、陕西、山西、河南、江苏、浙江、辽宁、吉林、黑龙江、内蒙古、河北等地均有分布。生于山坡林边或灌木丛中。

【生长习性】适应性强，喜凉爽、湿润的环境，既耐寒又耐高温，喜光也能耐阴，耐旱。水分过多时枝叶容易徒长。

【观赏与应用】果可生吃或做果脯、果糕，干制后可入药，是中国特有的药果兼用树种，具有降血脂、血压，强心，抗心律不齐等作用，同时也是健脾开胃、消食化滞的良药。

198

枇杷 *Eriobotrya japonica*

【科属】蔷薇科，枇杷属

【别名】金丸、卢橘等

【花期】10～12月

【果期】5～6月

【高度】一般3～5m，可达10m

识别要点

常绿乔木，小枝粗壮，棕黄色，密生锈色或灰棕色绒毛；叶片革质，披针形，先端急尖或渐尖，基部楔形或渐狭成叶柄，上部边缘有疏锯齿，基部全缘，上面光亮，多皱，下面密生灰棕色绒毛。圆锥花序顶生，具多花，总花梗与花梗密生锈色绒毛。

【分布及生境】原产于江苏、安徽、浙江、江西、福建、台湾、湖北、湖南、四川、云南、贵州、广东、广西，各地广泛栽培。

【生长习性】适宜温暖湿润的气候，在生长发育过程中要求较高的温度，年平均温度12～15℃，冬季不低于-5℃，花期及幼果期不低于0℃为宜。

【观赏与应用】常用于园林绿化，属观果树木。果味酸甜，供鲜食、制作蜜饯与酿酒用。树叶晒干去毛可供药用，有化痰止咳、和胃降气之效。

199

石楠 *Photinia serrulata*

【科属】蔷薇科，石楠属

【别名】千年红、笔树等

【花期】4~5月

【果期】10月

【高度】4~6m，有时可达12m

识别要点

常绿灌木或小乔木，叶片革质，长椭圆形，复伞房花序顶生；总花梗和花梗无毛，花密生，花瓣白色，近圆形，内外两面皆无毛；花药带紫色；果实球形，红色，后成褐紫色；种子卵形，棕色，平滑。

【分布及生境】分布于安徽、甘肃、河南、江苏、陕西、浙江、江西、湖南、湖北、福建、台湾、广东、广西、四川、云南、贵州。生于杂木林中。

【生长习性】喜温暖、湿润的气候，抗寒力不强，喜光也耐阴，对土壤要求不严。萌芽力强，耐修剪，对烟尘和有毒气体有一定的抗性。

【观赏与应用】具圆形树冠，叶丛浓密，嫩叶红色；花白色，密生，冬季果实红色，是常见的栽培树种。石楠木材可制车轮及器具柄；种子榨油供制油漆、肥皂或润滑油用；可作枇杷的砧木，用石楠嫁接的枇杷寿命长，耐瘠薄土壤，生长强壮。

200 红叶石楠 *Photinia×fraseri*

【科属】蔷薇科，石楠属

【别名】火焰红、红唇等

【花期】5~7月

【果期】9~10月

【高度】乔木高6~15m，灌木高1.5~2m

识别要点

常绿小乔木或灌木，叶片为革质，且叶片表面的角质层非常厚。幼枝呈棕色，贴生短毛，后呈紫褐色，最后呈灰色无毛。

【分布及生境】中国许多省份已广泛栽培。

【生长习性】在温暖潮湿的环境中生长良好，耐阴，耐旱，但不耐水湿。耐盐碱，耐修剪，对土壤要求不严格，适宜生长于各种土壤中，很容易移植成株，易于栽植管理。

【观赏与应用】可培育成独干、球形树冠的乔木，在绿地中孤植或作行道树，也可盆栽后在门廊及室内布置。彩叶树种，其叶片红艳亮丽。

201 椤木石楠 *Photinia davidsoniae*

【科属】蔷薇科，石楠属

【别名】椤木、千年红等

【花期】4～5月

【果期】9～10月

【高度】6～15m

识别要点

常绿乔木，幼枝黄红色，后成紫褐色，老时灰色，无毛，有时具刺。叶片革质，基部楔形，叶柄无毛。花柱基部合生并密被白色长柔毛。果实球形或卵形。

【分布及生境】分布于陕西、江苏、安徽、浙江、江西、湖南、湖北、四川、云南、福建、广东、广西。生于平川、山麓、溪边或灌丛中。

【生长习性】喜温暖湿润和阳光充足的环境。耐寒，耐阴，耐干旱，不耐水湿，萌芽力强，耐修剪。生长适温为10～25℃，冬季能耐-10℃低温。

【观赏与应用】一年中色彩变化较大，叶、花、果均可观赏，是我国长江流域及南方优良园林树种。常见栽培于庭院及墓地附近，冬季叶片常绿并缀有黄红色果实，十分美丽。

202

木瓜 *Chaenomeles sinensis*

【科属】蔷薇科，木瓜属

【别名】木李等

【花期】4～5月

【果期】8～10月

【高度】5～10m

识别要点

落叶小乔木，树皮不规则薄片状剥落。叶卵形、卵状椭圆形，叶缘芒状腺齿，嫩叶背面密生黄白色绒毛，后脱落；托叶卵状披针形，有腺齿。花单生叶腋，粉红色，叶后开放。梨果椭圆形，暗黄色，木质，芳香。

【分布及生境】原产于中国山东、陕西、河南（桐柏）、湖北、江西、安徽、江苏、浙江、广东、广西等地。

【生长习性】喜光，耐半阴，适应性强，喜肥沃、排水良好的壤土，不耐积水和盐碱地，生长缓慢。

【观赏与应用】花艳果香，树皮斑驳，常孤植、丛植于庭前院后，对植于建筑前、入口处，或丛植，春可赏花，秋可观果。果实经蒸煮后可制作蜜饯。

203

木瓜海棠 *Chaenomeles cathayensis*

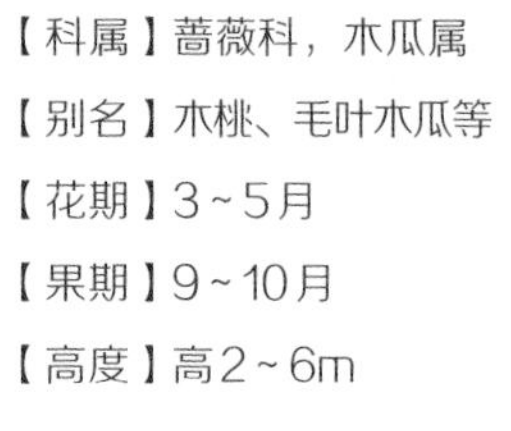

【科属】蔷薇科，木瓜属

【别名】木桃、毛叶木瓜等

【花期】3～5月

【果期】9～10月

【高度】高2～6m

识别要点

落叶灌木至小乔木，枝条直立，具短枝刺；小枝圆柱形，微屈曲，无毛，紫褐色，有疏生浅褐色皮孔。叶片椭圆形。花先叶开放，2～3朵簇生于二年生枝上；花直径2～4cm；萼筒钟状，花瓣倒卵形或近圆形。

【分布及生境】产于陕西、甘肃、江西、湖北、湖南、四川、云南、贵州、广西。生于山坡、林边、道旁，栽培或野生。

【生长习性】喜温暖湿润和阳光充足的环境，耐寒冷，冬季能耐-20℃的低温，具有很强的抗旱能力，怕水涝。

【观赏与应用】是一种春季看花、秋季观果的多用途观赏植物。

204 贴梗海棠 *Chaenomeles speciosa*

【科属】蔷薇科，木瓜属

【别名】铁脚梨等

【花期】3~5月

【果期】9~10月

【高度】0.5~2m

识别要点

落叶灌木，小枝圆柱形，微屈曲，无毛；冬芽三角卵形，先端急尖，紫褐色。花先叶开放，3~5朵簇生于二年生老枝上，花梗短粗。果实球形，黄色或带黄绿色，有稀疏不显明斑点，味芳香；萼片脱落，果梗短或近于无梗。

【分布及生境】分布于陕西、甘肃、四川、贵州、云南、广东。

【生长习性】喜光，稍耐阴，有一定耐寒能力，对土壤要求不严，耐瘠薄，但喜排水良好的肥沃壤土。

【观赏与应用】早春先花后叶，很美丽。枝密多刺可作绿篱。也常作灌木球，是集药用、食用、保健、观赏价值于一身的园林植物。

205 垂丝海棠 *Malus halliana*

【科属】蔷薇科，苹果属

【花期】3～4月

【果期】9～10月

【高度】高达5m

识别要点

落叶小乔木，树冠开展；叶片卵形，伞房花序，具花4～6朵，花梗细弱下垂，有稀疏柔毛，紫色；萼筒外面无毛；萼片三角卵形，花瓣倒卵形，基部有短爪，粉红色，常在5数以上；果实梨形或倒卵形，略带紫色，成熟很迟，萼片脱落。

【分布及生境】产于江苏、浙江、安徽、陕西、四川、云南。生在山坡丛林中或山溪边。

【生长习性】喜阳光，不耐阴，也不甚耐寒，喜温暖湿润环境，适生于阳光充足、背风之处。对土壤要求不严，微酸或微碱性土壤均可成长，但在土层深厚、疏松、肥沃、排水良好略带黏质的土壤中生长更好。

【观赏与应用】树形优美，枝叶扶疏，花色艳丽，观赏价值高，可做大型盆栽或园林绿化树种。

206

湖北海棠 *Malus hupehensis*

【科属】蔷薇科，苹果属

【别名】野海棠、花红茶等

【花期】4～5月

【果期】8～9月

【高度】高达8m

识别要点

落叶乔木，小枝最初有短柔毛，不久脱落，老枝紫色至紫褐色。冬芽卵形，先端急尖，鳞片边缘有疏生短柔毛，暗紫色。果实椭圆形或近球形，直径约1cm，黄绿色稍带红晕，萼片脱落；果梗长2～4cm。

【分布及生境】分布于湖北、湖南、江西、江苏、浙江、安徽、福建、广东、甘肃、陕西、河南、山西、山东、四川、云南和贵州，野生于山坡或山谷丛林中。

【生长习性】喜光，喜温暖、湿润气候，较耐湿，对严寒的气候有较强的适应性，能耐-21℃的低温，并有一定的抗盐能力。较耐旱，喜在土层深厚、肥沃、pH为5.5～7的微酸性至中性壤土中生长，萌蘖性强。

【观赏与应用】春秋两季观花，是优良的绿化观赏树种。

207

西府海棠 *Malus×micromalus*

【科属】蔷薇科，苹果属

【别名】海红、小果海棠等

【花期】4~5月

【果期】8~9月

【高度】可达5m

识别要点

落叶小乔木，树冠紧抱。枝条直伸，嫩枝有柔毛，后脱落。叶椭圆形，锯齿尖。花粉红色，花梗短，花序不下垂。

【分布及生境】产于辽宁、河北、山西、山东、陕西、甘肃、云南。

【生 长 习 性】喜光，耐寒，忌水涝，忌空气过湿，较耐干旱。

【观赏与应用】春观花，秋赏果，可以作为蜜源植物和食源植物。

208 三叶海棠 *Malus sieboldii*

【科属】蔷薇科，苹果属

【别名】山茶果、野黄子等

【花期】4~5月

【果期】8~9月

【高度】高约2~6m

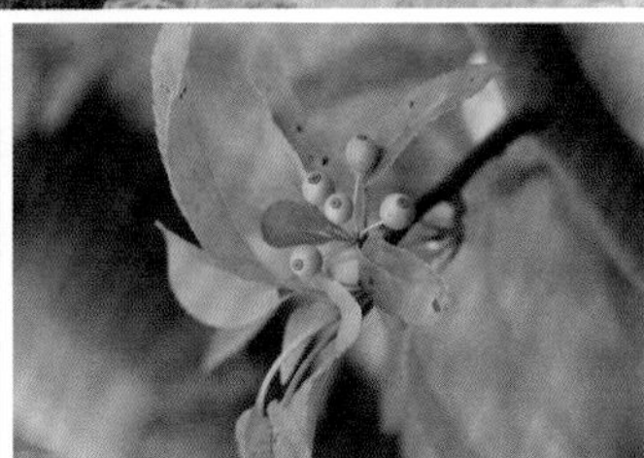

识别要点

落叶灌木，小叶互生，全缘，叶片椭圆形，常3、稀5浅裂，下面沿中肋及侧脉有短柔毛。花两性，4~8朵集生于小枝顶端，花瓣红白色，长椭圆状倒卵形。梨果近球形，直径6~8mm，红色或褐色。

【分布及生境】分布于辽宁、陕西、甘肃、山东、浙江、江西、福建、湖北、湖南、广东、广西、四川、贵州等地。生长于山坡杂林或灌木丛中。

【生 长 习 性】适应性强。

【观赏与应用】春季开花美丽，供观赏。可作苹果砧木。

209 沙梨 *Pyrus pyrifolia*

【科属】蔷薇科，梨属

【别名】麻安梨等

【花期】4月

【果期】8月

【高度】高达7 ~ 15m

识别要点

落叶乔木，小枝嫩时有绒毛，不久脱落。二年生枝紫褐色或暗褐色。叶卵状椭圆形，先端长尖，基部圆形或近心形。花直径2.5 ~ 3.5cm，花柱无毛，花梗长3.5 ~ 5cm。果近球形，浅褐色，种子卵形，微扁，长8 ~ 10mm。

【分布及生境】产于陕西、安徽、江苏、浙江、江西、湖北、湖南、贵州、四川、云南、广东、广西、福建。适宜生长在温暖而多雨的地区。

【生 长 习 性】喜光，喜温暖湿润气候，耐寒，耐水湿。

【观赏与应用】开花时满树洁白，夏秋硕果累累，可作庭院观赏。

210

杜梨 *Pyrus betulifolia*

【科属】蔷薇科，梨属

【别名】土梨、棠梨等

【花期】4月

【果期】8~9月

【高度】可达10m

识别要点

落叶乔木，枝常有刺；叶片菱状卵形至长圆卵形，幼叶上下两面均密被灰白色绒毛，叶柄被灰白色绒毛；伞形总状花序，花梗被灰白色绒毛，苞片膜质，线形，花瓣白色，雄蕊花药紫色；果实近球形，褐色，有淡色斑点。

【分布及生境】分布于辽宁、河北、河南、山东、山西等地。生于平原或山坡阳处。

【生长习性】适生性强，喜光，耐寒，耐旱，耐涝，耐瘠薄，在中性土及盐碱土中均能正常生长。

【观赏与应用】可用于街道庭院及公园的绿化。在盐碱地区可用作防护林和水土保持林。

211

白梨 *Pyrus bretschneideri*

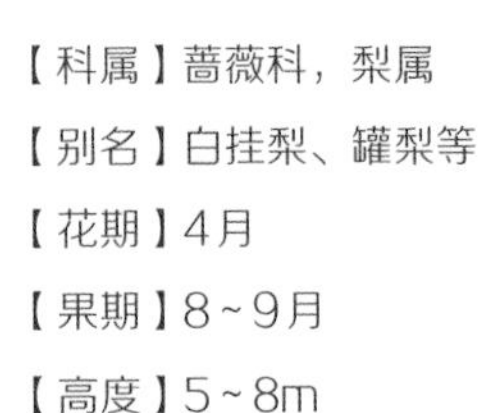

【科属】蔷薇科，梨属

【别名】白挂梨、罐梨等

【花期】4月

【果期】8~9月

【高度】5~8m

识别要点

落叶乔木，树冠开展；二年生枝紫褐色，叶片卵形或椭圆卵形，叶柄嫩时密被绒毛。伞形总状花序；果实黄色，卵形或近球形，有细密斑点；种子褐色倒卵形。

【分布及生境】产于河北、河南、山东、山西、陕西、甘肃、青海。适宜生长在干旱寒冷的地区或山坡阳处。

【生长习性】耐寒，耐旱，耐涝，耐盐碱。根系发达，喜光喜温，宜选择土层深厚、排水良好的缓坡山地种植，沙质壤土山地较为理想。

【观赏与应用】在园林中广泛应用。果实除生食外，还可制成梨膏，木材质优。

212 豆梨 *Pyrus calleryana*

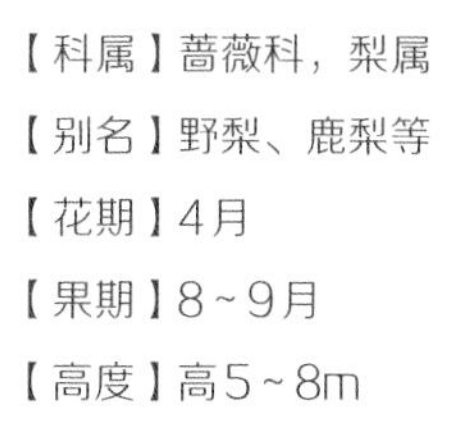

【科属】蔷薇科，梨属

【别名】野梨、鹿梨等

【花期】4月

【果期】8~9月

【高度】高5~8m

识别要点

落叶乔木，小枝粗壮；叶片宽卵形至卵形，稀长椭卵形，先端渐尖，稀短尖，基部圆形至宽楔形，边缘有钝锯齿，两面无毛；伞形总状花序；梨果球形，直径约1cm，黑褐色，有斑点，萼片脱落，有细长果梗。

【分布及生境】原产于中国华东、华南各地至越南，有若干变种。常野生于温暖潮湿的山坡、沼地、杂木林中。

【生长习性】喜光，稍耐阴，不耐寒，耐干旱、瘠薄。对土壤要求不严，在碱性土中也能生长。深根性，具抗病虫害能力，生长较慢。

【观赏与应用】可用作嫁接西洋梨等的砧木。

213

棣棠 *Kerria japonica*

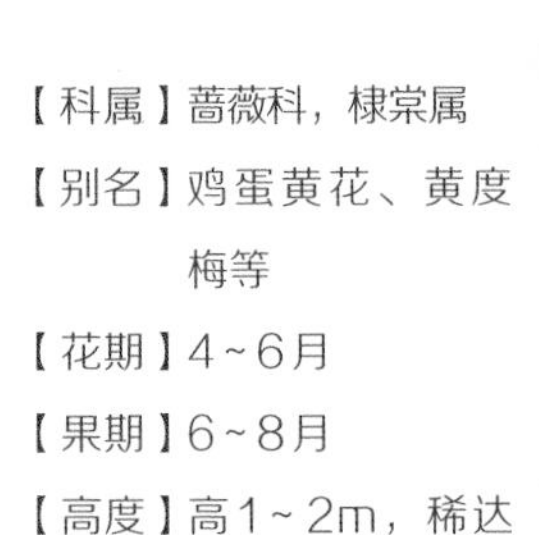

【科属】蔷薇科，棣棠属

【别名】鸡蛋黄花、黄度梅等

【花期】4 ~ 6月

【果期】6 ~ 8月

【高度】高1 ~ 2m，稀达3m

识别要点

落叶灌木，小枝绿色，圆柱形，无毛，常拱垂，嫩枝有棱角。叶互生，三角状卵形或卵圆形，顶端长渐尖，基部圆形、截形或微心形，边缘有尖锐重锯齿，两面绿色，上面无毛或有稀疏柔毛；单花，着生在当年生侧枝顶端，花梗无毛，花直径2.5 ~ 6cm；果实宿存。

【分布及生境】原产于华北至华南，生长于山坡灌丛杂林中。

【生 长 习 性】喜温暖湿润和半阴环境，耐寒性较差，对土壤要求不严，以肥沃、疏松的沙壤土生长最好。

【观赏与应用】广泛用于园林造景，常成行栽成花丛、花篱，与深色的背景相衬托，使鲜黄色花枝显得更加鲜艳。也可盆栽观赏。

214

月季 *Rosa chinensis*

【科属】蔷薇科，蔷薇属

【别名】月月红、月月花等

【花期】4 ~ 11月

【果期】6 ~ 11月

【高度】通常为1 ~ 2m

识别要点

直立灌木，具钩状皮刺。小叶3 ~ 7片，广卵形至卵状椭圆形，缘有锯齿，叶柄和叶轴散生皮刺和短腺毛；托叶大部分附着在叶轴上。花数朵簇生，少数单生，粉红色至白色；萼片常羽裂，边缘有腺毛。果卵形至球形，红色。

（1）现代月季　是月季和蔷薇属植物反复杂交、选育出的一系列品种，多数属于切花月季，品种繁多，花色多变，茎秆粗壮，适应性广。常见的切花月季品种有“红衣主教”“黑魔术”“卡罗拉”“萨曼莎”等。

（2）藤本月季　落叶灌木，呈藤状或蔓状，茎上有疏密不同的尖刺，花单生、聚生或簇生。花色有红色、粉色、黄色、白色、橙色、紫色、镶边色、原色、表背双色等，十分丰富，花型有杯状、球状、盘状、高芯等。藤本月季是园林绿化中使用非常多的蔓生植物，可用于装饰花墙、隔离带，遮盖铁栅栏等。

（3）欧月　2000年之后从欧美、日本等地引进的新品种月季，主要产自英国、法国、德国、美国等欧美国家，为了方便与国内传统玫瑰、月季区分，统称此类新品种月季为欧月。

【分布及生境】中国是月季的原产地之一。原种及多数变种在18世纪末、19世纪初引至欧洲，通过杂交培育出了现代月季，目前品种已达万种以上。在中国主要分布于湖北、四川和甘肃等地的山区，尤以上海、南京、常州、天津、郑州和北京等地种植最多。

【生长习性】喜光，喜肥，气温在22 ~ 25℃时生长最适宜，耐寒，耐旱，怕涝，耐修剪。如果温度合适，可全年开花。

【观赏与应用】月季花色艳丽，花型变化多，花期长，是重要的观花树种，应用广泛，常作切花栽培，产销量巨大；也用作绿化苗木，常植于花坛、草坪、庭院、路边；还可盆栽观赏。

215

野蔷薇 *Rosa multiflora*

【科属】蔷薇科，蔷薇属

【别名】蔷薇等

【花期】5~7月

【果期】9~10月

识别要点

落叶攀缘灌木，枝细长，多皮刺，无毛。小叶5~9枚，倒卵形或椭圆形，锯齿锐尖，两面有短柔毛。圆锥花序生于枝顶，花有白色、浅红色、深桃红色，单瓣，芳香；果球形，暗红色。

【分布及生境】产于江苏、山东、河南等地。喜生于路旁、田边或丘陵地的灌木丛中。

【生长习性】喜光，耐半阴，耐寒，对土壤要求不严，喜肥，耐瘠薄，耐旱，耐湿。萌蘖性强，耐修剪，抗污染。

【观赏与应用】花芳香，生长强健，可用于垂直绿化，布置花墙、花门、花廊、花架、花柱，点缀斜坡、水池坡岸，装饰建筑物墙面或植花篱。也可用作嫁接月季的砧木。

216 玫瑰 *Rosa rugosa*

【科属】蔷薇科，蔷薇属

【别名】徘徊花、摄魂花等

【花期】5~6月

【果期】8~9月

【高度】可达2m

识别要点

落叶直立灌木，茎粗壮，丛生；小枝密被绒毛，小叶5~9枚，花单生或成伞房状，花瓣5枚，稀4枚，开展，覆瓦状排列，白色、黄色，粉红色至红色。每年花期只有一次。瘦果木质。

【分布及生境】原产于中国华北以及日本和朝鲜。中国各地均有栽培。通常会生长在采光条件比较好的山林、坡地中。

【生 长 习 性】喜阳光充足，耐寒，耐旱，喜排水良好、疏松肥沃的壤土或轻壤土，在黏壤土中生长不良，开花不佳。宜栽植在通风良好、离墙壁较远的地方，以防日光反射，灼伤花苞，影响开花。

【观赏与应用】色艳花香，适应性强，在园林中广泛栽植。作为经济作物时，其花朵主要用于食品及提炼香精玫瑰油，玫瑰油应用于化妆品、食品、精细化工等领域。玫瑰花含有多种微量元素，可制作各种茶点，如玫瑰糖、玫瑰糕、玫瑰茶等。

217

木香 *Rosa banksiae*

【科属】蔷薇科，蔷薇属

【别名】七里香、木香花等

【花期】4～5月

【果期】8～10月

识别要点

落叶或半常绿攀缘灌木，枝细长绿色，光滑而少刺。小叶3～5枚，罕7枚，长椭圆状披针形，缘有细齿，托叶线形，与叶柄离生，早落。花常为白色或淡黄色，径约2.5cm，单瓣或重瓣，芳香，3～5朵排成伞形花序。有黄木香（花黄色）、重瓣白木香、重瓣黄木香等品种。

【分布及生境】原产于中国中南及西南部，现国内外园林及庭院中普遍栽培观赏。

【生 长 习 性】喜温暖湿润和阳光充足的环境，耐寒冷和半阴，怕涝。地栽可植于向阳、无积水处，对土壤要求不严，但在疏松肥沃、排水良好的土壤中生长好。萌芽力强，耐修剪。

【观赏与应用】是中国传统花卉，在园林中可攀缘于棚架，也可作为垂直绿化材料，攀缘于墙垣或花篱。

218

蛇莓 *Duchesnea indica*

【科属】蔷薇科，蛇莓属

【别名】地莓等

【花期】6 ~ 8月

【果期】8 ~ 10月

【高度】5 ~ 10cm

识别要点

多年生草本植物，全株有柔毛；匍匐茎长。小叶片倒卵形至菱状长圆形，花单生于叶腋；瘦果卵形，长约1.5mm，光滑或具不明显突起，鲜时有光泽。

【分布及生境】产于辽宁以南各地。主要生长于林下等阴暗潮湿的地方。

【生 长 习 性】喜阴凉、温暖湿润，耐寒，不耐旱，不耐水渍。在华北地区可露地越冬，适生温度为15 ~ 25℃。对土壤要求不严。

【观赏与应用】常绿，速生，花鲜，果美，植株矮小，匍匐生长，较耐践踏，是不可多得的优良地被植物。

219

三叶委陵菜 *Potentilla freyniana*

【科属】蔷薇科，委陵菜属

【别名】三爪金、地蜘蛛等

【花期】3~6月

【果期】3~6月

【高度】8~25cm

识别要点

多年生草本植物，有纤匍枝或不明显。根分枝多，簇生。花茎纤细，直立或上升，被平铺或开展疏柔毛。基生叶掌状3出复叶，伞房状聚伞花序顶生，多花，松散；成熟瘦果卵球形，表面有显著脉纹。

【分布及生境】分布于中国、俄罗斯、日本和朝鲜；生长于山坡草地、溪边及疏林下阴湿处。

【生 长 习 性】喜温暖湿润气候，根系发达，对土壤要求不严。稍耐阴，耐寒，耐旱，耐瘠薄。

【观赏与应用】可用于花境配置，也可栽植于立交桥下等，蓄水保墒固沙能力强，可用于自然式的花园，是一种很好的地被植物。

220 朝天委陵菜 *Potentilla supina*

【科属】蔷薇科，委陵菜属

【别名】鸡毛菜、地榆子等

【花期】4～10月

【果期】4～10月

【高度】20～70cm

识别要点

多年生草本植物。根粗壮，圆柱形，稍木质化。花茎直立或上升，叶为羽状复叶，小叶草质，绿色，边缘锐裂。伞房状聚伞花序，萼片三角卵形，花瓣黄色，宽倒卵形，顶端微凹，比萼片稍长；花柱近顶生。瘦果卵球形，深褐色，有明显皱纹。

【分布及生境】分布于中国多地、俄罗斯远东地区、日本、朝鲜。生长于田边、荒地、河岸沙地、草甸、山坡湿地。

【生 长 习 性】适应性较强。

【观赏与应用】根含鞣质，可提制栲胶；全草可入药，嫩苗可食并可做猪饲料。

221 蓬蘽 *Rubus hirsutus*

【科属】蔷薇科，悬钩子属

【别名】泼盘、三月泡等

【花期】4月

【果期】5~6月

【高度】1~2m

识别要点

落叶灌木，枝被柔毛和腺毛，疏生皮刺。小叶3~5枚，卵形或宽卵形，托叶披针形，两面具柔毛。花瓣倒卵形，白色；花丝较宽；花柱和子房均无毛。果实近球形，无毛。

【分布及生境】分布于河南、江西、安徽、江苏、浙江、福建、台湾、广东、广西。生于山坡路旁阴湿处或灌丛中。

【生长习性】喜温暖，抗冻能力差，在14~26℃的温度范围内生长较好，越冬温度不宜低于-5℃，以免冻伤植株。喜日光充足的环境，也耐阴。

【观赏与应用】优良的野生林木资源。果实酸甜可食；全株可入药，清热解毒。

222 插田泡 *Rubus coreanus*

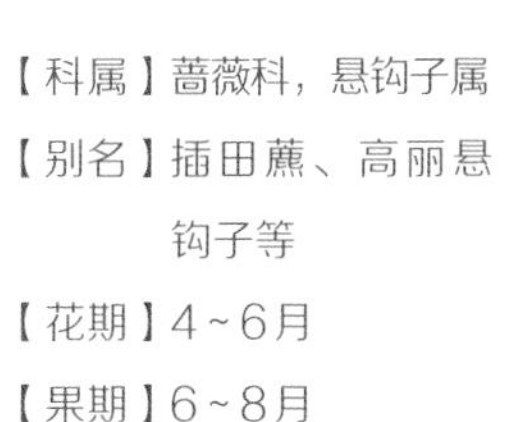

【科属】蔷薇科，悬钩子属

【别名】插田藨、高丽悬钩子等

【花期】4～6月

【果期】6～8月

【高度】1～3m

识别要点

落叶灌木，枝粗壮，被白粉，具近直立或钩状扁平皮刺。小叶通常5枚，稀3枚，卵形。伞房花序生于侧枝顶端，具花数朵至三十几朵，总花梗和花梗均被灰白色短柔毛。果实近球形，深红色至紫黑色，核具皱纹。

【分布及生境】分布于中国、朝鲜和日本；生长于山坡灌丛或山谷、河边、路旁。

【生 长 习 性】适应性较强，一般土壤均可栽种，但以排水良好的酸性黄壤土较好。可利用边角隙地或荒坡栽种。

【观赏与应用】果实味酸甜，可生食、熬糖及酿酒，又可入药。

223

茅莓 *Rubus parvifolius*

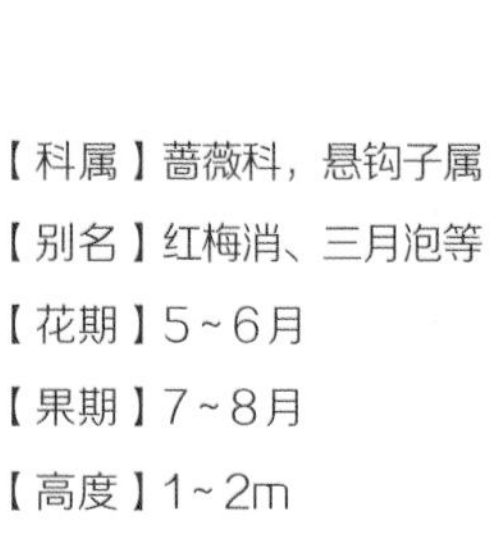

【科属】蔷薇科，悬钩子属

【别名】红梅消、三月泡等

【花期】5~6月

【果期】7~8月

【高度】1~2m

识别要点

落叶灌木，枝呈弓形弯曲，被柔毛和稀疏钩状皮刺。小叶3枚，在新枝上偶有5枚，伞房花序顶生或腋生，具柔毛和稀疏小皮刺；花瓣卵圆形或长圆形，粉红至紫红色；果实卵球形，直径1~1.5cm，红色。

【分布及生境】分布于日本、朝鲜和中国；生长于山坡杂木林下、向阳山谷、路旁或荒野。

【生 长 习 性】生长迅速，繁殖容易，覆盖力强，具有较强的适应性和抗性。

【观赏与应用】果色艳丽，可作为地被植物，颇具观赏价值。

224

山莓 *Rubus corchorifolius*

【科属】蔷薇科，悬钩子属

【别名】树莓等

【花期】2~3月

【果期】4~6月

【高度】1~3m

识别要点

直立灌木，枝具皮刺，幼时被柔毛。单叶，卵形至卵状披针形，花单生或少数生于短枝上；花梗长0.6~2cm，具细柔毛；果实由很多小核果组成，近球形或卵球形，直径1~1.2cm，红色，密被细柔毛；核具皱纹。

【分布及生境】除青海、新疆、西藏外，全国均有分布。多生于向阳山坡、溪边、山谷、荒地和疏密灌丛中的潮湿处。

【生 长 习 性】耐贫瘠，适应性强，属阳性植物。

【观赏与应用】是一种荒地先锋植物，因其具有良好的营养价值、药用价值和食用价值，所以经济效益较好。

225

桃 *Amygdalus persica*

【科属】蔷薇科，桃属

【别名】毛桃、桃实等

【花期】3~4月

【果期】6~8月

【高度】通常2~8m

识别要点

落叶小乔木，小枝红褐色或褐绿色。叶片披针形，叶缘有细密锯齿。花单生，先叶开放，粉红色。果卵球形，密生绒毛，肉质多汁。桃树栽培历史悠久，品种多达3000种以上，我国约有1000个品种。按用途可分食用桃和观赏桃两大类。

【分布及生境】原产于中国，中国各地广泛栽培。世界各地均有栽植。

【生 长 习 性】喜光，不耐阴，耐干旱气候，有一定的耐寒力；耐贫瘠、盐碱、干旱，需排水良好，不耐积水及地下水位过高；浅根性，生长迅速，寿命短。

【观赏与应用】桃花品种繁多，栽培简易，是园林中重要的春季花木。可孤植、列植、群植于山坡、池畔、林缘，构成三月桃花满树红的春景。最宜与柳树配植于池边、湖畔，形成“桃红柳绿”的江南动人春色。树干上分泌的胶质俗称桃胶，可用作粘接剂等，可食用，也供药用。果实素有“寿桃”和“仙桃”的美称，因其肉质鲜美，又被称为“天下第一果”。

226

榆叶梅 *Amygdalus triloba*

【科属】蔷薇科，桃属

【别名】小桃红等

【花期】4~5月

【果期】5~7月

【高度】高2~3m

识别要点

灌木，稀小乔木，枝条开展，具多数短小枝，枝紫褐色。叶宽椭圆形，缘有不等的粗重锯齿；花单瓣至重瓣，紫红色，1~2朵生于叶腋；核果红色，近球形，有毛。

【分布及生境】产于黑龙江、吉林、辽宁、内蒙古、江西、江苏、浙江等地。各地多数公园内均有栽植。生于坡地或沟旁，乔、灌木林下或林缘。

【生长习性】喜光，稍耐阴，耐寒，能在-35℃下越冬。对土壤要求不严，以中性至微碱性而肥沃的土壤为佳。根系发达，耐旱力强，不耐涝，抗病力强。

【观赏与应用】枝叶茂密，花繁色艳，是重要的绿化观花树种。其植物有较强的抗盐碱能力。

227 梅 *Prunus mume*

【科属】蔷薇科，李属

【别名】暗香、百花魁等

【花期】1～3月

【果期】5～6月

【高度】一般4～10m

识别要点

落叶小乔木，稀灌木，树皮灰褐色。小枝绿色，先端刺状。叶宽卵形，先端尾状渐长尖，细尖锯齿。花单生或2朵并生，先叶开放，白色或淡粉红色。果球形，一侧有浅沟槽，绿黄色密生细毛，果肉粘核，味酸，核有蜂窝状穴孔。

梅花品种繁多，有用作果树栽培的果梅，也有用作园林观赏的花梅。我国著名梅花专家陈俊愉教授把我国梅花品种分为真梅系、杏梅系和樱李梅系。

【分布及生境】原产于中国，秦岭以南至南岭各地都有分布。云南昆明黑龙潭尚存唐梅；杭州超山有宋梅。浙江天台山国清寺有隋梅一株，相传已有1300年。

【生 长 习 性】喜光，稍耐阴，喜温暖湿润气候，不耐气候干燥，耐瘠薄，喜排水良好，忌积水；萌芽力强，耐修剪。

【观赏与应用】苍劲古雅，疏枝横斜，傲霜斗雪，是我国传统名花。树姿、花色、花型、香味俱佳。既可在公园、庭院配植，也可在风景区群植成梅坞、梅岭、梅园、梅溪等，构成“踏雪寻梅”的风景；还可盆栽室内观赏，制作树桩盆景。果可鲜食或制作蜜饯。

228

杏 *Prunus armeniaca*

【科属】蔷薇科，李属

【别名】杏花、杏树等

【花期】3~4月

【果期】6~7月

【高度】3~6m

识别要点

落叶乔木，树冠圆整。小枝红褐色。叶宽卵状椭圆形，先端突渐尖，基部近圆形或微心形，钝锯齿，叶柄带红色。花单生，白色至淡粉红色，先叶开放，果球形，杏黄色，一侧有红晕，有沟槽及细柔毛。常见变种有山杏，花2朵并生；垂枝杏，枝下垂，叶、果较小。

【分布及生境】中国长江流域以北各地均有栽培，是北方常见的果树。

【生 长 习 性】喜光，光照不足时枝叶徒长，耐寒，也耐高温，喜干燥气候，忌水湿，对土壤要求不严，稍耐盐碱，耐旱。成枝力较差，不耐修剪。

【观赏与应用】早春开花宛若烟霞，是我国北方主要的早春花木。宜群植或片植于山坡、水畔、湖边。可作为北方大面积荒山造林树种。果可鲜食或加工果酱、蜜饯，杏仁可入药。

229

日本晚樱 *Prunus lannesiana*

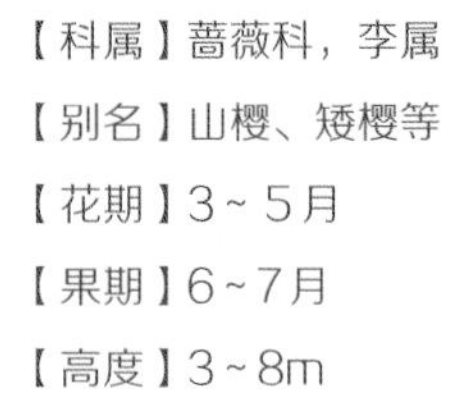

【科属】蔷薇科，李属

【别名】山樱、矮樱等

【花期】3 ~ 5月

【果期】6 ~ 7月

【高度】3 ~ 8m

识别要点

落叶乔木，树皮灰褐色，叶片卵状椭圆形，先端渐尖，基部圆形，叶边有渐尖重钢齿，齿端有长芒。花白色至粉红色，单瓣或重瓣，花期较樱花晚。

【分布及生境】原产于日本，中国各地均有栽培。

【生长习性】属浅根性树种，喜阳光，喜深厚、肥沃而排水良好的土壤，有一定的耐寒能力。

【观赏与应用】树姿洒脱开展，花枝繁茂，花开满树，花大艳丽，非常壮观。常用作行道树、风景树、庭荫树。

230

大叶早樱 *Prunus subhirtella*

【科属】蔷薇科，李属

【别名】日本早樱花、小彼岸等

【花期】3~4月

【果期】6月

【高度】3~10m

识别要点

落叶乔木，树皮灰褐色。小枝灰色，嫩枝绿色，密被白色短柔毛。冬芽卵形，鳞片先端有疏毛。叶片卵形，叶尾呈短尾状尖头。花2~5朵排成无总梗的伞形花序，花瓣淡红色；核果卵球形，黑色。

【分布及生境】原产于日本，现广泛分布于北半球的温带地区。

【生 长 习 性】喜阳光，喜温暖湿润气候。对土壤要求不严，以疏松肥沃、排水良好的沙质土壤为好，不耐盐碱土。根系较浅，忌积水低洼地。有一定的耐寒和耐旱力。抗烟及抗风能力弱。

【观赏与应用】有很高的观赏价值，可丛植，也可作行道树。

231

山樱花 *Cerasus serrulata*

【科属】蔷薇科，樱属

【别名】山樱桃等

【花期】4~5月

【果期】6~7月

【高度】高3~8m

识别要点

落叶乔木，树皮灰褐色或灰黑色。小枝灰白色或淡褐色，无毛；冬芽卵圆形，无毛。叶片卵状椭圆形或倒卵椭圆形，上面深绿色，无毛；下面淡绿色，无毛。花序伞房总状或近伞形，有花2~3朵；总苞片褐红色，倒卵长圆形；花瓣白色，稀粉红色，倒卵形，先端下凹。核果球形或卵球形，紫黑色。

【分布及生境】产于日本、朝鲜和中国。生于山谷林中或栽培。

【生 长 习 性】喜光，喜肥沃、深厚而排水良好的微酸性土壤，中性土也能适应，不耐盐碱。耐寒，喜空气湿度大的环境。根系较浅，忌积水。

【观赏与应用】植株优美漂亮，叶片油亮，花朵鲜艳亮丽，是早春重要的观花树种，常用于园林观赏。还可作小路行道树、绿篱或制作盆景。盛开时节花繁艳丽，可大片栽植形成“花海”景观，可三五成丛点缀于绿地形成锦团，也可孤植，形成“万绿丛中一点红”之画意。

232

李 *Prunus salicina*

【科属】蔷薇科，李属

【别名】嘉应子等

【花期】3～4月

【果期】7～8月

【高度】6～12m

识别要点

落叶乔木，树冠圆形。小枝褐色，有光泽，叶倒卵状椭圆形，先端突尖，边缘有重锯齿；顶芽缺，侧芽单生。花白色，直径1.5～2cm，常3朵簇生；萼筒钟状，裂片有细齿。果卵球形，光滑，黄绿色至紫色，外被蜡粉。

【分布及生境】分布于陕西、甘肃、四川、云南、贵州、湖南、湖北、江苏、浙江、江西、福建、广东、广西和台湾，世界各地均有栽培。一般生于山坡灌丛中、山谷疏林中或水边、沟底、路旁等处。

【生长习性】喜光，耐半阴，耐寒，能耐-35℃低温，不耐干旱瘠薄，不耐积水，对土壤要求不严，喜肥沃、湿润的沙壤土。浅根性，根系较广。

【观赏与应用】开花繁茂，果实累累，是园林、生产相结合的优良树种。常作果树栽培，也可植于庭院、宅旁、村旁、风景区。我国栽培李树已有3000多年。

233 紫叶李 *Prunus cerasifera* 'Atropurpurea'

【科属】蔷薇科，李属

【别名】红叶李等

【花期】4月

【果期】8月

【高度】可达8m

识别要点

落叶小乔木。枝、叶片、花萼、花梗、雄蕊均呈紫红色。叶卵形至椭圆形，重锯齿尖细，背面中脉基部密生柔毛。紫叶李是樱李的变型。

【分布及生境】原产于新疆，生长于山坡林中或多石砾的坡地以及峡谷水边等处。

【生长习性】喜光，光照充足处叶色鲜艳，喜温暖湿润气候，稍耐寒，对土壤要求不严，可在胶质土壤中生长。根系较浅，生长旺盛，萌芽力强。

【观赏与应用】叶在整个生长季节都为紫红色，宜于在建筑物前及园路旁或草坪角隅处栽植。

234

郁李 *Cerasus japonica*

【科属】蔷薇科，樱属

【别名】爵梅、秧李等

【花期】4～5月

【果期】6～7月

【高度】1～1.6m

识别要点

落叶灌木，小枝细密，枝芽无毛。叶卵形、卵状披针形，叶基圆形，叶缘具重锯齿，托叶条形有腺齿。花单生或2～3朵簇生，粉红色或白色，直径1.5～2cm，花梗长5～10mm。

【分布及生境】产于黑龙江、吉林、辽宁、河北、山东、浙江。生于山坡林下、灌丛中或栽培。

【生长习性】喜阳光充足和温暖湿润的环境，耐热耐旱，耐潮湿和烟尘，根系发达，也较耐寒，冬季-15℃可安全越冬。对土壤要求不严，耐瘠薄。

【观赏与应用】是花果兼美的春季花木，常与迎春、榆叶梅等春季花木成丛、成片配植在路边、林缘、草坪等处，或作花篱、花境。

235

樱桃 *Prunus pseudocerasus*

【科属】蔷薇科，李属

【别名】含桃、荆桃等

【花期】3～4月

【果期】5～6月

【高度】3～8m

识别要点

落叶小乔木，具顶芽，侧芽单生，苞片小而脱落。叶卵形至卵状椭圆形，叶缘具细锯齿；叶柄顶端有2腺体。花白色，萼筒有毛，先叶开放，伞房花序具花3～6朵。果近球形，无沟，红色，直径1～1.5cm。

【分布及生境】主要分布于欧洲、亚洲及北美洲等地。生于山坡林中、林缘、灌丛或草地中。

【生 长 习 性】喜光，较耐寒，耐干旱瘠薄，喜温暖湿润气候及肥沃、排水良好的沙壤土，生长快。

【观赏与应用】树姿美观，花期早，花量大，结果多。果熟之时，果红叶绿，十分美丽，同时具有抗烟、吸附粉尘、净化空气等改善环境的作用，是园林、庭院绿化和农业旅游经济的优良经济树种。果实除了鲜食外，还可以加工制作成樱桃酱等。

236

毛樱桃 *Prunus tomentosa*

【科属】蔷薇科，李属

【别名】山樱桃、梅桃等

【花期】4～5月

【果期】6～9月

【高度】灌木0.3～1m，小乔木2～3m

识别要点

落叶灌木，稀呈小乔木状。小枝紫褐色或灰褐色，冬芽卵形，疏被短柔毛或无毛。叶片卵状椭圆形，先端急尖或渐尖，基部楔形，边有急尖或粗锐锯齿，上面暗绿色或深绿色，被疏柔毛，下面灰绿色。花单生或2朵簇生，花叶同开，花瓣白色或粉红色。核果近球形，红色。

【分布及生境】产于黑龙江、陕西、甘肃、宁夏、四川、云南、西藏等地。生于山坡林中、林缘、灌丛或草地中。河北、新疆、江苏等地城市庭院常见栽培。

【生长习性】喜光，喜温，喜湿，喜肥，适合在年均气温10～12℃的环境中生长。不抗旱，不耐涝也不抗风。对盐渍化的程度反应很敏感，适宜的土壤pH值为5.6～7。

【观赏与应用】是集观花、观果、观姿态于一体的园林观赏植物。种仁可入药，果可生食或制罐头，果汁可制糖浆、糖胶及果酒；核仁可榨油，似杏仁油。

豆科

237

合欢 *Albizia julibrissin*

【科属】豆科，合欢属

【别名】马缨花、绒花树等

【花期】6 ~ 7月

【果期】8 ~ 10月

【高度】4 ~ 15m

识别要点

落叶乔木，夏季开花，头状花序，合瓣花冠，雄蕊多条，淡红色。荚果条形，扁平，不裂。树冠开展；小枝有棱角，嫩枝、花序和叶轴被绒毛或短柔毛。托叶线状披针形；头状花序于枝顶排成圆锥花序；花粉红色，花萼管状。

【分布及生境】分布于华东、华南、西南，以及黄河流域至珠江流域各地，生长于山坡或栽培。

【生 长 习 性】喜光，喜温暖，耐寒，耐旱，耐土壤瘠薄及轻度盐碱，对二氧化硫、氯化氢等有害气体有较强的抗性。

【观赏与应用】可用作园景树、行道树、风景区造景树、滨水绿化树、工厂绿化树和生态保护树等。木材红褐色，纹理直，结构细，干燥时易裂，可制家具、枕木等。

238

皂荚 *Gleditsia sinensis*

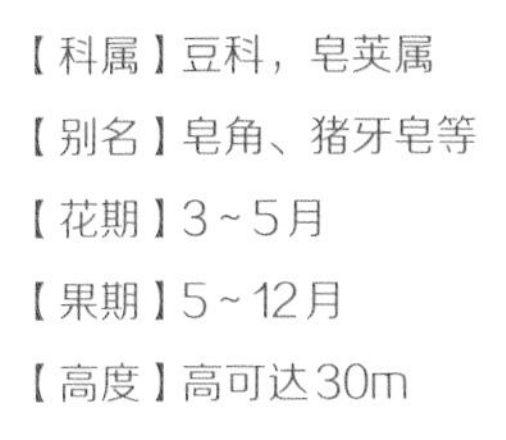

【科属】豆科，皂荚属

【别名】皂角、猪牙皂等

【花期】3~5月

【果期】5~12月

【高度】高可达30m

识别要点

落叶乔木或小乔木，枝灰色至深褐色；刺粗壮，圆柱形，常分枝，多呈圆锥状。叶为一回羽状复叶，边缘具细锯齿。花杂性，黄白色，组成总状花序；荚果带状，种子多颗，棕色，光亮。

【分布及生境】中国各地广泛分布。生长于山坡林中或谷地、路旁。

【生 长 习 性】喜光，稍耐阴，在微酸性土、石灰质土、轻盐碱土甚至黏土或沙土中均能正常生长。属于深根性植物，具较强耐旱性，寿命可达六七百年。

【观赏与应用】常栽植于庭院或宅旁。木材坚硬，为良好的车辆、家具用材；荚果煎汁可代肥皂用以洗涤丝毛织物。荚、子、刺均可入药。

239

山皂荚 *Gleditsia japonica*

【科属】豆科，皂荚属

【别名】山皂角等

【花期】4~6月

【果期】6~11月

【高度】可达25m

识别要点

落叶乔木，小枝微有棱，羽状复叶，叶片先端圆钝，有时微凹，小叶柄极短。花黄绿色，穗状花序。荚果带形，扁平，长20~35cm，不规则旋扭或弯曲为镰刀状。种子多数，椭圆形。

【分布及生境】产于辽宁、河北、山东、河南、江苏、安徽、浙江、江西、湖南。生长于向阳山坡或谷地、溪边路旁。

【生 长 习 性】喜光，对土壤适应性较强，耐干旱瘠薄。生长缓慢，寿命长。

【观赏与应用】荚果含皂素，可代肥皂并可作染料，种子可入药，嫩叶可食；木材坚实。

240

美国皂荚 *Gleditsia triacanthos*

【科属】豆科，皂荚属

【别名】三刺皂荚、三刺皂角等

【花期】4 ~ 6月

【果期】10 ~ 12月

【高度】可达45m

识别要点

落叶乔木或小乔木，树皮灰黑色，具深的裂缝及狭长的纵脊。叶为一回或二回羽状复叶（具羽片4 ~ 14对）。花黄绿色，花序常数个簇生于叶腋或顶生，被短柔毛。荚果带形，扁平，长30 ~ 50cm；种子多数，扁，卵形或椭圆形。

【分布及生境】原产于美国。中国北部、南部、西南均可栽植。常生于溪边和低地潮湿肥沃的土壤上。

【生 长 习 性】喜温暖湿润气候，喜光而稍耐阴。抗性强，耐-25℃低温，耐干旱。在深厚、肥沃的土壤上生长良好，酸性、中性及石灰质土壤均能适应。

【观赏与应用】具有遮阴和美化环境的作用，也用于作绿篱（多刺的类型能作不可逾越的绿篱）和防风林带。

241

决明 *Cassia tora*

【科属】豆科，决明属

【别名】草决明、羊明等

【花期】8～11月

【果期】8～11月

【高度】可达2m

识别要点

一年生亚灌木状落叶草本植物，直立，粗壮。小叶倒卵形或倒卵状长椭圆形，膜质；花腋生，常2朵聚生，花梗丝状，花瓣黄色，花药四方形，子房无柄；荚果纤细，近四棱形，种子菱形，光亮。

【分布及生境】原产于美洲热带地区，中国长江以南各地普遍分布。生于山坡、旷野及河滩沙地上。

【生长习性】对土壤的要求不严，向阳缓坡地、沟边、路旁均可栽培，以土层深厚、肥沃、排水良好的沙质壤土为宜，pH6.5～7.5均可，过黏重、盐碱地不宜栽培。

【观赏与应用】可成片种植供观赏，还具有药用价值。决明的种子是常用中药决明子，具有清肝明目、通便的功能。

242

紫荆 *Cercis chinensis*

【科属】豆科，紫荆属

【别名】紫珠、裸枝树等

【花期】3~4月

【果期】8~10月

【高度】2~5m

识别要点

落叶丛生或单生灌木，树皮和小枝灰白色。叶纸质，近圆形或三角状圆形；花紫红色或粉红色，2~10朵成束；荚果扁狭长形，绿色；种子2~6颗，阔长圆形，黑褐色，光亮。

【分布及生境】产于中国东南部，多植于庭院、屋旁、寺院、街边，少数生于密林或石灰岩地区。

【生长习性】较耐寒，喜光，稍耐阴。喜肥沃、排水良好的土壤，不耐湿。萌芽力强，耐修剪。

【观赏与应用】可用于园林绿化，具有较好的观赏效果。木材纹理直，结构细，可供家具、建筑等用。

243 加拿大紫荆 *Cercis canadensis*

【科属】豆科，紫荆属

【别名】犹大树、东部紫荆等

【花期】4 ~ 5月

【果期】8 ~ 10月

【高度】树高6 ~ 15m

识别要点

落叶丛生灌木或小乔木，单叶互生；叶片心形或宽卵形，花簇生于老枝上；花常先叶开放，花萼暗红色，萼齿5枚。荚果长椭圆形，扁平，具种子10 ~ 12颗，扁圆形，栗棕色。

园艺品种：紫叶加拿大紫荆，叶片棕色到紫红色，秋天变为黄色。花期3 ~ 5月。既能观花又能观叶，一年三季都是紫红色的叶子，是城市公园及庭院绿化优良的彩叶苗木品种。

【分布及生境】原产于墨西哥和美国。中国北方各地常见栽培。

【生 长 习 性】适应性很强，喜阳光充足的环境，耐暑热，也耐寒，耐干旱，但怕积水，对土壤要求不严，能在瘠薄的土壤中生长，但在疏松肥沃、排水良好的沙质土壤中生长更好。

【观赏与应用】是优良的庭院观赏树种。

244 湖北紫荆 *Cercis glabra*

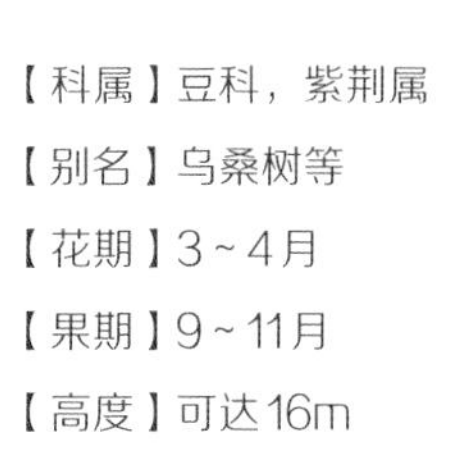

【科属】豆科，紫荆属

【别名】乌桑树等

【花期】3～4月

【果期】9～11月

【高度】可达16m

识别要点

落叶乔木，树皮和小枝灰黑色。叶片较大，厚纸质或近革质。总状花序短，有花数朵；花淡紫红色或粉红色，先于叶或与叶同时开放，稍大，花梗细长。荚果狭长圆形，紫红色；种子近圆形，扁。

【分布及生境】分布于湖北、河南、陕西、四川、云南、贵州、广西、广东、湖南、浙江、安徽等地。生长在山地疏林或密林中，山谷、路边或岩石上。

【生长习性】喜肥沃、排水良好的土壤，不耐淹，萌芽性强，耐修剪。

【观赏与应用】可观花、观叶、观果、观干，是优良的园林植物。

245

垂丝紫荆 *Cercis racemosa*

【科属】豆科，紫荆属

【花期】5月

【果期】10月

【高度】可达15m

识别要点

落叶乔木，叶阔卵圆形，先端急尖，基部截形或浅心形，下面被短柔毛，网脉两面明显，叶柄较粗壮。总状花序单生，花先开或与叶同时开放，花多数，花瓣玫瑰红色，旗瓣具深红色斑点；花丝基部被毛。荚果长圆形，种子扁平。

【分布及生境】产于湖北西部、四川东部，以及贵州西部至云南东北部。生于山地密林中，路旁或村落附近。

【生 长 习 性】喜凉爽、湿度大的气候，能耐低温，抗旱力也强，在土层较浅薄的微酸性土上仍生长良好。

【观赏与应用】是一种优良的观赏植物；树皮纤维质韧，可制人造棉和麻类代用品。

246 云实 *Caesalpinia decapetala*

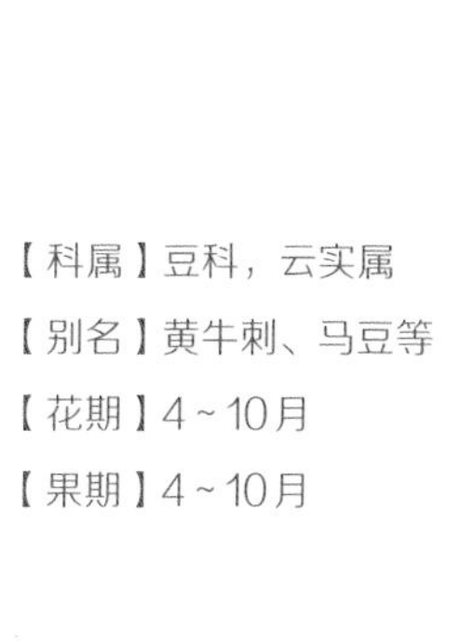

【科属】豆科，云实属

【别名】黄牛刺、马豆等

【花期】4 ~ 10月

【果期】4 ~ 10月

识别要点

藤本植物；树皮暗红色；枝、叶轴和花序均被柔毛和钩刺。二回羽状复叶长20 ~ 30cm；羽片3 ~ 10对，对生。总状花序顶生，直立，长15 ~ 30cm，具多花，花瓣黄色。荚果长圆状舌形，种子6 ~ 9颗，椭圆状，种皮棕色。

【分布及生境】主要分布于亚洲热带和温带地区。生于山坡灌丛中及平原、丘陵、河旁等地。

【生长习性】阳性树种，喜光，耐半阴，喜温暖、湿润的环境，在肥沃、排水良好的微酸性壤土中生长为佳。耐修剪，适应性强，抗污染。

【观赏与应用】常栽培作为绿篱。果皮和树皮含单宁，种子含油35%，可制肥皂及润滑油。

247 春云实 *Caesalpinia vernalis*

【科属】豆科，云实属

【别名】乌爪簕藤等

【花期】4月

【果期】12月

识别要点

有刺藤本植物，各部被锈色绒毛。二回羽状复叶；花黄色，上面一片较小，外卷，有红色斑纹；荚果斜长圆形，木质，黑紫色，无网脉，有皱纹，先端具喙。

【分布及生境】产于广东、福建南部和浙江南部。生于山沟湿润的沙土上或岩石旁。

【生 长 习 性】喜阳光充足和温暖湿润的环境，稍耐阴。

【观赏与应用】其根部虬曲苍劲，株型扶疏潇洒，新叶红艳，老叶翠绿，适宜造型做盆景。造型方法以修剪为主，辅以牵拉等技法，使枝叶疏密得当、自然清雅。

248

国槐 *Sophora japonica*

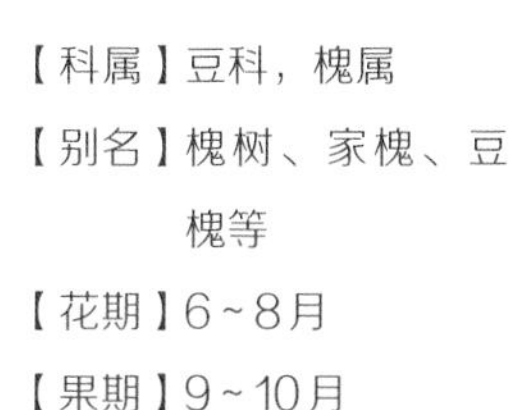

【科属】豆科，槐属

【别名】槐树、家槐、豆槐等

【花期】6~8月

【果期】9~10月

【高度】高达25m

识别要点

落叶乔木，树冠广卵形。树皮深纵裂。顶芽缺，柄下芽，有毛。1~2年生枝绿色，皮孔明显。奇数羽状复叶，小叶7~17枚，卵形、卵状椭圆形。花黄白色，圆锥花序。荚果肉质不裂，种子间缝缩成念珠状，宿存。种子肾形。

【分布及生境】原产于中国北方，各地都有栽培，是华北平原、黄土高原常见树种。

【生长习性】喜光，稍耐阴，喜干冷气候，但在炎热多湿的华南地区也能生长。稍耐盐碱，在含盐量0.15%的土壤中能正常生长。抗烟尘及二氧化硫、氯气、氯化氢等有害气体能力强。深根性，根系发达，萌芽力强。

【观赏与应用】是北方城市中主要的行道树、庭荫树。花为淡黄色，可烹调食用，也可作中药或染料。花期在夏末，是一种重要的蜜源植物。

249

白车轴草 *Trifolium repens*

【科属】豆科，车轴草属

【别名】白花三叶草等

【花期】5 ~ 10月

【果期】5 ~ 10月

【高度】10 ~ 30cm

识别要点

多年生草本植物，茎匍匐，无毛。叶从根茎或匍匐茎上长出，具细叶柄，掌状3小叶，叶背有毛。花序生于叶腋，紧贴，数十朵小花密集而成头状，小花白色或淡粉红色。同属常见种有红花三叶草，花暗红色或紫色。

【分布及生境】原产于小亚细亚与东南欧。中国常见种植，并在湿润草地、河岸、路边呈半自生状态。

【生长习性】喜温暖、湿润，稍耐寒，耐阴湿，适合生长在排水良好的中性或微酸性土壤。耐干旱，稍耐践踏。适应性极强。

【观赏与应用】铺植地被，有一定的观赏价值，是世界各国主要栽培牧草之一。

250

羽扇豆 *Lupinus micranthus*

【科属】豆科，羽扇豆属

【花期】3~5月

【果期】4~7月

【高度】可达70cm

识别要点

一年生草本植物，茎基部分枝，掌状复叶，小叶披针形至倒披针形，叶质厚。总状花序顶生，花序轴纤细，花梗短，萼二唇形，被硬毛，花冠蓝色，旗瓣和龙骨瓣具白色斑纹。荚果长圆状线形，种子卵形，扁平，有斑纹，光滑。

【分布及生境】原产于地中海区域，生于沙质土壤。中国见于栽培。

【生长习性】较耐寒（-5℃以上），喜气候凉爽、阳光充足的地方，忌炎热，略耐阴，需肥沃、排水良好的沙质土壤。根系发达，耐旱，最适宜沙性土壤，利用磷酸盐中难溶性磷的能力也较强。

【观赏与应用】花期长，可用于片植或在带状花坛、花境群体配植，同时也是切花生产的良好材料。

251 南苜蓿 *Medicago polymorpha*

【科属】豆科，苜蓿属

【别名】草头、金花菜等

【花期】3~5月

【果期】5~6月

【高度】20~90cm

识别要点

一、二年生草本植物，叶如倒心形，先端稍圆或凹入，上部有锯齿，叶的表面呈浓绿色，茎梗极短，主根长，多分枝。

【分布及生境】产于长江流域以南各地，以及陕西、甘肃、贵州、云南。常栽培或呈半野生状态。

【生 长 习 性】具有多种生态类型，能够适应湿润、半湿润、干旱和半干旱地区的自然条件。但喜排水良好、肥沃疏松的土壤条件和温暖湿润的气候。

【观赏与应用】是优质的牧草，也可作绿肥，还有一定的食用价值和药用价值。

252

锦鸡儿 *Caragana sinica*

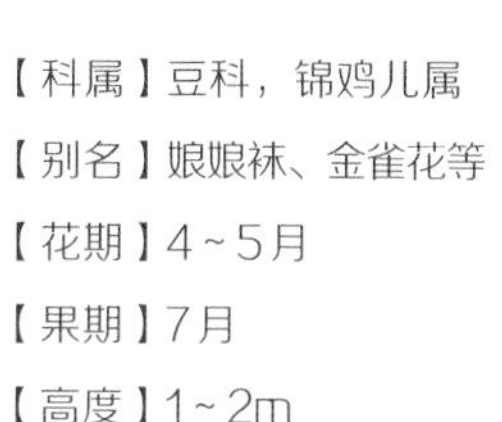

【科属】豆科，锦鸡儿属

【别名】娘娘袜、金雀花等

【花期】4～5月

【果期】7月

【高度】1～2m

识别要点

落叶灌木，树皮深褐色；小枝有棱，无毛。托叶三角形，硬化成针刺；小叶2对，羽状，厚革质或硬纸质，倒卵形或长圆状倒卵形。花单生，花冠黄色，常带红色，荚果圆筒状。

【分布及生境】分布于河北、陕西、江苏、江西、浙江、福建、河南、湖北、湖南、广西北部、四川、贵州和云南（大理、昆明）。生长于山坡灌丛或栽培。

【生长习性】喜温暖和阳光照射，耐寒冷，耐干旱，耐贫瘠，忌水涝。在自然界中，能在山石缝隙处生长。

【观赏与应用】适宜在园林庭院中作绿化美化栽培。同时，其中一些小叶矮化品种还是制作树桩盆景的良好材料。

253 草木樨 *Melilotus officinalis*

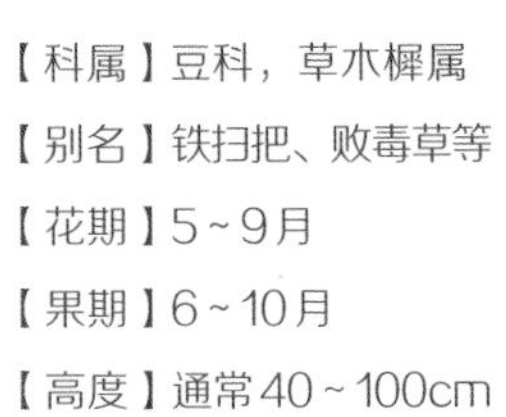

【科属】豆科，草木樨属

【别名】铁扫把、败毒草等

【花期】5 ~ 9月

【果期】6 ~ 10月

【高度】通常40 ~ 100cm

识别要点

二年生草本植物。茎直立，粗壮，多分枝，羽状三出复叶；总状花序腋生，花冠黄色，旗瓣倒卵形，荚果卵形；种子卵形，黄褐色，平滑。

【分布及生境】中国各地常见栽培。生长在山坡、河岸、路旁、沙质草地及林缘。

【生 长 习 性】耐碱性土壤，为常见的牧草。

【观赏与应用】其根系发达且含有大量的根瘤，能丰富土壤中的氮素，改良土壤结构，也具有保持水土的作用。

254 紫穗槐 *Amorpha fruticosa*

【科属】豆科，紫穗槐属

【别名】棉槐、棉条等

【花期】5~10月

【果期】5~10月

【高度】1~4m

识别要点

落叶灌木。枝褐色，被柔毛，后变无毛；叶互生，基部有线形托叶，穗状花序密被短柔毛，花有短梗；花萼被疏毛或几无毛；旗瓣心形，紫色。荚果下垂，微弯曲，顶端具小尖，棕褐色，表面有凸起的疣状腺点。

【分布及生境】原产于美国东北部和东南部，中国东北、华北、西北，及山东、安徽、江苏、河南、湖北、广西、四川等地均有栽培。

【生长习性】喜欢干冷气候，在年均气温10~16℃，年降水量500~700mL的华北地区生长最好。耐寒性强，耐干旱能力也很强，能在年降水量200mL左右地区生长。也具有一定的耐淹能力，浸水1个月也不至死亡。要求光线充足。对土壤要求不严。

【观赏与应用】系多年生优良绿肥，蜜源植物，耐瘠薄，耐水湿和轻度盐碱土，又能固氮。叶量大且营养丰富，是良好的饲料植物。

255

红豆树 *Ormosia hosiei*

【科属】豆科，红豆属

【别名】何氏红豆、江阴红豆等

【花期】4~5月

【果期】10~11月

【高度】高达20~30m

识别要点

常绿或落叶乔木，奇数羽状复叶，圆锥花序顶生或腋生，下垂，花疏，有香气；花萼钟形，浅裂；花冠白色或淡紫色；荚果近圆形，扁平；种子近圆形或椭圆形，种皮红色。

【分布及生境】分布于陕西（南部）、甘肃（东南部）、江苏、安徽、浙江、江西、福建、湖北、四川、贵州。生长于河旁、山坡、山谷林内。

【生 长 习 性】较耐寒，需土壤肥沃、腐殖质丰富、林地湿度较大的立地环境。

【观赏与应用】树姿优雅，宜作庭荫树、行道树和风景树，具有相思寓意。木材坚硬细致，纹理美丽，有光泽，边材不耐腐，易受虫蛀，心材耐腐朽，是优良的木雕工艺及高级家具等用材。

256

紫藤 *Wisteria sinensis*

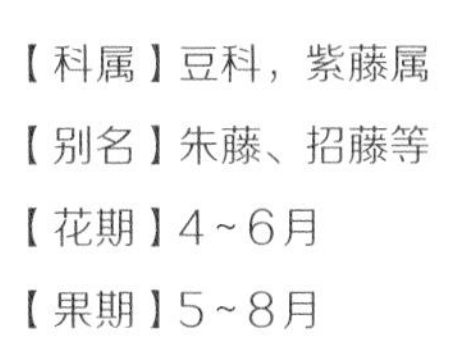

【科属】豆科，紫藤属

【别名】朱藤、招藤等

【花期】4~6月

【果期】5~8月

识别要点

落叶藤本植物，茎缠绕性强，长达18~30m。羽状复叶互生，小叶7~13枚，对生，卵状长椭圆形至卵状披针形。花蝶形，淡紫色，具芳香，圆锥花序大，下垂；荚果长条形，密被黄色绒毛，长10~15cm。品种有“银藤”，花白色，香气浓郁；“重瓣紫藤”，花重瓣。

【分布及生境】南至广东，北至内蒙古普遍栽培。

【生长习性】喜光，对气候和土壤适应性强；主根深，侧根少，不耐移植。对二氧化硫、氟化氢和氯气等有害气体抗性强。生长快，寿命长。

【观赏与应用】为优良的观花藤本植物。园林中常作棚架、门廊、凉亭及山石绿化树种，或作树桩盆景。

257

田菁 *Sesbania cannabina*

【科属】豆科，田菁属

【别名】向天蜈蚣等

【花期】7~12月

【果期】7~12月

【高度】2~4m

识别要点

一年生草本植物，羽状复叶；叶轴上面具沟槽，小叶对生，线状长圆形，两面被紫色小腺点。总状花序，花梗纤细，苞片线状披针形，花冠黄色。荚果细长，长圆柱形；种子间具横隔，绿褐色，有光泽。

【分布及生境】海南、江苏、浙江、江西、福建、广西、云南等地有栽培或野生。常生于水田、水沟等潮湿低地。

【生长习性】适应性强，耐盐，耐涝，耐瘠薄，耐旱，喜温暖、湿润。

【观赏与应用】可作绿肥及牲畜饲料。

258

刺槐 *Robinia pseudoacacia*

【科属】豆科，刺槐属

【别名】洋槐等

【花期】4~6月

【果期】8~9月

【高度】10~25m

识别要点

落叶乔木，树皮灰褐色至黑褐色。小枝灰褐色，幼时有棱脊，微被毛，后无毛；具托叶刺，长达2cm。羽状复叶长10~25cm；叶轴上面具沟槽。总状花序腋生，荚果褐色，或具红褐色斑纹，线状长圆形。

【分布及生境】中国各地广泛栽植；在黄河流域、淮河流域多集中连片栽植；甘肃、青海、内蒙古、新疆、山西、陕西、河北、河南、山东等地均有栽培。

【生长习性】抗风性差，在冲风口栽植的刺槐易出现风折、风倒、倾斜或偏冠的现象。萌芽力和根蘖性都很强。

【观赏与应用】可作为行道树、庭荫树、景观树。材质硬重，抗腐耐磨，可作枕木、建筑等多种用材。也是优良的蜜源植物。

259 胡枝子 *Lespedeza bicolor*

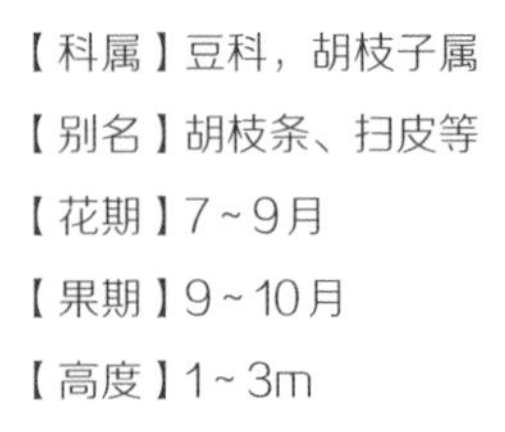

【科属】豆科，胡枝子属

【别名】胡枝条、扫皮等

【花期】7~9月

【果期】9~10月

【高度】1~3m

识别要点

直立灌木，分枝多，卵状叶片，花冠为红紫色。荚果斜卵形。

【分布及生境】产于黑龙江、吉林、辽宁、河北、内蒙古、山西、陕西、甘肃、山东、江苏、安徽、浙江、福建、台湾、河南、湖南、广东、广西等地。生于山坡、林缘、路旁、灌丛及杂木林间。

【生长习性】耐旱，耐瘠薄，耐酸性和盐碱土、耐刈割。对土壤适应性强，在瘠薄的新开垦地上可以生长，但最适于壤土和腐殖土。

【观赏与应用】枝叶秀美，开花繁茂，适应性强，是良好的园林绿化与荒山绿化树种。

260

截叶铁扫帚 *Lespedeza cuneata*

【科属】豆科，胡枝子属

【别名】夜关门等

【花期】7～8月

【果期】9～10月

【高度】高达1m

识别要点

落叶小灌木，茎直立或斜升，被毛，上部分枝；分枝斜上举。叶密集，柄短；小叶楔形或线状楔形，先端截形，具小刺尖，基部楔形，上面近无毛，下面密被伏毛。

【分布及生境】分布于陕西、甘肃、山东、台湾、河南、湖北、湖南、广东、四川、云南、西藏等地。多生于山坡、丘陵、路旁及荒地，常见零散生长。

【生长习性】耐干旱，也耐瘠薄。对土壤要求不严，在红壤、黄棕壤黏土上都能生长，也耐含铝量高、pH<5的酸性土壤，但最适于生长在肥沃的壤土上。

【观赏与应用】可栽植于受侵蚀或经露天采矿剥离后的土地及路旁，用于土壤保持。还可作绿肥及饲料。

261

鸡眼草 *Kummerowia striata*

【科属】豆科，鸡眼草属

【别名】红花草、公母草等

【花期】7~9月

【果期】8~10月

【高度】5~45cm

识别要点

一年生草本植物，披散或平卧，多分枝，茎和枝上被倒生的白色细毛。叶为三出羽状复叶；托叶大，膜质，卵状长圆形，比叶柄长。花小，单生或2~3朵簇生于叶腋。荚果圆形或倒卵形，稍侧扁。

【分布及生境】分布于中国、朝鲜、日本和俄罗斯（西伯利亚）；在中国分布于东北、华北、华东、中南、西南等地区。生长于路旁、田边、溪旁、沙质地或缓山坡草地。

【生长习性】喜凉爽、光照充足的环境。适应能力强，耐贫瘠、干旱。

【观赏与应用】是优良的牧草，全草可供药用，又可作饲料和绿肥，也是良好的裸露地地被植物。

262

长萼鸡眼草 *Kummerowia stipulacea*

【科属】豆科，鸡眼草属

【别名】短萼鸡眼草等

【花期】7~8月

【果期】8~10月

【高度】高可达15cm

识别要点

一年生草本植物，茎平伏，多分枝，叶片为三出羽状复叶；托叶卵形，叶柄短；小叶纸质，倒卵形、宽倒卵形或倒卵状楔形，侧脉多而密。花常腋生；花冠上部暗紫色，荚果椭圆形或卵形，稍侧偏。

【分布及生境】分布于东北、华北、华东、中南、西北等地。生长在路旁、草地、山坡、固定或半固定沙丘等处。

【生长习性】自然繁殖能力强，喜排水良好环境，不宜连作。

【观赏与应用】适合在野生状态环境中作地被植物，可观花、观叶，可作饲料。

263

落花生 *Arachis hypogaea*

【科属】豆科，落花生属

【别名】长生果、地豆等

【花期】6~8月

【果期】6~8月

【高度】20~80cm

识别要点

一年生草本植物，根部有丰富的根瘤；茎和分枝均有棱，叶纸质对生；叶柄基部抱茎，卵状长圆形至倒卵形，先端钝圆形，两面被毛，边缘具睫毛；叶脉边缘互相联结成网状；花长约8mm；苞片披针形；花冠黄色或金黄色，旗瓣开展，翼瓣与龙骨瓣分离，长圆形或斜卵形，花柱延伸于萼管咽部之外；荚果膨胀，荚厚。

【分布及生境】中国各地均有种植，其中山东省种植面积最大，产量最多。

【生 长 习 性】适合生长在气候温暖，生长季节较长，雨量适中的沙质土地区。

【观赏与应用】是生产食用植物油的原料，也可以加工成副食品。

264

小巢菜 *Vicia hirsuta*

【科属】豆科，野豌豆属

【别名】小巢豆等

【花期】2~7月

【果期】2~7月

【高度】15~120cm

识别要点

一年生草本植物，攀缘或蔓生。茎细柔有棱，羽状复叶，小叶4~8对，线形。总状花序腋生，2~5花，较叶短，白紫色。荚果矩形，扁圆形，被棕色长硬毛。

【分布及生境】分布于北美、朝鲜、俄罗斯、北欧、日本以及中国的青海、华中、华东、广东、广西、甘肃、陕西、西南等地，多生长于山沟、田边、河滩、路旁草丛，以及田地、荒野。

【生长习性】耐寒、耐旱，适应性强。

【观赏与应用】早春野菜。

265

黄檀 *Dalbergia hupeana*

【科属】豆科，黄檀属

【别名】不知春、檀树等

【花期】5~10月

【果期】5~10月

【高度】10~20m

识别要点

落叶乔木，树皮暗灰色，羽状复叶。圆锥花序、花冠淡紫色或白色；荚果长圆形或阔舌状。

【分布及生境】产于山东、江苏、安徽、浙江、江西、福建、湖北、湖南、广东、广西、四川、贵州、云南。生于山地林中或灌丛中，在山沟溪旁及有小树林的坡地常见。

【生长习性】喜光，耐干旱瘠薄，不择土壤，但在深厚湿润、排水良好的土壤中生长较好，忌盐碱地；深根性，萌芽力强。

【观赏与应用】树形端正，树荫浓郁，适宜作庭荫树、行道树、园景树及厂矿绿化树种。黄檀木材淡黄色或黄白色，材质坚硬致密，纹理悦目，耐摩擦，耐冲击，可供车辆、器具、雕刻等用材。

266

劳豆 *Glycine soja*

【科属】豆科，大豆属

【别名】野大豆等

【花期】7~8月

【果期】8~10月

识别要点

未经过选择和栽培的大豆，一年生和多年生草本植物。蔓生，茎细，被褐色毛。叶卵圆形或卵状披针形。花小，紫色或白色。荚果小而窄，长圆形，易炸裂。

【分布及生境】原产于中国，广泛分布。生于潮湿的田边、园边、沟旁、河岸、湖边、沼泽、草甸、沿海和岛屿向阳的矮灌木丛或芦苇丛中，稀见于河岸疏林下。

【生 长 习 性】喜温暖湿润，适应性强。

【观赏与应用】野生，是重要的大豆种质资源。

267 三裂叶野葛 *Pueraria phaseoloides*

【科属】豆科，葛属

【别名】草葛等

【花期】8～9月

【果期】10～11月

识别要点

草质藤本植物。茎纤细，长2～4m，被褐黄色长硬毛。羽状复叶具3小叶；托叶基着，卵状披针形，小托叶线形。总状花序单生，荚果。

【分布及生境】分布于云南、广东、海南、广西和浙江。生长于山地、丘陵的灌丛中。

【生 长 习 性】适应性强，耐瘠薄。

【观赏与应用】保土防沙的覆盖植物，根含淀粉，可作饲料和绿肥作物。

268

葛 *Pueraria lobata*

【科属】豆科，葛属

【别名】葛藤、野葛等

【花期】7~10月

【果期】10~12月

【长度】长可达8m

识别要点

草质藤本植物，叶互生，三出复叶，小叶倒卵形，背面被灰白色绒毛，侧脉多数，平行，在叶背面突起。总状花序常簇生或排圆锥花序式，苞片紫色，花冠管状漏斗形，花冠淡红色，旗瓣倒卵形。

【分布及生境】生于丘陵地区的坡地上或疏林中，产于我国南北各地，除新疆、青海及西藏外，分布几遍全国。

【生长习性】适应性广，耐酸性强，耐旱，耐寒。

【观赏与应用】葛是一种良好的水土保持植物。其根、茎、叶、花均可入药。葛根既有药用价值，又有营养保健功效。葛的茎皮纤维可供织布和造纸用。

269

贼小豆 *Vigna minima*

【科属】豆科，豇豆属

【别名】山绿豆、野绿豆等

【花期】8 ~ 10月

【果期】8 ~ 10月

识别要点

一年生缠绕草本植物。茎纤细，无毛或被疏毛。羽状复叶具3小叶；托叶披针形；小叶的形状和大小变化颇大，卵形、卵状披针形、披针形或线形，先端急尖或钝，基部圆形或宽楔形，两面近无毛或被极稀疏的糙伏毛。总状花序柔弱，通常有花3 ~ 4朵；小苞片线形或线状披针形，花萼钟状；荚果圆柱形，种子4 ~ 8颗，长圆形。

【分布及生境】产于我国北部、东南部至南部。常见于河岸荒地草丛、路边行道树下绿篱、废弃地灌木丛、沟边芦苇丛等地。

【生 长 习 性】喜阴湿环境。

【观赏与应用】适合在野生状态的旱地中作藤蔓植物、地被植物，可观花、观叶。

270

常春油麻藤 *Mucuna sempervirens*

【科属】豆科，黧豆属

【别名】常绿油麻藤、牛马藤等

【花期】4~5月

【果期】8~10月

识别要点

常绿木质藤本植物，其叶四季常青，色泽光亮，羽状复叶具3小叶；总状花序生于老茎，花大，下垂；花萼密被绒毛，花冠深紫色或紫红色；下垂花序上的花朵盛开时形如成串的小雀。

【分布及生境】产于四川、贵州、云南、陕西南部（秦岭南坡）、湖北、浙江、江西、湖南、福建、广东、广西。生于亚热带森林、灌木丛、溪谷、河边。

【生长习性】喜光，喜温暖湿润气候，主要分布于亚热带、温带地区。

【观赏与应用】是一种适应性强、生长快、绿化优良、观赏性较强的木质藤本植物，可入药，还具有良好的生态防护功能。

胡颓子科

271

胡颓子 *Elaeagnus pungens*

【科属】胡颓子科，胡颓子属

【别名】羊奶子、雀儿酥等

【花期】9~12月

【果期】翌年4~6月

【高度】3~4m

识别要点

常绿灌木，枝开展，被褐色鳞片，具枝刺。叶革质，边缘微翻卷或微波状，背面有银白色及褐色鳞片。花银白色，芳香，1~3朵腋生，下垂。果椭圆形，被锈褐色鳞片，熟时棕红色。有金边、银边、金心的变种。

【分布及生境】产于江苏、浙江、福建、安徽、江西、湖北、湖南、河南、贵州、广东、广西。生于向阳山坡或路旁。

【生 长 习 性】喜光，也耐阴，喜温暖气候。对土壤要求不严，从酸性到微碱性土壤均能适应，耐干旱瘠薄，也耐水湿。

【观赏与应用】是理想的观叶、观果树种，也可作为绿篱或盆景材料。对多种有害气体抗性较强，适于污染区厂矿绿化。

小二仙草科

272

狐尾藻 *Myriophyllum verticillatum*

【科属】小二仙草科，狐尾藻属

【别名】轮叶狐尾藻等

【花期】5~6月

【果期】6~8月

识别要点

多年生粗壮沉水草本植物。根状茎发达，在水底泥中蔓延，节部生根。叶通常4片轮生，或3~5片轮生。水中叶较长，丝状全裂，无叶柄；水上叶互生，披针形，较强壮，鲜绿色，裂片较宽。秋季于叶腋中生出棍棒状冬芽而越冬。花单性，雌雄同株或杂性，单生于水上叶腋内，果实广卵形。

【分布及生境】为世界广布种，中国南北各地池塘、河沟、沼泽中常有生长，常与穗状狐尾藻混在一起。

【生长习性】喜无日光直射的明亮之处，喜温暖，较耐低温，在16~26℃的温度范围内生长较好，越冬温度不宜低于4℃。

【观赏与应用】该植物适合室内水体绿化，是装饰玻璃容器的良好材料。水族箱中常作为中景、背景草使用。

273 穗状狐尾藻 *Myriophyllum spicatum*

【科属】小二仙草科，狐尾藻属

【别名】泥茜，聚藻、金鱼藻等

【花期】4~9月

【果期】4~9月

识别要点

多年生沉水草本植物。根状茎发达，在水底泥中蔓延，节部生根。茎圆柱形，叶柄极短或不存在。花两性、单性或杂性，雌雄同株。分果广卵形或卵状椭圆形，具4纵深沟，沟缘表面光滑。

【分布及生境】为世界广布种，产于全球的淡水水域。中国南北各地池塘、河沟、沼泽中常有生长，特别是在含钙的水域中更为常见。

【生长习性】喜阳光直射的环境，喜温暖，耐低温，在16~28℃的温度范围内生长较好，越冬温度不宜低于4℃，整个植株可在冰层下的水中存活。

【观赏与应用】可作为养猪、养鱼、养鸭的饲料。该种植物适合室内水体绿化，是装饰玻璃容器的良好材料。当在水族箱中栽培时，常作为中景、背景草使用。除供观赏外，它还可用来沤制绿肥。

千屈菜科

274

紫薇 *Lagerstroemia indica*

【科属】千屈菜科，紫薇属

【别名】千日红、紫金花、紫兰花等

【花期】6~9月

【果期】9~12月

【高度】可达7m

识别要点

落叶灌木或小乔木，树皮平滑，灰色或灰褐色；叶互生，有时对生，纸质，椭圆形、阔矩圆形或倒卵形；花玫红色、大红色、深粉红色、淡红色或紫色、白色；蒴果椭圆状球形或阔椭圆形；种子有翅，长约8mm。

【分布及生境】原产于亚洲，中国广东、广西、湖南、福建、江西、浙江、江苏、湖北、河南、河北、山东、安徽、陕西、四川、云南、贵州及吉林均有生长或栽培。

【生长习性】喜暖湿气候，喜光，略耐阴，喜肥，尤喜深厚肥沃的沙质壤土，好生于略有湿气之地，也耐干旱，忌涝，忌种在地下水位高的低湿地方。

【观赏与应用】作为优秀的观花植物，被广泛用于园林绿化中，也是制作盆景的好材料。

275

千屈菜 *Lythrum salicaria*

【科属】千屈菜科，千屈菜属

【别名】水柳、水枝柳等

【花期】7～9月

【果期】9～10月

【高度】30～100cm

识别要点

多年生水生草本植物，茎4棱，直立多分枝。叶对生或三叶轮生，披针形。密集长穗状花序顶生，花萼筒长管状，有棱，上部4～6裂，裂片间具附属体，花瓣6枚，玫瑰紫色。有大花、毛叶及深紫色等变种。

【分布及生境】原产于欧、亚两洲温带，野生分布于中国各地。生于河岸、湖畔、溪沟边和潮湿草地中。

【生长习性】喜强光、水湿，耐寒性强，在浅水中生长最好，但也可露地栽培，开花时让盆中保持5～10cm水深，置于光照足、通风处。入冬前剪去地上部分，冷室越冬。露地栽培，管理简单。

【观赏与应用】适宜配植于花境、水景园、沼泽园，或作盆栽。

276

萼距花 *Cuphea hookeriana*

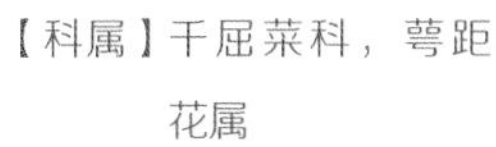

【科属】千屈菜科，萼距花属

【别名】孔雀兰、紫花满天星等

【花期】春季至秋季

【果期】10月

【高度】高30～70cm

识别要点

灌木或亚灌木状，直立，粗糙。叶薄革质，披针形或卵状披针形。花单生于叶柄之间或近腋生，组成少花的总状花序。花瓣6枚，其中上方2枚特大而显着，矩圆形，深紫色，波状，具爪；其余4枚极小，锥形，有时消失。子房矩圆形。

【分布及生境】原产于墨西哥。中国北京等地有引种。

【生 长 习 性】耐热，喜高温，不耐寒。喜光，也能耐半阴，在全日照、半日照条件下均能正常生长。生长快，萌芽力强，耐修剪。喜排水良好的沙质土壤。

【观赏与应用】植株低矮，长势整齐，花期集中，株型紧凑，花色艳丽，枝叶繁茂，适合规模化片植，或作绿篱、花境。

瑞香科

277

结香 *Edgeworthia chrysantha*

【科属】瑞香科，结香属

【别名】打结花、打结树等

【花期】3～4月

【果期】5～6月

【高度】1～2m

识别要点

落叶灌木，枝条粗壮柔软（可打结），常三叉分枝。叶互生，长椭圆形至倒披针形，常集生枝顶。花黄色，有浓香，头状花序下垂，花生于叶腋，40～50朵。果卵形，状如蜂窝。

【分布及生境】分布于长江流域以南各地及西南和河南、陕西等地。喜生于阴湿肥沃地。

【生长习性】喜阴，耐晒，喜温暖湿润气候和肥沃而排水良好的壤土，不耐寒。根肉质，过干和积水处不易生长，根茎处易萌蘖。

【观赏与应用】广泛应用于园林造景中，也可盆栽。结香花黄色，头状花序顶生或侧生，早春先叶成团成簇开放，芳香四溢，花期早，花型美丽。此外，结香枝条柔软，可曲枝造型，整成各种形状以供观赏。

菱科

278

菱 *Trapa bispinosa*

【科属】菱科，菱属

【别名】风菱、乌菱等

【花期】5~10月

【果期】7~11月

识别要点

叶互生，聚生于主茎或分枝茎的顶端，叶片菱圆形或三角状菱圆形，表面深亮绿色，背面灰褐色或绿色，沉水叶小，早落。花单生于叶腋，两性；花盘鸡冠状。果三角状菱形，表面具淡灰色长毛，腰角位置无刺角，果喙不明显，内具1颗白种子。

【分布及生境】江苏、浙江等地栽培面积较大，集中分布于太湖流域。生于湖湾、池塘、河湾。

【生长习性】喜温暖湿润、阳光充足，不耐霜冻。

【观赏与应用】食用价值较高，也可作药用。

279 野菱 *Trapa incisa*

【科属】菱科，菱属

【别名】刺菱、菱角等

【花期】5 ~ 10月

【果期】7 ~ 11月

识别要点

一年生浮水水生草本植物。根二型：着泥根细铁丝状，着生水底泥中；同化根羽状细裂，裂片丝状、淡绿褐色或深绿褐色。浮水叶互生，聚生在主茎和分枝茎顶，在水面形成莲座状菱盘，叶较小，斜方形或三角状菱形。花小，单生于叶腋，果三角形，4刺角细长。

【分布及生境】分布于东北至长江流域。野生于水塘或田沟内。

【生 长 习 性】喜阳光，抗寒力强。耐水湿、干旱，喜深厚、肥沃、疏松土壤。

【观赏与应用】果实小，富含淀粉，可供食用。

桃金娘科

280

红千层 *Callistemon rigidus*

【科属】桃金娘科，红千层属

【别名】金宝树、瓶刷木等

【花期】6~8月

【果期】8~12月

【高度】2~3m

识别要点

常绿灌木，树皮不易剥落。单叶互生，偶对生或轮生，条形，长3~8cm，宽2~5mm，革质，全缘，中脉和边脉明显。顶生穗状花序；花红色，无梗，密集成瓶刷状。蒴果半球形，顶部开裂。

【分布及生境】原产于澳大利亚。中国引种，广东、广西、海南、福建、台湾等地均有栽培。在湿润的条件下生长较快，也可在城镇近郊荒山或森林公园等处栽培。

【生长习性】喜光，喜暖热气候，不耐寒，在华南、西南可露地越冬，不耐移植，故定植以幼苗为好。

【观赏与应用】开花时火树红花，具有很高的观赏价值，被广泛栽植于公园、庭院及街边绿地。

281 黄金串钱柳 *Melaleuca bracteata*

【科属】桃金娘科，白千层属

【别名】千层金、溪畔白千层等

【花期】2～4月

【果期】7～10月

【高度】2～5m

识别要点

常绿灌木或小乔木，主干直立，小枝细柔至下垂，被柔毛；叶革质互生，金黄色，叶片披针形或狭长圆形，两端尖，基出脉，香气浓郁；穗状花序生于枝顶，花后花序轴能继续伸长，花白色；萼管卵形，雄蕊多数，花柱略长于雄蕊；蒴果近球形。

【分布及生境】原产于新西兰、澳大利亚等地，可适应中国南方大部分地区气候环境，为深根性树种，可适应酸性或石灰岩土质，甚至在盐碱地上都能生长。

【生长习性】喜温暖湿润气候，可耐42℃左右的高温，以及-10～-7℃的低温。

【观赏与应用】树形优美，小叶金黄，是色叶乔木新树种之一，适宜作行道树、景观树、灌木球、地被色块等。也可用于海岸绿化、防风固沙等，其抗盐碱，抗旱涝，也抗强风等自然灾害。

石榴科

282

石榴 *Punica granatum*

【科属】石榴科，石榴属

【别名】安石榴、山力叶等

【花期】5~7月

【果期】9~10月

【高度】2~10m

识别要点

落叶灌木或小乔木，在热带是常绿树。叶对生或簇生，呈长披针形至长圆形，或椭圆状披针形；花两性，花萼钟形，红色或淡黄色，质厚；浆果近球形，种子多数，乳白色或红色，外种皮肉质，可食，内种皮骨质。

【分布及生境】原产于巴尔干半岛至伊朗及其邻近地区，全世界的温带和热带地区都有种植。

【生长习性】喜温暖向阳的环境，耐旱，耐寒，也耐瘠薄，不耐涝和荫蔽。对土壤要求不严，但以排水良好的夹沙土栽培为宜。

【观赏与应用】可制作盆景，观花观果。在中国传统文化中，石榴是多子多福的象征。

柳叶菜科

283

千鸟花 *Gaura lindheimeri*

【科属】柳叶菜科，山桃草属

【别名】山桃草、白桃花等

【花期】5~8月

【果期】8~9月

【高度】100~150cm

识别要点

多年生宿根草本植物，全株具短毛，多分枝。叶对生，披针形，先端尖，叶缘具波状齿，外卷。穗状花序或圆锥花序顶生，花小，白色或粉红色。

【分布及生境】原产于北美洲温带，我国华东地区栽培较多。

【生长习性】较耐寒，喜阳光，怕暑热，忌积涝，宜在深厚肥沃的沙质土壤上生长。

【观赏与应用】常用于花坛、花境、地被、草坪中点缀装饰。

284

黄花水龙

Ludwigia peploides subsp. *stipulacea*

【科属】柳叶菜科，丁香蓼属

【花期】6~8月

【果期】8~10月

识别要点

多年生浮水草本植物。浮水茎节上常生圆柱形海绵状贮气根状浮器；叶长圆形或倒卵状长圆形；花单生于上部叶腋，三角形小苞片生于子房近中部，金黄色花瓣呈倒卵形，基部常有深色斑点，淡黄色花药呈卵状长圆形，花盘基部有蜜腺，花柱黄色且密被长毛，柱头黄色呈扁球状；种子椭圆状。

【分布及生境】产于浙江、福建与广东东部等地。生于运河、池塘、水田湿地。

【生 长 习 性】喜温暖的气候和营养丰富的软质底泥，潮湿土壤也可种植。

【观赏与应用】可用于湿地、溪沟水景绿化和庭院水池的观赏。黄花水龙生长快速，能有效去除富营养化水体中的氮磷。不但能很好地改善水质，还对水华藻类有一定的克制效果。

285

月见草 *Oenothera biennis*

【科属】柳叶菜科，月见草属

【别名】晚樱草、夜来香等

【花期】5 ~ 9月

【果期】7 ~ 10月

【高度】0.5 ~ 2m

识别要点

直立二年生粗壮草本植物，基生莲座叶丛紧贴地面；基生叶倒披针形，先端锐尖，基部楔形，边缘疏生不整齐的浅钝齿；花序穗状，花瓣黄色，稀淡黄色；宽倒卵形蒴果锥状圆柱形。

【分布及生境】原产于北美（尤加拿大与美国东部），在中国东北、华北、华东、西南有栽培。一般生长在河畔的沙地、沙漠以及高山上。

【生长习性】耐旱，耐贫瘠，黑土、沙土、黄土、幼林地、轻盐碱地、荒地、河滩地、山坡地均适合种植。

【观赏与应用】观花植物，花可提制芳香油。

八角枫科

286 八角枫 *Alangium chinense*

【科属】八角枫科，八角枫属

【别名】白龙须、华瓜木等

【花期】5～7月和9～10月

【果期】7～11月

【高度】3～5m

识别要点

落叶乔木或灌木，小枝略呈“之”字形，幼枝紫绿色；叶纸质，近圆形或椭圆形、卵形，顶端短锐尖或钝尖，基部两侧常不对称，一侧微向下扩张，另一侧向上倾斜。聚伞花序腋生，花瓣6～8枚，线形，初为白色，后变黄色；核果卵圆形，种子1颗。

【分布及生境】主要分布于中国南部广大地区；亚洲东部和东南部也有分布。生于山地或疏林中。

【生长习性】阳性树，稍耐阴，对土壤要求不严，喜肥沃、疏松、湿润的土壤，具一定耐寒性，萌芽力强，耐修剪，根系发达，适应性强。

【观赏与应用】适宜于山坡地段造林，对涵养水源、防止水土流失有良好的作用，也可作为绿化树种。

山茱萸科

287

桃叶珊瑚 *Aucuba chinensis*

【科属】山茱萸科，桃叶珊瑚属

【别名】天脚板等

【花期】1~2月

【果期】11月至翌年2月

【高度】通常为3~6m

识别要点

常绿小乔木或灌木，小枝粗壮；叶革质，椭圆形或阔椭圆形，稀倒卵状椭圆形，常具5~8对锯齿或腺状齿，有时为粗锯齿；叶上面深绿色，下面淡绿色。幼果绿色，成熟为鲜红色，圆柱状或卵状，果期较长，一、二年生果序常同存于枝上。

【分布及生境】分布于湖北、四川、福建、云南、广西、广东、台湾、海南等地。常生长于常绿阔叶林中。

【生长习性】喜温暖湿润环境，耐阴性强，不耐旱，不耐寒，要求肥沃湿润、排水良好的土壤，属耐阴灌木，夏季怕强光暴晒，不耐高温。

【观赏与应用】既可观叶又可观果；华南地区还可种作观赏绿篱，或点缀庭院。

288 灯台树 *Cornus controversa*

【科属】山茱萸科，山茱萸属

【别名】女儿木、六角树等

【花期】5~6月

【果期】7~10月

【高度】6~20m

识别要点

落叶乔木，树皮暗灰色，老时浅纵裂。叶互生，常集生枝顶，卵状椭圆形，长6~13cm，顶生伞房状聚伞花序，花小，白色。核果球形，熟时由紫红色变为紫黑色。

【分布及生境】主要产于长江流域及西南各地，生于常绿阔叶林或针阔叶混交林中。

【生 长 习 性】喜温暖湿润气候，稍耐阴，有一定耐寒性；喜肥沃湿润且排水良好的土壤，生长快。

【观赏与应用】树形整齐美观，为优良的庭荫树及行道树。木材黄白色或黄褐白色，有光泽，纹理直而坚硬，细致均匀，易干燥，可作为建筑家具、玩具、雕刻等用材。

289

红瑞木 *Cornus alba*

【科属】山茱萸科，山茱萸属

【别名】凉子木、红瑞山茱萸等

【花期】6~7月

【果期】8~10月

【高度】3m

识别要点

落叶灌木，枝条血红色，光滑，初时常被白粉，髓腔大而白色。单叶对生，卵形或椭圆形，两面均疏生贴伏柔毛。花小，黄白色，排成顶生的伞房状聚伞花序。核果斜卵圆形，成熟时白色或稍带蓝色。

【分布及生境】分布于东北、内蒙古，及河北、陕西、山东等地。

【生 长 习 性】喜光，喜略湿润土壤，耐寒，耐湿，树势强健。生长于杂木林或针阔叶混交林中。

【观赏与应用】枝条鲜红色，秋叶也为鲜红色，观察价值高。适宜丛植于庭院草坪、建筑物前或间种在常绿树间，也可作绿篱。冬枝可作切花材料。根系发达，又耐潮湿，植于水边可护岸固土。

290

光皮梾木 *Cornus wilsoniana*

【科属】山茱萸科，山茱萸属

【别名】光皮树、花皮树等

【花期】5月

【果期】10～11月

【高度】可达40m

识别要点

落叶乔木，树皮灰色至青灰色，块状剥落；叶片对生，纸质，先端渐尖或突尖，基部楔形或宽楔形，边缘波状；总花梗细圆柱形，花小，白色；核果球形，核骨质，球形。

【分布及生境】分布于陕西、甘肃、浙江、江西、福建、河南、湖北、湖南、广东、广西、四川、贵州等地。

【生长习性】喜光，耐寒，喜深厚、肥沃而湿润的土壤，在酸性土及石灰岩土上生长良好。

【观赏与应用】树形美观，寿命较长，是良好的绿化树种。木材坚硬，是家具及农具的良好用材。

蓝果树科

291

喜树 *Camptotheca acuminata*

【科属】蓝果树科，喜树属

【别名】千丈树、水桐树等

【花期】5~7月

【果期】9月

【高度】高达20m

识别要点

落叶乔木。单叶互生，椭圆形至长卵形，全缘或微呈波状，羽状脉弧形。花单性，同株，头状花序具长柄；花瓣5枚，淡绿色。坚果香蕉形，有窄翅，长2~2.5cm，集生成球形。

【分布及生境】分布于长江流域以南各地，长江以北地区少有分布。常生于林边或溪边。

【生长习性】喜光，稍耐阴，喜温暖湿润气候，不耐寒；在酸性、中性及弱碱性土壤上均能生长。萌芽力强，在前10年生长迅速，以后则变缓慢。

【观赏与应用】我国所特有的一种高大落叶乔木，树干挺直，生长迅速，是良好的基础绿化树种，可作行道树。

卫矛科

292

冬青卫矛 *Euonymus japonicus*

【科属】卫矛科，卫矛属

【别名】大叶黄杨、正木等

【花期】5～6月

【果期】9～10月

【高度】0.6～2.2m

识别要点

常绿灌木或小乔木；小枝具四棱。叶革质，厚质有光泽，锯齿细钝。花绿白色，排成聚伞花序。蒴果扁球形，淡红色或带黄色，4深裂，开裂后露出橘红色假种皮。有金边、银边、金心、银斑、斑叶等栽培变种。

【分布及生境】产于贵州西南部、广西东北部、广东西北部、湖南南部、江西南部。生于山地、山谷、河岸或山坡林下。

【生长习性】喜光，亦耐阴，喜温暖湿润气候，较耐寒。对土壤要求不严，但在中性肥沃壤土中生长最佳。适应性强，耐干旱瘠薄。生长慢，寿命长，极耐整形修剪。

【观赏与应用】在城市中可用于主干道绿化。对有害气体抗性较强，抗烟尘，是污染区绿化的理想树种。

293 扶芳藤 *Euonymus fortunei*

【科属】卫矛科，卫矛属

【别名】金线风、九牛造等

【花期】6月

【果期】10月

识别要点

常绿藤本灌木，小枝方棱不明显。叶椭圆形、长方椭圆形或长倒卵形，革质，边缘齿浅不明显，聚伞花序；小聚伞花密集，蒴果粉红色，果皮光滑，近球状；种子长方椭圆状，棕褐色。

【分布及生境】产于江苏、浙江、安徽、江西、湖北、湖南、四川、陕西等地。生长于山坡丛林中。

【生 长 习 性】喜温暖气候，耐阴，较耐寒，适应性强，喜阴湿环境，常匍匐于林缘岩石上。若生长在干旱瘠薄之地，则叶质增厚，色黄绿，气根增多。

【观赏与应用】终年苍翠，入秋常变红色，有极强的攀缘能力，庭院中常用于覆盖地面和掩覆墙面，也可盆栽。

294

卫矛 *Euonymus alatus*

【科属】卫矛科，卫矛属

【别名】鬼箭羽等

【花期】5~6月

【果期】7~10月

【高度】2~3m

识别要点

落叶灌木，小枝硬直而斜出，常具2~4条木栓质阔翅。叶狭倒卵形至椭圆形，缘具细锐锯齿，两面无毛，叶柄极短。花黄绿色，常3朵集成花序。蒴果紫色，4深裂，开裂后露出橘红色假种皮。

【分布及生境】中国除东北、新疆、青海、西藏、广东及海南以外，各地均产。生长于山坡、沟地边沿。

【生长习性】喜光，耐阴，耐干旱瘠薄。对土壤要求不严，一般在酸性、中性、石灰性土壤中均能生长。萌芽力强，耐整形修剪。

【观赏与应用】是重要的观叶、观果树种。可点缀于风景林中，对二氧化硫有较强抗性，适用于厂矿区绿化。

295 丝绵木 *Euonymus maackii*

【科属】卫矛科，卫矛属

【别名】白杜、马氏卫矛、桃叶卫矛等

【花期】5～6月

【果期】9～10月

【高度】4～6m

识别要点

落叶小乔木，树冠圆形或卵圆形。叶宽卵形至卵状椭圆形，先端渐长尖，基部近圆形，缘具细锯齿；叶柄长2～3.5cm。花淡红色，3～7朵组成花序。蒴果淡红色或带黄色，4深裂，假种皮橘红色。

【分布及生境】产于中国中部、北部各地，浙江、福建也有分布。生于山坡林缘、山麓、山溪路旁。

【生长习性】喜光，稍耐阴，耐寒，耐旱，耐潮湿。对土壤要求不严，在一般土壤中均能良好生长。根系发达，抗风，抗烟尘，萌芽力强。

【观赏与应用】可作庭荫树或配植于水边、假山旁，也可作防护林及厂矿区绿化树种。

冬青科

296

枸骨 *Ilex cornuta*

【科属】冬青科，冬青属

【别名】鸟不宿、猫儿刺等

【花期】4 ~ 5月

【果期】10 ~ 12月

【高度】3 ~ 4m

识别要点

常绿灌木或小乔木，小枝无毛。叶硬革质，矩圆形，先端具3枚尖硬齿，基部平截，两侧各有1 ~ 2枚尖硬齿，有光泽；花黄绿色，簇生于二年生枝叶腋，雌雄异株。核果球形，鲜红色。

【分布及生境】产于江苏、上海、安徽、浙江、江西、湖北、湖南等地，生于山坡谷地灌木丛中，现各地庭院常有栽培。

【生长习性】喜光，亦耐阴。喜温暖湿润气候，稍耐寒，耐湿。萌芽力强，耐修剪。生长缓慢，须根少，移植较困难。耐烟尘，抗二氧化硫和氯气。

【观赏与应用】红果鲜艳，叶形奇特，是优良的观果、观叶树种。可盆栽作室内装饰，老桩作盆景，叶、果、枝可作插花花材。

297

冬青 *Ilex chinensis*

【科属】冬青科，冬青属

【别名】冻青等

【花期】4~6月

【果期】7~12月

【高度】13m

识别要点

常绿乔木，树皮灰色，有纵沟，小枝淡绿色，无毛。叶薄革质，狭长椭圆形或披针形，顶端渐尖，基部楔形，边缘有浅圆锯齿，干后呈红褐色，有光泽。聚伞花序或伞形花序，花淡紫色或紫红色。果球形，成熟时红色，背面平滑。因冬月青翠，故名“冬青”。

【分布及生境】分布于秦岭南坡、长江流域及其以南广大地区，其中西南和华南分布最多。生于山坡常绿阔叶林中或林缘、灌木丛中及溪旁、路边。

【生长习性】适生于肥沃湿润、排水良好的酸性土壤。较耐阴湿，萌芽力强，耐修剪。

【观赏与应用】枝繁叶茂，四季常青，树形优美，枝叶碧绿青翠，多种植于庭院，也可制作盆景。

298

龟甲冬青 *Ilex crenata* var.*convexa*

【科属】冬青科，冬青属

【花期】5~6月

【果期】8~10月

【高度】5m

识别要点

钝齿冬青的变种。常绿小灌木。叶互生，叶片椭圆形，革质，有光泽，新叶嫩绿色，老叶墨绿色，叶表面凸起呈龟甲状；花白色；果球形。

【分布及生境】产于长江流域及以南地区。

【生 长 习 性】喜光、稍耐阴，适生于温暖湿润环境，要求肥沃疏松、排水良好的酸性土。耐寒，耐高温，耐旱性较差。耐半阴，喜温暖湿润气候，耐修剪。

【观赏与应用】枝干苍劲古朴，叶子密集浓绿，观赏价值较高，是良好的城市绿化和庭院绿化植物，多成片作地被植物栽植，常用于彩块及彩条的基础植物种植，也可植于花坛、树池及园路交叉口，观赏效果均佳。

299

黄杨 *Buxus sinica*

【科属】黄杨科，黄杨属

【别名】黄杨木、瓜子黄杨等

【花期】3月

【果期】5~6月

【高度】可达6m

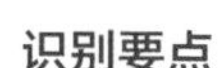

识别要点

灌木或小乔木；枝圆柱形，有纵棱，灰白色；小枝四棱形，全面被短柔毛或外方相对两侧面无毛。叶革质，阔椭圆形、阔倒卵形、卵状椭圆形或长圆形，叶面光亮，中脉凸出，下半段常有微细毛。花序腋生，头状，花密集；蒴果近球形。

【分布及生境】产于陕西、甘肃、湖北、四川、贵州、广西、广东、江西、浙江、安徽、江苏、山东等地，有部分属于栽培。多生于山谷、溪边、林下。

【生 长 习 性】耐阴喜光，喜湿润，但忌长时间积水。耐旱，耐热，耐寒，耐碱性较强。分蘖性极强，耐修剪，易成型。秋季光照充分并进入休眠状态后，叶片可转为红色。

【观赏与应用】园林中常作绿篱、大型花坛镶边，修剪成球形或其他整形栽培，可制作盆景。木材坚硬细密，是雕刻工艺的上等材料。

大戟科

300

泽漆 *Euphorbia helioscopia*

【科属】大戟科，大戟属

【别名】五风草、五灯草、五朵云等

【花期】4 ~ 10月

【果期】4 ~ 10月

【高度】可达30 ~ 50cm

识别要点

一年生草本植物。根纤细，下部分枝。茎直立，单一或自基部多分枝，分枝斜展向上，光滑无毛。叶互生，倒卵形或匙形，长1 ~ 3.5cm。花序单生，总苞钟状，光滑无毛，边缘5裂，裂片半圆形。蒴果三棱状阔圆形，种子卵状。

【分布及生境】原产于美洲，在中国除新疆、西藏外，几乎遍布各地，常见于山坡、路旁、沟边、湿地、荒地草丛中。

【生 长 习 性】喜温暖湿润环境，适应性强。

【观赏与应用】总花序多歧聚伞状，观赏价值较高。适合在野生环境中作地被植物。

301

重阳木 *Bischofia polycarpa*

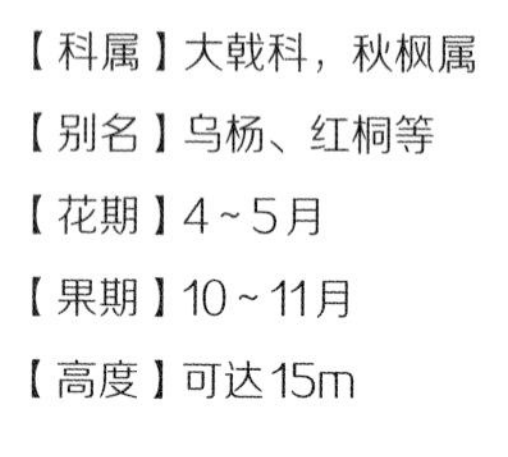

【科属】大戟科，秋枫属

【别名】乌杨、红桐等

【花期】4~5月

【果期】10~11月

【高度】可达15m

识别要点

落叶乔木，树冠伞形，大枝斜展。三出复叶互生，小叶卵圆形或椭圆状卵形，叶缘有细钝齿。总状花序，与叶同放；浆果小，熟时红褐色。

【分布及生境】分布于秦岭、淮河流域以南至福建和广东的北部，生于山地林中或平原栽培，在长江中下游平原或农村四旁常见。

【生长习性】喜光，略耐阴，喜温暖气候，耐寒性差。对土壤要求不严，喜生于湿地，在湿润肥沃的沙壤土中生长快。

【观赏与应用】树姿优美，秋叶红艳，浓荫如盖，适宜用作行道树、庭荫树；根系发达，抗风能力强，可作防护林。

302 乌桕 *Sapium sebiferum*

【科属】大戟科，乌桕属

【别名】腊子树、桕子树、木子树等

【花期】5~7月

【果期】10~11月

【高度】15m

识别要点

落叶乔木，枝叶含乳状汁液，小枝纤细。叶菱形至菱状卵形，长5~9cm，先端尾尖，叶柄顶端有2腺体。花序穗状，小花细小，黄绿色。蒴果三棱状球形，直径约1.5cm，熟时黑色，果皮3裂，脱落；种子黑色，外被白色蜡质假种皮，经冬不落。

【分布及生境】主要分布于黄河以南各地，生于山谷或山坡混交林中。

【生长习性】喜光，喜温暖气候，较耐旱。对土壤要求不严，耐水湿，对酸性土和含盐量达0.25%的土壤也能适应。对二氧化硫及氯化氢的抗性强。

【观赏与应用】叶形秀美，秋日红艳，在园林中可孤植、散植或列植于堤岸、路旁作护堤树、行道树。

303

油桐 *Vernicia fordii*

【科属】大戟科，油桐属

【别名】五年桐等

【花期】3~5月

【果期】8~10月

【高度】可达10m

识别要点

落叶乔木；树皮灰色，近光滑；枝条粗壮，无毛，具明显皮孔。叶卵圆形，花雌雄同株，先叶或与叶同时开放；核果近球状，直径4~8cm，果皮光滑；种子3~8颗，种皮木质。

【分布及生境】产于陕西、河南、江苏、安徽、浙江、江西、福建、湖南、湖北、广东、海南、广西、四川、贵州、云南等地。生于林中、山坡、谷底、路旁、村落、河边。

【生 长 习 性】喜温暖湿润气候，怕严寒，以阳光充足、土层深厚、疏松肥沃、富含腐殖质、排水良好的微酸性沙质壤土栽培为宜。

【观赏与应用】木本油料树种，桐油是一种优良的干性油，是重要的工业用油。

304

山麻杆 *Alchornea davidii*

【科属】大戟科，山麻杆属

【别名】红荷叶、狗尾巴树、桐花杆等

【花期】4~6月

【果期】7~8月

【高度】1~5m

识别要点

落叶丛生直立灌木。叶宽卵形至圆形，三出脉，上面绿色，叶背带紫色，密生绒毛，叶缘有粗齿。单性花，雄花密生成短穗状花序，雌花疏生成总状花序。蒴果扁球形，密生短柔毛。

【分布及生境】分布于长江流域。生长于沟谷或溪畔、河边的坡地灌丛中，或栽种于坡地。

【生 长 习 性】稍耐阴，喜温暖湿润气候，抗寒力较强，对土壤要求不严。

【观赏与应用】春季嫩叶及新枝均为紫红色，是园林中重要的春季观叶树种。

305

红背山麻杆 *Alchornea trewioides*

【科属】大戟科，山麻杆属

【别名】红帽顶树等

【花期】3～5月

【果期】6～8月

【高度】1～2m

识别要点

落叶灌木；小枝被灰色微柔毛，后变无毛。叶薄纸质，阔卵形，长8～15cm，宽7～13cm，顶端急尖或渐尖，基部浅心形或近截平，边缘疏生具腺小齿，上面无毛，下面浅红色。雌雄异株，雄花序穗状。蒴果球形，具3圆棱，直径8～10mm。

【分布及生境】产于福建南部和西部、江西南部、湖南南部、广东、广西、海南等地。生于沿海平原或内陆山地矮灌丛中、疏林下或石灰岩山灌丛中。

【生 长 习 性】喜温暖湿润，比较适合在半阴的环境里生长。

【观赏与应用】可药用。枝、叶煎水，外洗治风疹。

306 一叶萩 *Flueggea suffruticosa*

【科属】大戟科，白饭树属

【别名】叶底珠等

【花期】3~8月

【果期】6~11月

【高度】1~3m

识别要点

落叶小灌木，小枝浅绿色，近圆柱形，有棱槽，有不明显的皮孔，全株无毛。叶片纸质，椭圆形或长椭圆形，稀倒卵形。花小，雌雄异株，簇生于叶腋；蒴果三棱状扁球形，成熟时淡红褐色，有网纹。

【分布及生境】中国各地均有分布。生长于山坡灌丛中或山沟、路边。

【生 长 习 性】对土壤要求不严，但以肥沃疏松者为好。

【观赏与应用】可作护坡及遮蔽污地之用，配植于山石也很适宜。

307 石岩枫 *Mallotus repandus*

【科属】大戟科，野桐属

【花期】3~5月

【果期】8~9月

【高度】4~10m

识别要点

攀缘状灌木；嫩枝、叶柄、花序和花梗均密生黄色星状柔毛；老枝无毛，常有皮孔。叶互生，纸质或膜质，卵形或椭圆状卵形，花雌雄异株，总状花序或下部有分枝；蒴果，种子卵形，直径约5mm，黑色，有光泽。

【分布及生境】产于陕西、甘肃、四川、贵州、湖北、湖南、江西、安徽、江苏、浙江、福建和广东北部。生于山地疏林中或林缘。

【生 长 习 性】适应性强。

【观赏与应用】全株有毒性，茎皮纤维可用来编绳，根或茎叶可药用。

308

叶下珠 *Phyllanthus urinaria*

【科属】大戟科，叶下珠属

【别名】夜合珍珠等

【花期】4～6月

【果期】7～11月

【高度】10～60cm

识别要点

一年生草本植物，茎带紫红色，有纵棱。叶互生，叶片纸质，长圆形或倒卵形，叶柄极短，托叶卵状披针形。沿茎叶下面开白色小花，无花柄。花后结扁圆形小果，形如小珠，排列于假复叶下面。

【分布及生境】分布于华东、华中、华南、西南等地。生于山地灌木丛中或稀疏林下。

【生长习性】多生长在温暖湿润、土壤疏松的地域，稍耐阴。

【观赏与应用】适合在野生环境中作地被植物，羽状复叶可观赏。

309

地锦草 *Euphorbia humifusa*

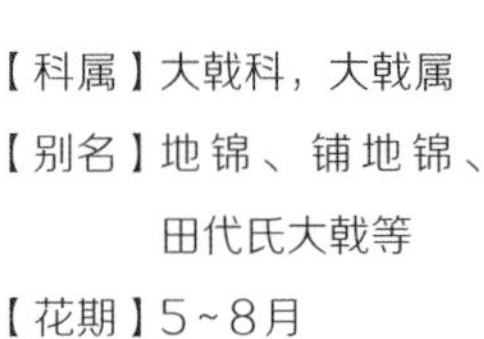

【科属】大戟科，大戟属

【别名】地锦、铺地锦、田代氏大戟等

【花期】5~8月

【果期】9~10月

识别要点

一年生匍匐草本植物，茎纤细，近基部二歧分枝，带紫红色，无毛，质脆，易折断，断面黄白色，中空。叶对生，叶柄极短或无柄，托叶线形，通常三裂。叶片长圆形，先端钝圆，基部偏狭。杯状花序单生于叶腋；总苞倒圆锥形，浅红色，顶端4裂。

【分布及生境】分布于华北、华东、中南、西南各地。常攀缘于疏林中、墙壁及岩石上，也有栽培。

【生长习性】喜阴湿环境，但不怕强光，耐寒，耐旱，耐贫瘠，气候适应性广泛。

【观赏与应用】可作地被植物，近基部二歧分枝，带紫红色，观赏价值较高，可药用。

310

千根草

Euphorbia thymifolia

【科属】大戟科，大戟属

【别名】细叶飞扬草、细飞扬、乳汁草、小飞扬等

【花期】6~11月

【果期】6~11月

识别要点

一年生草本植物。茎纤细，常呈匍匐状，自基部极多分枝；叶对生，椭圆形，叶柄极短；花序单生或数个簇生于叶腋；蒴果卵状三棱形，长约1.5mm，被贴伏短柔毛。

【分布及生境】分布于广东、广西、云南、江西和福建等地。生长于山坡、草地或灌丛中。

【生 长 习 性】喜光、耐旱。

【观赏与应用】茎纤细，常呈匍匐状，可作地被植物，观赏价值较高。

311

蓖麻 *Ricinus communis*

【科属】大戟科，蓖麻属

【别名】八麻子、大麻子等

【花期】5~8月

【果期】7~10月

【高度】可达5m

识别要点

一年生或多年生草本植物，在热带或南方地区常成多年生灌木或小乔木。单叶互生，叶片盾状圆形。掌状分裂至叶片的一半以下，圆锥花序与叶对生及顶生，蒴果球形，有软刺，成熟时开裂。

【分布及生境】原产于埃及、埃塞俄比亚和印度，广布于全世界热带地区或栽培于热带至暖温带各国。在村旁疏林或河流两岸冲积地常逸为野生，呈多年生灌木。

【生长习性】喜高温，不耐霜，酸碱适应性强，在中国广为栽培。

【观赏与应用】油籽可作肥料、饲料以及活性炭的原料。

312

裂苞铁苋菜 *Acalypha brachystachya*

【科属】大戟科，铁苋菜属

【别名】短穗铁苋菜、鸡眼草等

【花期】5 ~ 7月

【果期】7 ~ 11月

【高度】20 ~ 80cm

识别要点

一年生草本植物，全株被短柔毛和散生的毛。叶膜质，卵形、阔卵形或菱状卵形；雌雄花同序，花序1 ~ 3个腋生；蒴果，种子卵状，种皮稍粗糙；假种阜细小。

【分布及生境】产于中国大部分地区。生长于山坡、路旁湿润草地或溪畔、林间小道旁草地。

【生 长 习 性】喜湿润，耐半阴。

【观赏与应用】适合在野生状态环境中作自播夏季地被植物，可药用。

鼠李科

313

圆叶鼠李 *Rhamnus globosa*

【科属】鼠李科，鼠李属

【别名】山绿柴、黑旦子、偶栗子等

【花期】4～5月

【果期】6～10月

【高度】2～4m

识别要点

落叶灌木，稀小乔木；小枝对生或近对生，灰褐色，顶端具针刺；叶纸质或薄纸质，对生或近对生；花单性，雌雄异株；核果球形或倒卵状球形，成熟时黑色；种子黑褐色，有光泽，背面或背侧有长为种子3/5的纵沟。

【分布及生境】产于中国大部分地区。生于山坡、林下或灌丛中。

【生 长 习 性】耐阴，耐干旱。可种植于树下。

【观赏与应用】枝密叶繁，入秋后果实累累，可栽植于庭院，以供观赏。

314

冻绿 *Rhamnus utilis*

【科属】鼠李科，鼠李属

【别名】红冻、黑狗丹、山李子、绿子、大绿等

【花期】4~6月

【果期】5~8月

【高度】可达4m

识别要点

灌木或小乔木；幼枝无毛，小枝褐色或紫红色，稍平滑；叶纸质，对生或近对生，或在短枝上簇生；花单性，雌雄异株；核果圆球形或近球形，成熟时黑色；种子背侧基部有短沟。

【分布及生境】产于甘肃、陕西、江苏、浙江、贵州等地。常生长于山地、丘陵、山坡草丛、灌丛或疏林下。

【生 长 习 性】稍耐阴，不择土壤，适应性强，耐寒，耐干旱，耐瘠薄。

【观赏与应用】是园林绿化的优良观赏树种。

315

长叶冻绿 *Rhamnus crenata*

【科属】鼠李科，鼠李属

【别名】长叶绿柴等

【花期】5~8月

【果期】8~10月

【高度】可达7m

识别要点

灌木或小乔木，幼枝有锈色短柔毛，后渐脱落。叶长椭圆状卵形、披针形或倒卵形，先端尖或尾状，基部圆形，边缘有细锯齿。聚伞花序腋生，花黄绿色。核果近球形，熟时由红色变为黑色。

【分布及生境】产于陕西、河南、安徽、江苏、浙江、江西、福建、台湾、广东、广西、湖南、湖北、四川、贵州、云南。生于山地林下或灌丛中。

【生长习性】喜光，稍耐阴，常自然生长于向阳山坡和疏林中。耐瘠薄，但在园林中宜植于疏松肥沃的土壤。

【观赏与应用】是一种观叶、观花、观果的新型园林栽培树种。

316

雀梅藤 *Sageretia thea*

【科属】鼠李科，雀梅藤属

【别名】酸色子、酸铜子、酸味、对角刺、碎米子、对节刺、刺冻绿等

【花期】7~11月

【果期】翌年3~5月

识别要点

藤状或直立灌木；小枝具刺，互生或近对生，褐色，被短柔毛。叶纸质，近对生或互生，通常椭圆形、矩圆形或卵状椭圆形。花无梗，黄色，有芳香。核果近圆球形，直径约5mm；种子扁平，两端微凹。

【分布及生境】产于安徽、江苏、浙江、江西、福建、台湾、广东、广西、湖南、湖北、四川、云南。生于山坡灌丛或林中。

【生 长 习 性】喜半阴，喜温暖湿润气候，有一定耐寒性。

【观赏与应用】形态苍古奇特，耐修剪，宜蟠扎，是制作树桩盆景的良好材料。由于此植物枝密集具刺，在中国南方常栽培作绿篱。

317

枣 *Ziziphus jujuba*

【科属】鼠李科，枣属

【别名】红枣等

【花期】5 ~ 6月

【果期】9 ~ 10月

【高度】10m

识别要点

落叶小乔木，稀灌木，树皮褐色或灰褐色，有长枝（枣头）和短枝（枣股），长枝“之”字形曲折。叶长椭圆形或卵形，先端微尖或钝，基部歪斜。花小，黄绿色，8 ~ 9朵簇生于脱落性枝（枣吊）的叶腋，成聚伞花序。核果长椭圆形，暗红色。

【分布及生境】本种原产于我国。生于山区、丘陵或平原。

【生 长 习 性】暖温带阳性树种。喜光，好干燥气候。耐寒，耐热，又耐旱涝。对土壤要求不严，最适合生长在肥沃的微碱性或中性沙壤土中。根系发达，萌蘖力强，耐烟熏，不耐水雾。

【观赏与应用】适宜在庭院、路旁散植或成片栽植，也是结合生产的优良树种。其老根古干可作树桩盆景。果可鲜食或加工成食品。

318 马甲子 *Paliurus ramosissimus*

【科属】鼠李科，马甲子属

【别名】铁篱笆等

【花期】5~8月

【果期】9~10月

【高度】6m

识别要点

落叶灌木；小枝褐色或深褐色，被短柔毛，稀近无毛。叶互生，纸质，宽卵状椭圆形或近圆形，顶端钝或圆形。腋生聚伞花序，被黄色绒毛；果梗被棕褐色绒毛；种子紫红色或红褐色，扁圆形。

【分布及生境】分布于中国、朝鲜、日本和越南；生于山地和平原。

【生 长 习 性】喜光，喜温暖湿润气候，不耐寒。

【观赏与应用】分枝密且具针刺，常栽培作绿篱。木材坚硬，可作农具柄。

葡萄科

319

爬山虎 *Parthenocissus tricuspidata*

【科属】葡萄科，地锦属

【别名】地锦等

【花期】5~8月

【果期】9~10月

识别要点

落叶木质藤本植物，表皮有皮孔，髓白色。枝条粗壮，老枝灰褐色，幼枝紫红色。枝上有卷须，卷须短，多分枝，卷须顶端及尖端有黏性吸盘，遇到物体便吸附在上面，无论是岩石、墙壁或是树木，都能吸附。花序着生在短枝上，基部分枝，果实球形。

【分布及生境】河南、辽宁、河北、山西、陕西、山东、江苏、安徽、浙江、江西、湖南、湖北、广西、广东、四川、贵州、云南、福建都有分布。一般生长在岩石、大树、墙壁和山上。

【生长习性】适应性强，喜阴湿环境，但不怕强光，耐寒，耐旱，耐贫瘠，气候适应性广泛；在暖温带以南的冬季也可以保持半常绿或常绿状态。

【观赏与应用】常攀缘在墙壁或岩石上，可用于绿化房屋墙壁、公园山石，既可美化环境，又能降温，调节空气，减少噪声。

320 绿叶地锦 *Parthenocissus laetevirens*

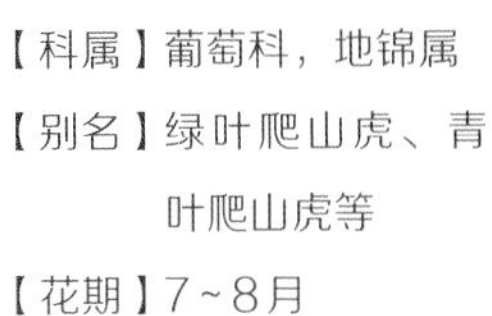

【科属】葡萄科，地锦属

【别名】绿叶爬山虎、青叶爬山虎等

【花期】7~8月

【果期】9~11月

识别要点

木质藤本植物。小枝圆柱形或有显著纵棱，嫩时被短柔毛，以后脱落无毛。卷须总状5~10分枝，相隔2节间断与叶对生，卷须顶端嫩时膨大呈块状，后遇附着物扩大成吸盘。多歧聚伞花序圆锥状，果实球形。

【分布及生境】产于河南、安徽、江西、江苏、浙江、湖北、湖南、福建、广东、广西。生在山谷林中或山坡灌丛，攀缘于树上或崖石壁上，种植在阴面和阳面，寒冷地区多种植在向阳地带。

【生 长 习 性】喜欢阴暗潮湿的环境，但也耐阳光直射，耐热，耐寒。

【观赏与应用】可用于垂直绿化。

321

乌蔹莓 *Cayratia japonica*

【科属】葡萄科，乌蔹莓属

【别名】五爪龙、五叶莓等

【花期】3～8月

【果期】8～11月

识别要点

草质藤本植物，小枝圆柱形，有纵棱纹，无毛或微被疏柔毛。卷须2～3叉分枝，花序腋生，复二歧聚伞花序；花序梗长1～13cm，无毛或微被毛。果实近球形，直径约1cm，有种子2～4颗；种子三角状倒卵形。

【分布及生境】分布于陕西、河南、山东、安徽、江苏、浙江、湖北、湖南、福建、台湾、广东、广西、海南、四川、贵州、云南。生长于山谷林中或山坡灌丛。

【生 长 习 性】喜光，耐半阴，好湿耐旱，不耐寒。

【观赏与应用】常见杂草，全株可入药。

322 蘡薁 *Vitis bryonifolia*

【科属】葡萄科，葡萄属

【别名】野葡萄、山葡萄等

【花期】4~8月

【果期】6~10月

识别要点

木质藤本植物。枝条细长有棱角，叶掌状，有3~5个深裂，缘有钝锯齿，下面密生灰白色绵毛。花杂性异株，圆锥花序与叶对生，花蕾倒卵椭圆形，花丝丝状，花药黄色，椭圆形，花盘发达。果实球形，成熟时紫红色，种子倒卵形。

【分布及生境】产于河北、陕西、山西、山东、江苏、安徽、浙江、湖北、湖南、江西、福建、广东、广西、四川、云南。生于山谷林中、灌丛、沟边或田埂。

【生长习性】本种分布广泛，南北气候跨度大，垂直分布可从低海拔到较高海拔，适应性强。

【观赏与应用】可酿酒，也可入药作滋补品。茎的纤维可制作绳索。

省沽油科

323

野鸦椿 *Euscaphis japonica*

【科属】省沽油科，野鸦椿属

【别名】酒药花、鸡肾果等

【花期】5~6月

【果期】8~9月

【高度】3~8m

识别要点

落叶灌木或小乔木，平滑无毛；芽具二鳞片。奇数羽状复叶，小叶革质，有细锯齿，有小叶柄及小托叶。圆锥花序顶生，种子1~2颗，具假种皮，白色，近革质，子叶圆形。

【分布及生境】除西北各地外，全国均产。多生长于山脚和山谷，常与一些小灌木混生，散生，很少有成片的纯林。

【生 长 习 性】喜温暖湿润的环境。

【观赏与应用】果实红色，可作观果树种。

无患子科

324

复羽叶栾树 *Koelreuteria bipinnata*

【科属】无患子科，栾树属

【别名】花楸树、泡花树、灯笼花、马鞍树等

【花期】7~9月

【果期】8~10月

【高度】可达20m

识别要点

落叶乔木；枝具小疣点。叶片平展，二回羽状复叶，长叶互生。圆锥花序大型，花瓣长圆状披针形。蒴果淡紫红色，老熟时褐色，顶端钝或圆；有小凸尖，种子近球形。

【分布及生境】产于云南、贵州、四川、湖北、湖南、广西、广东等地。生于山地疏林中。

【生长习性】喜生于石灰质的土壤，在微酸性及微碱性土壤中都能生长，也能耐盐渍及短期水涝；但在深厚、肥沃、湿润的土壤上生长良好。

【观赏与应用】速生树种，夏日有黄花，秋日有红果，宜作庭荫树、园景树及行道树栽培。木材可制家具；种子油可作为工业用油。花根可入药，又为黄色染料。

325 文冠果 *Xanthoceras sorbifolium*

【科属】无患子科，文冠果属

【别名】文冠树、木瓜等

【花期】春季

【果期】秋初

【高度】2 ~ 5m

识别要点

落叶灌木或小乔木。丛生状，干皮灰褐色，扭曲状微纵裂。小枝幼时紫褐色。奇数羽状复叶互生，小叶 9 ~ 19 枚，长椭圆形至披针形，边缘有锯齿。圆锥花序顶生，白色。

【分布及生境】产地西至宁夏、甘肃，东北至辽宁，北至内蒙古，南至河南，各地也常栽培。生于荒山、沟谷和丘陵地带。

【生 长 习 性】喜光，也耐半阴。耐寒、耐旱，不耐涝。对土壤要求不严，但在深厚、肥沃、排水良好的微碱性土壤中生长为佳。

【观赏与应用】树姿秀丽，花序大，十分美丽。可于公园、庭院、绿地中孤植或群植。种子可食，种仁营养价值很高，是我国北方很有发展前途的木本油料植物。

326

无患子 *Sapindus saponaria*

【科属】无患子科，无患子属

【别名】洗手果，苦患树，木患子等

【花期】5~6月

【果期】9~10月

【高度】可达20m

识别要点

落叶乔木，枝开展，树冠广卵形或扁球形。树皮灰白色，平滑不裂。偶数羽状复叶，小叶8~14枚，互生或近对生，全缘，薄革质，无毛。圆锥花序，顶生，花黄白色或带淡紫色。核果近球形，熟时黄色或橙黄色。种子球形，黑色，坚实。

【分布及生境】在中国产于东部、南部至西南部。各地寺庙、庭院和村边常见栽培。生于山地林间。

【生 长 习 性】喜光，稍耐阴。喜温暖、湿润环境，略耐寒。适应性强，对土壤的要求不严，酸性土、微碱性土或碱性土均能适应，但喜土层深厚肥沃，排水良好的沙质土壤。深根性，抗风力强。萌芽力弱，不耐修剪。

【观赏与应用】树冠开展，秋叶金黄，是优良的庭荫树和行道树。

七叶树科

327 七叶树 *Aesculus chinensis*

【科属】七叶树科，七叶树属

【花期】4～5月

【果期】9～10月

【高度】可达25m

识别要点

落叶乔木，树冠庞大，圆形。掌状复叶对生，小叶5～7片，先端渐尖，基部楔形，叶缘有细密锯齿，脉上有疏生柔毛。圆锥花序呈圆柱状，顶生，长约25cm，花小，白色。果近球形，密生疣点。

【分布及生境】河北南部、山西南部、河南北部、陕西南部均有栽培，仅秦岭有野生的。生于石灰岩山地阔叶林中。

【生长习性】喜光，耐半阴，喜温暖、湿润气候，较耐寒，畏干热。适宜生长于深厚、湿润、肥沃且排水良好的土壤。深根性，寿命长，萌芽力不强。

【观赏与应用】宜作庭荫树及行道树。木材细密可制造各种器具，种子可作药用，榨油可制造肥皂。

槭树科

328

三角槭 *Acer buergerianum*

【科属】槭树科，槭属

【别名】三角枫等

【花期】4月

【果期】8月

【高度】5~10m，稀达20m

识别要点

落叶乔木。树皮长片状剥落，灰褐色。叶3裂或少数不分裂，基部三出脉，裂片三角形，顶端短，渐尖，全缘或微有不整齐锯齿，表面深绿色，背面粉绿色。伞房花序顶生，花小，有短毛。翅果黄褐色。

【分布及生境】为中国原产树种，广布于长江流域，生于阔叶林中。

【生 长 习 性】喜光，喜温暖湿润气候，较耐水湿，有一定的耐寒力。

【观赏与应用】树冠端正，枝叶茂盛，广泛应用于园林中，也可制作盆景。

329

花楷槭 *Acer ukurunduense*

【科属】槭树科，槭属

【花期】5月

【果期】9月

【高度】8~10m

识别要点

落叶乔木，树皮粗糙，灰褐色或深褐色。小枝细瘦；当年生枝紫色或紫褐色；叶膜质或纸质，基部截形或近于心形，先端锐尖，边缘有粗锯齿，裂片间的凹缺锐尖。花黄绿色，单性，雌雄异株，翅果嫩时淡红色，翅与小坚果张开成直角。

【分布及生境】分布于黑龙江、吉林和辽宁。生长于疏林中。

【生 长 习 性】喜阴，喜较湿润环境，常在针阔叶混交林下构成下木，尤其在疏林中常见。

【观赏与应用】树姿优美，叶形秀丽，是重要的秋季观叶树种，可作行道树或庭荫树。

330 鸡爪槭 *Acer palmatum*

【科属】槭树科，槭属

【花期】5月

【果期】9月

【高度】可达4m

识别要点

落叶小乔木，树冠伞形。树皮平滑，深灰色。叶近圆形，基部心形或近心形，掌状，常7深裂，密生尖锯齿。花紫色，杂性，雄花与两性花同株；伞房花序。幼果紫红色，熟后褐黄色，果核球形，脉纹显著，两翅成钝角。

变种：羽毛枫var.*dissectum*又名细叶鸡爪槭、绿羽毛；叶掌状深裂达基部，裂片狭长且有羽状细裂，树冠开展而枝略下垂。

【分布及生境】分布于山东、河南南部、江苏、浙江、安徽、江西、湖北、湖南、贵州等地。生于林边或疏林中，以及阴坡湿润的山谷。

【生长习性】喜疏荫的环境，夏日怕日光暴晒，抗寒性强，能忍受较干旱的气候条件。耐酸碱，较耐燥，不耐水涝，在有西晒及潮风所到的地方，生长不良。适合生长在湿润和富含腐殖质的土壤。

【观赏与应用】可作行道树和观赏树栽植，是较好的四季绿化树种。

331

细裂槭 *Acer pilosum* var. *stenolobum*

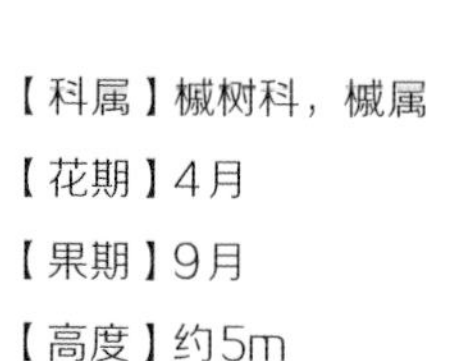

【科属】槭树科，槭属

【花期】4月

【果期】9月

【高度】约5m

识别要点

疏毛槭的变种，落叶小乔木。叶纸质，基部近于截形，深3裂，裂片长圆披针形。伞房花序，翅果成钝角或近于直角。

【分布及生境】中国特有种。东北及西北地区有栽培。生于比较阴湿的山坡或沟谷。

【生 长 习 性】耐阴、耐湿。

【观赏与应用】叶形十分奇特，叶的3裂片与叶柄一起组成十字形，且入秋转红，是一种形色皆美的观叶树种。

332 元宝枫 *Acer truncatum*

【科属】槭树科，槭属

【别名】平基槭、五脚树等

【花期】4月

【果期】8月

【高度】8～10m

识别要点

落叶乔木，单叶对生，掌状5裂，裂片先端渐尖，有时中裂片或中部3裂片又3裂，叶基通常截形，最下部两裂片有时向下开展。花小而黄绿色，花成顶生聚伞花序，4月花与叶同放。翅果扁平，翅较宽而略长于果核，形似元宝。

【分布及生境】广布于东北、华北，西至陕西、四川、湖北，南达浙江、江西、安徽等地。生于疏林中。

【生长习性】耐阴，喜温凉湿润气候，耐寒性强，对土壤要求不严，深根性，生长速度中等，病虫害较少。对二氧化硫、氟化氢的抗性较强，吸附粉尘的能力也较强。

【观赏与应用】嫩叶红色，秋叶黄色、红色或紫红色，树姿优美，叶形秀丽，为优良的观叶树种。宜作庭荫树、行道树或风景林树种，现多用于道路绿化。

333

糖槭 *Acer saccharum*

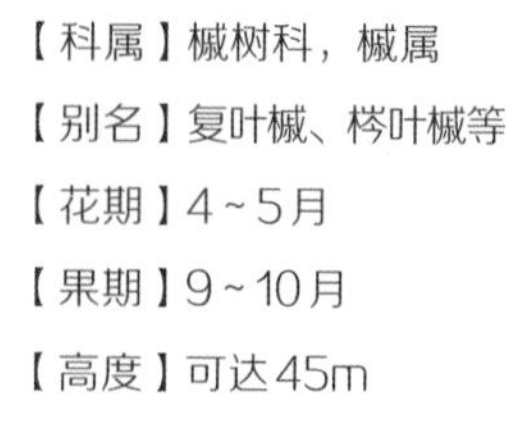

【科属】槭树科，槭属

【别名】复叶槭、梣叶槭等

【花期】4~5月

【果期】9~10月

【高度】可达45m

识别要点

多年生落叶乔木，树龄可达百年以上。叶对生似掌状，基部心形，先端渐尖，叶缘有锯齿，叶柄与叶片接近等长，断裂时伴有糖液外流。伞房状花序，无花瓣，花为黄绿色。

【分布及生境】原产于北美洲东部，引种于中国，在东北和华北各地生长较好。

【生 长 习 性】喜光耐阴，适宜冷凉气候，较耐干，耐瘠薄，耐修剪，不耐盐碱，适应性强。

【观赏与应用】树势典雅而雄伟，秋季叶片常变为金黄、橘红、橘黄等颜色，叶色丰富绚丽，是优良的行道树、风景树。

漆树科

334

南酸枣 *Choerospondias axillaris*

【科属】漆树科，南酸枣属

【别名】山枣、酸枣等

【花期】4月

【果期】8~10月

【高度】可达20m

识别要点

落叶乔木，树干挺直，树皮灰褐色，奇数羽状复叶互生。花杂性，异株；雄花和假两性花淡紫红色，排列成顶生或腋生的聚伞状圆锥花序，雌花单生于上部叶腋内；核果椭圆形或倒卵形，成熟时黄色，中果皮肉质浆状。

【分布及生境】从热带至中亚热带均能生长。分布于浙江、福建、湖北、湖南、广东、广西、云南、贵州等地。

【生长习性】喜光，要求湿润的环境。对热量的要求范围较广，能耐轻霜，不耐寒；适生于深厚肥沃且排水良好的酸性或中性土壤，不耐涝。浅根性，萌芽力强，生长迅速，树龄可达300年以上。

【观赏与应用】是我国南方优良速生用材树种，可加工成工艺品。果实甜酸，可生食、酿酒和加工酸枣糕。

335

黄栌 *Cotinus coggygria*

【科属】漆树科，黄栌属

【别名】红叶、红叶黄栌、黄道栌等

【花期】5~6月

【果期】7~8月

【高度】3~8m

识别要点

落叶灌木或小乔木。树皮深灰褐色，不开裂。小枝暗紫褐色，被蜡粉。单叶互生，宽卵形或圆形，先端圆或微凹，秋季经霜后变成黄色。花小，杂性，圆锥花序顶生。核果小，扁肾形。有红叶（秋季叶片红色）、紫叶（叶片全年紫色）、垂枝等变种。

【分布及生境】原产于中国西南、华北和浙江等地。生于山坡草地或杂木林中。

【生 长 习 性】阳性树种，稍耐阴，耐寒。萌蘖性强，生长快。

【观赏与应用】是北方重要的秋色叶树种，在园林造景中广泛运用，宜成片造景。

336 黄连木 *Pistacia chinensis*

【科属】漆树科，黄连木属
【别名】鸡冠木、黄连茶等
【花期】3～4月
【果期】8～11月
【高度】可达20m

识别要点

落叶乔木，树冠近圆球形。树皮薄片状剥落。通常为偶数羽状复叶，小叶10～14枚，披针形或卵状披针形，基部偏斜，全缘，有特殊气味。雌雄异株，圆锥花序。核果初为黄白色，后变红色至蓝紫色。

【分布及生境】分布于菲律宾和中国；在中国分布于长江以南及华北、西北等地。生于山林中。

【生长习性】喜光，喜温暖，耐干旱瘠薄，对土壤要求不严，但在肥沃、湿润且排水良好的石灰岩山地生长最好。生长慢，抗风性强，萌芽力强。

【观赏与应用】树冠浑圆，枝叶茂密而秀丽，秋季叶片变红色，是良好的秋季观赏树种。

337

盐肤木 *Rhus chinensis*

【科属】漆树科，盐肤木属

【别名】盐肤子、盐树根等

【花期】7～8月

【果期】10～11月

【高度】2～10m

识别要点

落叶小乔木或灌木，枝开展，树冠圆球形。小枝有毛，柄下芽。奇数羽状复叶，叶轴有狭翅；小叶7～13枚，卵状椭圆形，边缘有粗钝锯齿，背面密被灰褐色柔毛，近无柄。圆锥花序顶生，密生柔毛；花小，乳白色。核果扁球形，成熟时红色，密被毛。

【分布及生境】中国大部分地区均有分布，北起辽宁，西至四川、甘肃，南至海南。生于石灰岩山地灌丛、疏林中。

【生长习性】喜光，喜温暖湿润气候，也耐寒冷和干旱。不择土壤，不耐水湿。生长快，寿命短。

【观赏与应用】秋叶鲜红，果实红色，颇为美观。可植于园林绿地观赏或点缀山林。

苦木科

338

臭椿 *Ailanthus altissima*

【科属】苦木科，臭椿属

【别名】臭椿皮、大果臭椿、樗等

【花期】4~5月

【果期】8~10月

【高度】可达30m

识别要点

落叶乔木，树冠开阔平顶形，枝无顶芽。树皮灰色，粗糙不裂。叶痕倒卵形，明显，有7~9个维管束痕。一回奇数羽状复叶，小叶13~25枚，卵状披针形，在基部有一对粗齿，齿端有臭腺点。翅果褐色，纺锤形。

【分布及生境】原产于中国，南北均有。生于山地沟边和较潮湿的疏林或灌木林中。

【生长习性】喜光，适应干冷气候，耐低温。对土壤适应性强，耐干旱、瘠薄，能在石缝中生长，是石灰岩山地常见的树种。耐盐碱，不耐积水。生长快，深根性，根蘖性强，抗风沙，耐烟尘及有害气体能力极强。

【观赏与应用】树干通直高大，新春嫩叶红色，秋季翅果红黄相间，是适应性强、管理简便的优良庭荫树、行道树。

楝科

339

楝树 *Melia azedarach*

【科属】楝科，楝属

【别名】苦楝、紫花树等

【花期】4～5月

【果期】10～12月

【高度】可达10m

识别要点

落叶乔木。树冠开阔平顶形。2～3回羽状复叶，小叶卵形或卵状椭圆形。圆锥状复聚伞花序，花淡紫色，花瓣5枚，轮状花冠。核果球形，熟时黄色，经冬不落。

【分布及生境】产于黄河以南各地，较常见；已广泛引为栽培。广布于亚洲热带和亚热带地区，温带地区也有栽培。

【生长习性】喜光，喜温暖气候，对土壤要求不严，在酸性土壤、中性土壤、石灰岩山地、盐碱地中都能生长。稍耐干旱瘠薄，浅根性，萌芽力强，生长快。

【观赏与应用】树体高大、优美，是优良的庭荫树、行道树。木材天然防虫，可造家具，树皮、根可制杀虫药剂。

340

香椿 *Toona sinensis*

【科属】楝科，香椿属

【别名】香椿铃、香铃子、毛椿、香椿芽等

【花期】6～8月

【果期】10～12月

【高度】可达25m

识别要点

落叶乔木，树冠宽卵形，树皮浅纵裂。有顶芽，小枝粗壮，叶痕大，内有5个维管束痕。偶数羽状复叶，稀奇数，有香气；小叶10～20枚，矩圆形或矩圆状披针形，基部歪斜。花白色，芳香。蒴果倒卵状椭圆形。

【分布及生境】产于辽宁南部、黄河及长江流域，各地普遍栽培。生于山地和广大平原地区。

【生长习性】喜光，有一定的耐寒性，对土壤要求不严，稍耐盐碱，耐水湿。萌蘖性、萌芽力强，耐修剪，深根性。对有害气体抗性强。

【观赏与应用】树干通直，树冠开阔，枝叶浓密，嫩叶红艳，常用作庭荫树、行道树。嫩芽、嫩叶可食，种子可榨油食用或工业用。

芸香科

341

花椒 *Zanthoxylum bungeanum*

【科属】芸香科，花椒属

【别名】巴椒、蜀椒等

【花期】4~5月

【果期】7~9月

【高度】3~7m

识别要点

落叶小乔木或灌木。树皮上有许多瘤状突起，枝具宽扁而尖锐的皮刺。奇数羽状复叶，小叶5~11枚，卵形至卵状椭圆形，先端尖，基部近圆形，锯齿细钝，齿缝处有透明油腺点，叶轴具窄翅。顶生聚伞状圆锥花序，花单性或杂性同株，子房无柄。果球形，红色或紫红色，密生油腺点。

【分布及生境】原产于中国中北部，以河北、河南、山西、山东栽培最多。

【生 长 习 性】耐旱，喜阳光，不耐严寒，喜较温暖气候，对土壤要求不严。生长慢，寿命长。

【观赏与应用】在园林绿化中可作绿篱。果为香料，可结合生产进行栽培。

342

枳 *Poncirus trifoliata*

【科属】芸香科，枳属

【别名】枸橘等

【花期】5~6月

【果期】10~11月

【高度】1~5m

识别要点

小乔木，树冠伞形或圆头形。枝绿色，叶柄有狭长的翼叶，3出叶；花单朵或成对腋生；果近圆球形或梨形，果皮暗黄色，微有香橼气味；种子阔卵形，有黏液。

【分布及生境】分布于山东、江苏、浙江、江西、广东、湖北、贵州、云南、安徽、四川、湖南。生于山地林中。

【生长习性】喜光，喜温暖环境，适生于光照充足处。也较耐寒，但幼苗需采取防寒措施，喜湿润环境，怕积水，喜微酸性土壤，在中性土壤中也可生长良好。

【观赏与应用】枝条绿色而多刺，春季叶前开花，秋季黄果累累，十分美丽，在园林中多栽作绿篱。

343

柑橘 *Citrus reticulata*

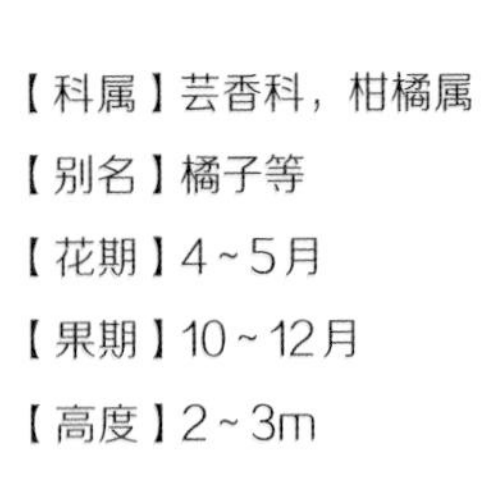

【科属】芸香科，柑橘属

【别名】橘子等

【花期】4～5月

【果期】10～12月

【高度】2～3m

识别要点

常绿小乔木。单身复叶，叶片披针形、椭圆形或阔卵形，叶缘至少上半段通常有钝或圆裂齿，很少全缘。花单生或2～3朵簇生；花萼不规则3～5浅裂；花瓣通常长1.5cm以内；雄蕊20～25枚，花柱细长，柱头头状。

【分布及生境】原产于中国，广布于长江以南各地。

【生 长 习 性】喜温暖湿润气候，耐寒性较柚、酸橙、甜橙稍强。

【观赏与应用】四季常青，树姿优美，是一种很好的庭院观赏植物。

344 香橼 *Citrus medica*

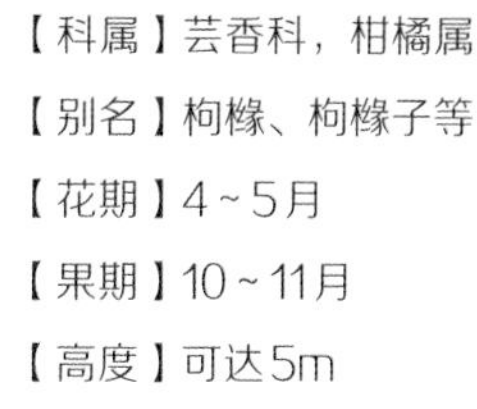

【科属】芸香科，柑橘属

【别名】枸橼、枸橼子等

【花期】4～5月

【果期】10～11月

【高度】可达5m

识别要点

不规则分枝的常绿灌木或小乔木。单叶，稀兼有单生复叶，叶片椭圆形或卵状椭圆形，叶缘有浅钝裂齿。总状花序有花达12朵，花瓣5片。果椭圆形，果皮淡黄色，粗糙，难剥离，果肉近于透明或淡乳黄色，爽脆、味酸或略甜，有香气；种子小，平滑，子叶乳白色，多或单胚。

【分布及生境】主产于四川、云南、福建、江苏、浙江。生于高温多湿环境。

【生 长 习 性】喜温暖湿润气候，不耐严寒。以土层深厚、疏松肥沃、富含腐殖质、排水良好的沙质壤上栽培为宜。

【观赏与应用】观果绿化树种，果实可制蜜饯。

345

柚 *Citrus maxima*

【科属】芸香科，柑橘属

【别名】文旦、柚子等

【花期】4 ~ 5月

【果期】9 ~ 12月

【高度】5 ~ 6m

识别要点

常绿灌木或乔木，单生复叶，叶质颇厚，色浓绿，阔卵形或椭圆形，连翼叶长9 ~ 16cm，顶端钝或圆，有时短尖，基部圆。有红柚和普通柚之分。总状花序，有时兼有腋生单花；花蕾淡紫红色，稀乳白色；花萼不规则3 ~ 5浅裂。柚子谐音“佑子”故柚花有吉祥之意。

【分布及生境】原产于印度，中国的广东、广西、福建、江西、湖南、湖北、浙江、四川、江苏等地均有栽培。

【生长习性】喜温暖，喜酸性土壤，不耐严寒。以土层深厚、疏松肥沃、排水良好的沙质土栽培为宜。

【观赏与应用】最适合在庭院中栽植，其树冠优美整洁，枝叶四季浓郁。

酢浆草科

346

酢浆草 *Oxalis corniculata*

【科属】酢浆草科，酢浆草属

【别名】酸浆草、酸酸草、斑鸠酸、三叶酸等

【花期】2~9月

【果期】2~9月

【高度】10~35cm

识别要点

落叶草本植物，全株被柔毛。叶基生或茎上互生；花单生或数朵集为伞形花序状，腋生，总花梗淡红色，花瓣5枚，黄色；蒴果长圆柱形，褐色或红棕色，具横向肋状网纹。

【分布及生境】全国各地均有分布。生于密林、灌丛和沟谷。

【生长习性】喜向阳、温暖、湿润的环境，不耐寒，每年4~5月，8月下旬~10月下旬是生长旺盛期，在炎热的夏季生长缓慢。在露地全光下和荫蔽下均能生长，但全光下生长健壮。

【观赏与应用】野生，植株丰满，花朵繁多，常作地被栽植。

347 红花酢浆草 *Oxalis corymbosa*

【科属】酢浆草科，酢浆草属

【别名】大酸味草、南天七、紫花酢浆草等

【花期】3~12月

【果期】3~12月

【高度】10~20cm

识别要点

多年生直立草本植物。无地上茎，地下球状鳞茎，鳞片膜质，褐色。叶基生，叶柄被毛；小叶片扁圆状倒心形，顶端凹入，两侧角圆形，背面浅绿色，托叶长圆形，顶部狭尖。总花梗基生，二歧聚伞花序，花瓣倒心形，淡紫色至紫红色。

【分布及生境】原产于南美热带地区，分布于中国河北、陕西、华东、华中、华南、四川和云南等地。生于低海拔的山地、路旁、荒地或水田中。

【生长习性】喜光，露地或树荫下均能生长，全光下生长健壮。适生于湿润的环境，干旱缺水时生长不良，可耐短期积水。抗寒力较强，华北地区可露地栽培。

【观赏与应用】可布置花坛、花境、花丛及花台等。

348

紫叶酢浆草 *Oxalis triangularis* 'Urpurea'

【科属】酢浆草科，酢浆草属

【花期】5 ~ 11月

【高度】15 ~ 30cm

识别要点

酢浆草的变种。具球根的多年生草本植物。掌状复叶基生，由三片小叶组成，叶片紫红色，部分品种的叶片内侧还镶嵌有如蝴蝶般的紫黑色斑块。伞形花序，花12 ~ 14朵，花冠5裂，淡紫色或白色，端部呈淡粉色。

【分布及生境】原产于南美巴西，中国引种栽培。生于山坡、山谷潮湿处，以及沟边、灌木丛下或林下。

【生长习性】喜温暖湿润的环境，比较耐干旱。最适宜的生长温度为16 ~ 22℃，同时需要充足的光照。

【观赏与应用】适用于在花坛边缘栽植。在园林中适合作阴湿地的地被植物，也是良好的盆栽植物。

牻牛儿苗科

349

天竺葵 *Pelargonium hortorum*

【科属】牻牛儿苗科，天竺葵属

【别名】洋绣球、入腊红、石腊红、日烂红、洋葵、驱蚊草等

【花期】5~7月

【果期】6~9月

【高度】30~60cm

识别要点

多年生草本植物，茎直立，基部木质化，上部肉质，具浓烈鱼腥味。叶互生，圆形或肾形，表面叶缘以内有暗红色马蹄形环纹。伞形花序腋生，具多花，花瓣红色、橙红色、粉红色或白色。蒴果长约3cm，被柔毛。

【分布及生境】原产于非洲南部，世界各地普遍栽培。

【生 长 习 性】喜冬暖夏凉，喜燥恶湿。

【观赏与应用】花色鲜艳，花期长，适用于室内摆放和花坛布置等。

350 野老鹳草 *Geranium carolinianum*

【科属】牻牛儿苗科，老鹳草属

【别名】老牛筋等

【花期】4~7月

【果期】5~9月

【高度】20~60cm

识别要点

一年生草本植物，茎生叶互生或最上部对生；叶片圆肾形，基部心形，裂片楔状倒卵形或菱形，小裂片条状矩圆形，先端急尖。花序腋生和顶生，花序呈伞形状；花瓣淡紫红色，倒卵形。蒴果长约2cm，被短糙毛。

【分布及生境】分布于山东、安徽、江苏、浙江、江西、湖南、湖北、四川和云南。生于平原及低山荒坡杂草丛中。

【生长习性】喜温暖湿润气候，耐寒，耐湿，喜阳光充足，以疏松、肥沃、湿润的壤土栽种为宜。

【观赏与应用】近匍匐生长，适合在野生状态环境中作自播春夏季地被植物。全草入药，有祛风收敛和止泻之效。

旱金莲科

351

旱金莲 *Tropaeolum majus*

【科属】旱金莲科，旱金莲属

【别名】旱莲花、荷叶七等

【花期】6~10月

【果期】7~11月

识别要点

多年生草本植物，常作一、二年生栽培。茎细长半蔓性或倾卧。叶互生，具长柄，似莲叶而小，叶面被蜡质层。花单生叶腋，梗细长，花瓣具爪，萼片中有1枚延伸成距，花有乳白、乳黄、紫红和橘红等色。有重瓣、无距、具网纹及斑点等品种。

【分布及生境】在中国南方可作多年生栽培，华北则多秋播，盆栽室内培养。

【生长习性】喜温暖湿润、阳光充足，不耐寒，稍耐阴；在肥沃且排水好的土壤中生长良好。越冬温度10℃以上。

【观赏与应用】叶形如碗莲，花朵盛开时，如群蝶飞舞，是一种重要的观赏花卉。可铺植做地被，或配植花坛、盆栽。

凤仙花科

352

凤仙花 *Impatiens balsamina*

【科属】凤仙花科，凤仙花属

【别名】指甲花、急性子、灯盏花、小桃红等

【花期】7~9月

【果期】9~10月

【高度】30~100cm

识别要点

一年生草本植物。茎肉质，光滑，常与花色相关，节膨大。叶互生，阔披针形，具细齿，叶柄两侧有腺体。花单生或数朵簇生于上部叶腋，花有距，花瓣5枚，左右对称。栽培品种极多，花色、花形丰富。

【分布及生境】原产于中国、印度和马来西亚。中国各地庭院广泛栽培。

【生长习性】性强健，喜温暖、炎热、阳光充足，畏寒冷，对土壤要求不严。栽培中注意防涝，保证良好的通风，极耐移植。

【观赏与应用】除花境和盆栽、盆景装饰外，也可作切花。中国民间常用其花和叶染指甲。

五加科

353 八角金盘 *Fatsia japonica*

【科属】五加科，八角金盘属

【别名】手树等

【花期】10～11月

【果期】翌年5月

【高度】可达5m

识别要点

常绿灌木，常成丛生状。叶革质，掌状5～9裂，基部心形，叶缘有锯齿，上面有光泽。花两性或杂性，多个伞形花序聚成顶生圆锥花序，花小，白色。果紫黑色，外被白粉。

【分布及生境】原产于日本南部，中国华北、华东及云南昆明多有栽培。宜生于阴湿森林、山地中。

【生长习性】喜阴湿温暖环境，不耐干旱，耐寒性差，不耐酷热和强光暴晒。在排水良好、肥沃的微酸性壤土中生长良好，萌芽性强。

【观赏与应用】绿叶大而光亮，状似金盘，是重要的观叶树种之一。适合植于栏下、窗边、庭前、门旁墙隅及建筑物背阴处，也可点缀于溪流、池畔或成片丛植于草坪边缘、疏林之下。对二氧化硫抗性较强，是厂矿街道美化的良好材料，叶片可作插花花材。

354

熊掌木 *Fatsia×hedera lizei*

【科属】五加科，五角金盘属

【别名】五角金盘等

【花期】秋季

【高度】1m

识别要点

单叶互生，掌状5裂，叶端渐尖，叶基心形，叶宽12～16cm，全缘，波状有扭曲，新叶密被毛茸，老叶浓绿而光滑。叶柄长8～10cm，柄基呈鞘状与茎枝连接。成年植株在秋天开淡绿色小花。

【分布及生境】原产于墨西哥，中国长江流域有引种栽培。生长于荫蔽之地。

【生长习性】喜温暖凉爽的半阴环境，阳光直射时叶片会黄化，耐阴能力强，在光照极差的环境下也能健康生长。较耐寒，喜较高的空气湿度。

【观赏与应用】株形美观，为常见的观叶植物，可盆栽观赏，在园林中也常应用。

355 常春藤 *Hedera nepalensis* var. *sinensis*

【科属】五加科，常春藤属

【别名】爬树藤、三角藤、三角枫等

【花期】9～11月

【果期】翌年3～5月

识别要点

常绿大藤本植物，茎长3～20m。叶有两型：营养枝上的叶三角状卵形，全缘或3浅裂；花果枝上的叶椭圆状卵形至卵状披针形，全缘。伞形花序，淡黄色或绿白色，微香。果球形，熟时橙红或橙黄色。常见品种有“金边常春藤”，叶缘黄色；“金心常春藤”，叶片中心部位黄色；“银边常春藤”，叶片边缘乳白色；“斑叶常春藤”，叶有白色斑纹等。

【分布及生境】分布地区广，华中、华南、西南等地均有栽培。生于林缘树木、林下路旁、岩石等处。

【生长习性】极耐阴，不耐寒，喜温暖湿润气候，能耐短暂-15℃低温，对土壤要求不严，喜湿润、肥沃、排水良好的中性或酸性土壤。

【观赏与应用】叶形美丽，四季常青，在南方各地常作垂直绿化使用。适宜种植在建筑物的阴面、岩石旁，或盆栽。

356

楤木 *Aralia chinensis*

【科属】五加科，楤木属

【别名】鹊不踏、虎阳刺、海桐皮、通刺、黄龙苞、刺龙柏、刺树椿等

【花期】7~9月

【果期】9~12月

【高度】1~5m

识别要点

常绿灌木或乔木，叶为二回或三回羽状复叶，长60~110cm，叶柄粗壮，长可达50cm。圆锥花序大，果实球形，黑色。

【分布及生境】中国特有种，分布广泛。生于森林、灌丛或林缘路边，主要生长于向阳和温暖湿润的环境。

【生长习性】耐寒，但在阳光充足、温暖湿润的环境下生长更好，喜肥沃而略偏酸性的土壤。

【观赏与应用】春季萌发的幼茎嫩芽为主要食用部分，是传统的食药两用山野菜。

伞形科

357

峨参 *Anthriscus sylvestris*

【科属】伞形科，峨参属

【别名】土田七、金山田七等

【花期】4～5月

【果期】4～5月

【高度】0.6～1.5m

识别要点

二年生或多年生草本植物。茎较粗壮，叶片轮廓呈卵形，羽状全裂或深裂，有粗锯齿，背面疏生柔毛。复伞形花序；花白色，通常带绿色或黄色。果实长卵形至线状长圆形。

【分布及生境】分布于辽宁、河北、河南、山西、陕西、江苏、安徽、浙江、江西、湖北、四川、云南、内蒙古、甘肃、新疆。生长在山坡林下或路旁以及山谷溪边石缝中。

【生长习性】喜湿，耐旱，耐阴，更耐寒冷。

【观赏与应用】根可入药。其鲜嫩茎叶还是良好的山珍野蔬，风味独特。

358

野胡萝卜 *Daucus carota*

【科属】伞形科，胡萝卜属

【别名】鹤虱草等

【花期】5~7月

【果期】7~8月

【高度】15~120cm

识别要点

二年生草本植物，茎单生，全体有白色粗硬毛。基生叶薄膜质，长圆形，2~3回羽状全裂。果实圆卵形，长3~4mm，宽2mm，棱上有白色刺毛。

【分布及生境】分布于欧洲及东南亚地区。生于田沟旁和林缘路边。

【生 长 习 性】抗寒，耐旱，喜微酸性至中性土壤，喜肥喜光，适生在肥沃潮湿的开旷地上。幼苗在-38℃可安全越冬。

【观赏与应用】果实可入药，有驱虫作用，又可提取芳香油，可作饲料。

359

天胡荽 *Hydrocotyle sibthorpioides*

【科属】伞形科，天胡荽属

【别名】步地锦、破铜钱、鱼鳞草等

【花期】4~9月

【果期】4~9月

【高度】5~15cm

识别要点

多年生草本植物，有气味。叶片膜质至草质，圆形或肾圆形，基部心形。花无梗或梗极短；花瓣绿白色，卵形；花丝与花瓣等长或稍长。果近心形，两侧扁。

【分布及生境】分布于陕西、江苏、安徽、浙江、江西、福建、湖南、湖北、广东、广西、台湾，四川、贵州、云南等地。生长在湿润的草地、河沟边、林下。

【生 长 习 性】喜温暖半阴环境，喜肥，不耐高温。

【观赏与应用】植株有特殊香味，具有观赏、药用、食用价值，属无公害保健绿色野香菜。

360 南美天胡荽 *Hydrocotyle verticillata*

【科属】伞形科，天胡荽属

【别名】铜钱草、香菇草、金钱莲等

【花期】4~9月

【果期】4~9月

【高度】5~15cm

识别要点

多年生匍匐草本植物，叶互生，圆形或肾形，花小，两性，复伞花序，花瓣5枚，阔卵形，白色至淡黄色。

【分布及生境】原产于欧洲、北美、非洲，生于水沟和溪边草丛中潮湿处及浅水湿地。

【生长习性】喜光照充足的环境，喜温暖，怕寒冷，越冬温度不宜低于5℃。

【观赏与应用】适合栽植于水池、湿地，也可吊盆观赏。

361

积雪草 *Centella asiatica*

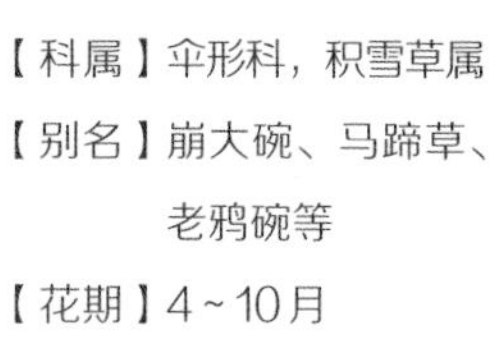

【科属】伞形科，积雪草属

【别名】崩大碗、马蹄草、老鸦碗等

【花期】4~10月

【果期】4~10月

识别要点

多年生草本植物，茎匍匐，细长，节上生根。叶片膜质至草质，圆形、肾形或马蹄形。伞形花序，聚生于叶腋，花瓣卵形，紫红色或乳白色。果实两侧扁压，圆球形，基部心形至平截形，网状，表面有毛或平滑。

【分布及生境】分布于华东、华南、西南、华中及陕西、甘肃、山西等地。生于山路旁、沟边、田边、草地。

【生长习性】喜温暖，忌高温，耐低温，在16~24℃的温度范围内生长良好，越冬温度不宜低于5℃。当室温超过30℃时，植株生长会受到抑制。

【观赏与应用】观赏期长，成坪快，绿色期长，是一种综合性能优良的草坪植物。全草可入药。

362

水芹 *Oenanthe javanica*

【科属】伞形科，水芹属

【别名】水芹菜，野芹菜等

【花期】6～7月

【果期】8～9月

【高度】15～80cm

识别要点

水生宿根植物。根茎于秋季自倒伏的地上茎节部萌芽，形成新株，节间短。二回羽状复叶，叶细长，互生，茎具棱，上部白绿色，下部白色；伞形花序，花小，白色；果近四角状椭圆形或筒状长圆形，侧棱较背棱和中棱隆起，木栓质。

【分布及生境】原产于亚洲东部，分布于中国各地。生活在河沟、水田旁。

【生长习性】喜凉爽，忌炎热干旱，能耐-10℃低温；以土质松软、土层深厚肥沃、富含有机质、保肥保水力强的黏质土壤为宜。长日照有利于匍匐茎生长和开花结实，短日照有利于根出叶生长。

【观赏与应用】可当蔬菜食用，其嫩茎及叶柄质鲜嫩，清香爽口，可生拌或炒食，其味鲜美。

夹竹桃科

363

夹竹桃 *Nerium oleander*

【科属】夹竹桃科，夹竹桃属

【别名】红花夹竹桃、柳叶桃树、洋桃、叫出冬、柳叶树、洋桃梅、枸那等

【花期】几乎全年

【果期】冬春季

【高度】5m

识别要点

常绿直立大灌木，含水液，嫩枝具棱。叶3~4枚轮生，枝条下部对生，窄披针形，中脉明显，叶缘反卷。花序顶生，花冠深红色或粉红色，单瓣5枚，喉部具5片撕裂状副花冠，重瓣15~18枚，组成3轮，每裂片基部具顶端撕裂的鳞片。果细长，种子长圆形。

【分布及生境】产于伊朗、印度、尼泊尔。中国长江流域以南广为栽植。生于山地疏林中、山坡路旁。

【生长习性】喜光，喜温暖湿润气候，不耐寒，耐旱力强，抗烟尘及有毒气体能力强；对土壤适应性强，在碱性土上也能正常生长。

【观赏与应用】姿态潇洒，花色艳丽，普遍应用于园林中。此外，其生长强健，耐烟尘，抗污染，是工矿区等生长条件较差地段绿化的优良树种。全株有毒，可供药用，人畜误食有危险。

364 络石 *Trachelospermum jasminoides*

【科属】夹竹桃科，络石属

【别名】石龙藤，万字茉莉、白花藤等

【花期】3~8月

【果期】6~12月

【长度】可达10m

识别要点

常绿藤本植物。茎常有气生根。叶薄革质，椭圆形，全缘，脉间常呈白色，背面有柔毛。腋生聚伞花序；萼片5深裂，花后反卷；花冠白色，芳香，裂片5枚，右旋形如风车；花冠筒中部以上扩大，喉部有毛；花药内藏。线形果，对生，长15cm。

【分布及生境】分布于山东、安徽、江苏、浙江、贵州、四川、陕西等地。生于山地杂木林中或山谷中。

【生长习性】喜阳，耐践踏，耐旱，耐热耐水淹，具有一定的耐寒力。

【观赏与应用】叶色浓绿，四季常青，冬叶红色，花繁色白，且具芳香，是优美的垂直绿化和常绿地被植物，植于枯树、假山、墙垣旁，攀缘而上，十分优美。根、茎、叶、果可入药。乳汁对心脏有毒害作用。

365 蔓长春花 *Vinca major*

【科属】夹竹桃科，蔓长春花属

【别名】攀缠长春花等

【花期】3~4月

【果期】5~6月

【高度】30~40cm

识别要点

常绿蔓性亚灌木，丛生状。营养茎蔓性，茎细弱下垂或匍匐地面，细长少分技，基部稍木质，开花枝直立。叶对生，卵圆形，先端急尖，叶缘及柄有毛，具光泽。花1~2朵，腋生，蓝紫色，花冠高脚碟状，5裂左旋，花萼及花冠喉部有毛，花淡紫色。

【分布及生境】原产于地中海沿岸、印度及美洲热带地区。生于林中、林缘、路边、溪边。

【生长习性】喜温暖、湿润，不耐寒，喜半阴，适应性强。华北地区温室栽培，生长迅速。

【观赏与应用】常绿蔓性植物，是较理想的花叶兼赏类地被材料。

366 飘香藤 *Mandevilla laxa*

【科属】夹竹桃科，飘香藤属

【别名】文藤等

【花期】4～10月

【果期】4～10月

识别要点

多年生常绿藤本植物。叶对生，全缘，叶片长卵圆形，先端急尖，革质，叶面有皱褶，叶色浓绿并富有光泽。花腋生，花冠漏斗形，花为红色、桃红色、粉红色等。

【分布及生境】原产于美洲热带。

【生长习性】喜欢温暖湿润的环境，不耐寒，当温度低于10℃时有可能出现冻害，最适宜的生长温度在20～30℃。飘香藤的适应性较强，对土壤的要求不是很高，以肥沃疏松、排水良好的沙质土壤为佳。

【观赏与应用】可作为垂吊植物种植。室外种植，可制作篱笆、搭棚架或者作为小型庭院美化植物。

龙胆科

367

荇菜 *Nymphoides peltatum*

【科属】龙胆科，荇菜属

【别名】莲叶荇菜、莕菜等

【花期】4~10月

【果期】4~10月

识别要点

多年生水生草本植物，枝条有二型，长枝匍匐于水底，如横走茎；短枝从长枝的节处长出。叶柄长度变化大，叶卵形，上表面绿色，边缘具紫黑色斑块；下表面紫色，基部深裂成心形。花大而明显，花冠黄色，五裂，裂片边缘成须状。蒴果椭圆形。种子多数，圆形，扁平。

【分布及生境】原产于中国，分布广泛，常生长在池塘边缘。

【生长习性】适生于多腐殖质的微酸性至中性的底泥和富营养的水域中，通常群生，呈单优势群落。适宜的土壤pH值为5.5~7.0。

【观赏与应用】叶片形似睡莲，小巧别致，鲜黄色花朵挺出水面，花多花期长，是庭院点缀水景的佳品，用于绿化美化水面。是一种良好的水生青绿饲料，也可作绿肥。

368 金银莲花 *Nymphoides indica*

【科属】龙胆科，荇菜属

【别名】白花莕菜等

【花期】8～10月

【果期】8～10月

识别要点

多年生水生草本植物。顶生单叶，叶飘浮，近革质，宽卵圆形，下面密生腺体，基部心形，全缘，叶柄短。花多数，簇生节上，花梗细弱，花冠白色，基部黄色，蒴果椭圆形。

【分布及生境】分布于东北、华东、华南、河北、云南等地。常生活于湖塘、河溪中。

【生长习性】喜温湿的气候环境。

【观赏与应用】夏秋时节，白色小花银光闪闪，宜在风景区或公园湖面成片种植。

马钱科

369

醉鱼草 *Buddleja lindleyana*

【科属】马钱科，醉鱼草属

【别名】鱼尾草、鱼泡草、钱线尾等

【花期】4~10月

【果期】8月至翌年4月

【高度】1~3m

识别要点

灌木；小枝具4棱而稍有翅；嫩枝、嫩叶背面及花序被细棕黄色星状毛。叶对生，卵形至卵状披针形，顶端渐尖，基部楔形，全缘或疏生波状齿。花序穗状，顶生，直立；花萼、花冠均密生细鳞片；花冠紫色，稍弯曲，筒内面白紫色。蒴果矩圆形。

【分布及生境】产于江苏、安徽、浙江、江西、贵州和云南等地。生于山地疏林中或山坡灌木丛中。

【生长习性】喜温暖气候，稍耐寒，耐旱，喜光，耐阴，常生于山坡、溪边的灌丛中，在排水良好、湿润肥沃的土壤上生长旺盛。根部萌芽力很强。

【观赏与应用】花芳香而美丽，为公园常见优良观赏植物。全株有微毒，捣碎投入河中能使活鱼麻醉，便于捕捉，因此得名“醉鱼草”。

萝藦科

370

匙羹藤 *Gymnema sylvestre*

【科属】萝藦科，匙羹藤属

【别名】羊角藤、金刚藤等

【花期】5～9月

【果期】10月至翌年1月

识别要点

木质藤本植物，具乳汁；叶倒卵形或卵状长圆形，聚伞花序伞形状，花小，绿白色。蓇葖卵状披针形，种子卵圆形，薄而凹陷。

【分布及生境】分布于浙江、福建、台湾、广东、海南、广西、云南等地。生于山坡、灌木丛中。

【生 长 习 性】喜温暖湿润气候，耐阴，喜肥沃土壤。

【观赏与应用】全株有微毒，但可药用，有祛风止痛、解毒消肿的功效。

371

萝藦 *Metaplexis japonica*

【科属】萝藦科，萝藦属

【别名】斫合子、白环藤、羊婆奶等

【花期】7~8月

【果期】9~12月

识别要点

多年生草质藤本植物。成株全体含乳汁。茎缠绕，幼时密被短柔毛。叶对生，卵状心形，两面无毛，叶背面粉绿或灰绿色；总状式聚伞花序腋生。蓇葖果长卵形，角状，种子褐色，顶端具白色种毛。

【分布及生境】分布于东北、华北、华东、甘肃、贵州和湖北等地；生长于潮湿环境，也耐干旱。河边、路旁、灌丛和荒地也有生长。

【生 长 习 性】喜温暖，耐寒，对空气湿度要求高，喜土层深厚、肥沃的土壤。

【观赏与应用】适合在野生状态环境中作藤本植物种植，可夏季观花、秋冬季观果。其茎皮纤维可制人造棉。

茄科

372

枸杞 *Lycium chinense*

【科属】茄科，枸杞属

【别名】枸杞菜、狗牙根等

【花期】6 ~ 11月

【果期】6 ~ 11月

【高度】0.5 ~ 1m

识别要点

落叶灌木或蔓生。茎皮带灰黄色，枝条细长弯曲下垂，侧生短棘刺。单叶互生或枝下部数叶丛生，卵形、长圆形至卵状披针形，长2 ~ 6cm，叶柄短。花腋生，淡紫色，花冠漏斗形，先端5裂，裂片向外平展。浆果卵圆形至长圆形，鲜红橙色。

【分布及生境】分布于中国东北、河北、山西、陕西、甘肃南部，以及西南、华中、华南和华东等地；朝鲜、日本、欧洲有栽培或逸为野生。

【生长习性】喜光，喜晴燥而凉爽的气候和排水良好的沙质壤土。适应性强，耐寒，耐旱，耐轻度盐碱，在黄土沟壑陡壁上也能生长。忌低洼湿地。

【观赏与应用】秋季红果缀满枝头，十分美丽，为园林中秋季观果花木，可在草坪、斜坡及悬崖陡壁栽植，也可植作绿篱。可食用、药用。

373

酸浆 *Physalis alkekengi*

【科属】茄科，酸浆属

【别名】菇茑、灯笼草等

【花期】5~9月

【果期】6~10月

【高度】50~80cm

识别要点

多年生直立草本植物，根状茎长，横走。茎直立，在下部的叶互生，在上部的叶假对生，花单生于叶腋；花萼钟状，花冠白色，直径约2cm。浆果球形，直径10~15mm，熟时橙红色，有膨大宿存萼片包围。

【分布及生境】分布于欧亚大陆；在中国产于甘肃、陕西、河南、湖北、四川、贵州和云南。生于路旁或河谷、山坡。

【生 长 习 性】适应性很强，耐寒，耐-25℃低温，耐热，喜凉爽、湿润气候，喜阳光，不择土壤。

【观赏与应用】可用于布置花坛，果可食用。

374

龙葵 *Solanum nigrum*

【科属】茄科，茄属

【别名】黑星星、悠悠、黑天天、黑豆豆等

【花期】5～8月

【果期】7～11月

【高度】30～120cm

识别要点

一年生草本植物；茎直立，多分枝；卵形或心形叶子互生，近全缘；夏季开白色小花，4～10朵成聚伞花序；球形浆果，成熟后为黑紫色。

【分布及生境】在中国几乎全国均有分布。生于山坡及山谷阴处或路旁。

【生 长 习 性】生长适宜温度为22～30℃，开花结实期的适温为15～20℃，此温度下结实率高。对土壤要求不严，在有机质丰富、保水保肥力强的壤土上生长良好，适宜的土壤pH值为5.5～6.5。

【观赏与应用】有一定观赏性，可作盆栽。

375

白英 *Solanum lyratum*

【科属】茄科，茄属

【别名】山甜菜、白英等

【花期】6 ~ 10月

【果期】10 ~ 11月

识别要点

草质藤本植物，茎及小枝均密被具节长柔毛。叶互生，多数为琴形，聚伞花序顶生或腋外生，疏花；浆果球状，成熟时红黑色，直径约8mm；种子近盘状，扁平，直径约1.5mm。

【分布及生境】产于甘肃、陕西、山西、河南、山东、江苏、浙江等地。生于山谷草地或路旁。

【生长习性】喜温暖湿润的环境，耐旱，耐寒，怕水涝。对土壤要求不严，但以土层深厚、疏松肥沃，富含有机质的沙壤土为好。重黏土、盐碱地、低洼地不宜种植。

【观赏与应用】可在野生状态环境下作藤本植物种植，叶形奇特，可观赏。全草及根可入药，具有清热利湿、解毒消肿的功效。

376

冬珊瑚 *Solanum pseudocapsicum* var. *diflorum*

【科属】茄科，茄属

【别名】珊瑚豆、玉珊瑚等

【花期】4～7月

【果期】8～12月

【高度】60～150cm

识别要点

常绿灌木，茎半木质化，茎枝具细刺毛；叶互生，狭长圆形至披针形。花稀少成蝎尾状花序，白色，直径1～1.5cm；浆果球形，果色10月上旬以前翠绿色，后变浅，11月上旬变为鲜红色，经冬不落。

【分布及生境】原产于欧洲和亚洲的热带地区，中国云南有野生。

【生 长 习 性】喜温暖、向阳、湿润的环境及排水良好的土壤。不耐寒，北方盆栽观赏需室内越冬。

【观赏与应用】果实鲜红色，经冬不落，是秋、冬季观果的好材料，也可布置花坛。

旋花科

377

三裂叶薯 *Ipomoea triloba*

【科属】旋花科，番薯属

【别名】小花假番薯等

【花期】9~10月

【果期】12月至翌年2月

识别要点

一年生草本植物；茎缠绕或有时平卧，无毛或散生毛，且主要在节上。叶宽卵形至圆形，全缘或有粗齿或深3裂，基部心形。1朵花或少花至数朵花呈伞形状聚伞花序。蒴果近球形，种子4枚或较少，长3.5mm，无毛。

【分布及生境】产于广东及其沿海岛屿、台湾高雄。生长于丘陵路旁、荒草地或田野间。

【生 长 习 性】喜光照，喜温，喜湿润。雨水较多、气候适宜时生长较好。

【观赏与应用】小花繁密，色泽秀雅，点缀于枝叶间极为美丽，多处于野生状态。

378 单柱菟丝子 *Cuscuta monogyna*

【科属】旋花科，菟丝子属

【别名】金丝藤、豆寄生、无根草等

【花期】7～8月

【果期】8～10月

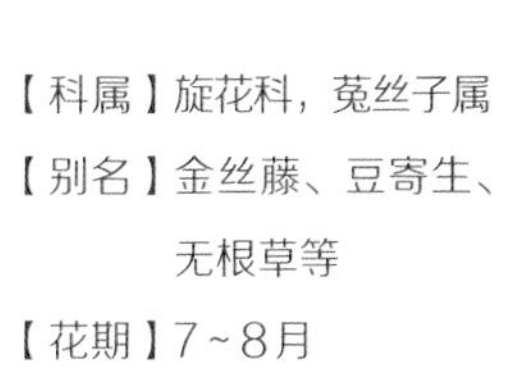

识别要点

一年生草本植物，全体无毛。茎粗糙，强壮，线形，多分枝，直径可达2mm，微红色，有深紫色瘤状突起，无叶。花序腋生，穗状圆锥花序，苞片肉质，卵圆形或卵状三角形，花玫红色或白色；花萼碗形，基部相连，常有紫红色瘤状突起；花冠壶形，鳞片近长圆形，子房近球形，平滑，无毛；花柱很短，柱头头状，蒴果卵圆形或球形。种子平滑，暗棕色。

【分布及生境】主要分布于新疆。寄生于乔木、灌木及多年生草本植物上。

【生 长 习 性】喜高温湿润气候，对土壤要求不严，适应性较强。

【观赏与应用】适合生长于野生环境，除寄生于草本植物外，还能寄生于藤本植物和木本植物。

379

菟丝子 *Cuscuta chinensis*

【科属】旋花科，菟丝子属

【别名】豆寄生、豆阎王、无根草、禅真、黄丝藤、金丝藤等

【花期】7～8月

【果期】8～9月

识别要点

一年生寄生草本植物。茎缠绕，黄色，纤细，直径约1mm，无叶。花序侧生，少花或多花簇生成小伞形或小团伞花序，花冠白色。蒴果球形，种子淡褐色，卵形，表面粗糙。菟丝子其实是“吐丝子”的谐音，它的种子加水煎煮以后种皮破裂，可以露出黄白色的小胚芽，形如吐丝。

【分布及生境】分布于中国及伊朗、阿富汗、日本、朝鲜、斯里兰卡、马达加斯加、澳大利亚。生于田地、山坡、灌木。

【生长习性】喜高温湿润气候，对土壤要求不严，适应性较强。

【观赏与应用】通常寄生于豆科、菊科、蒺藜科等多种植物上。菟丝子为大豆产区的有害杂草。

380

田旋花 *Convolvulus arvensis*

【科属】旋花科，旋花属

【别名】小旋花、中国旋花、箭叶旋花、野牵牛、拉拉菀等

【花期】6~8月

【果期】6~9月

识别要点

多年生草本植物，根状茎横走，茎平卧或缠绕，有条纹及棱角。叶卵状长圆形至披针形，基部大多戟形，侧裂片展开，中裂片卵状椭圆形，微尖或近圆；叶脉羽状，基部掌状。花序腋生，花冠宽漏斗形，白色或粉红色，或白色具粉红或红色的瓣中带，或粉红色具红色或白色的瓣中带，5浅裂。蒴果卵状球形。

【分布及生境】分布于吉林、江苏、四川、青海、西藏等地。生长于农田内外、荒地、草地、路旁沟边。

【生长习性】喜气候温和、湿润的环境和排水良好、富含腐殖质的土壤，不耐高温。

【观赏与应用】野生，可用于饲喂牛羊，是良好的营养性饲料。

381

马蹄金 *Dichondra micrantha*

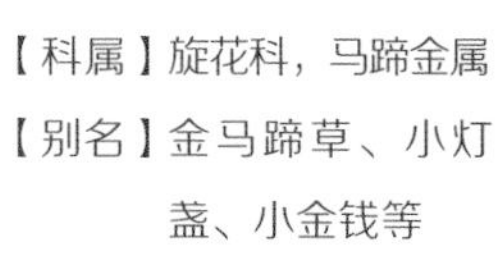

【科属】旋花科，马蹄金属

【别名】金马蹄草、小灯盏、小金钱等

【花期】4月

【果期】7~8月

【高度】30cm

识别要点

多年生匍匐小草本植物。茎细长，节上生根。叶圆形或肾形，先端圆或微凹，基部心形。花小，单生叶腋，花冠黄色，5裂至中部。蒴果近球形。因其叶形似马蹄，又形似古钱而得名。

【分布及生境】广布于两半球热带及亚热带地区。在中国分布于长江以南及台湾等地。生长于山坡草地、路旁或沟边。

【生 长 习 性】耐阴，耐湿，稍耐旱，只耐轻微的践踏。

【观赏与应用】常见栽培作地被。

382

圆叶牵牛 *Pharbitis purpurea*

【科属】旋花科，牵牛属

【别名】喇叭花等

【花期】5～10月

【果期】8～11月

识别要点

一年生缠绕草本植物，叶片基部圆心形，花腋生，伞形聚伞花序，紫红色、红色或白色。蒴果近球形，种子卵状三棱形。

【分布及生境】原产于热带美洲，分布于中国大部分地区。生于田边、路边、宅旁或山谷林地。

【生 长 习 性】喜温暖、湿润、阳光充足的环境。

【观赏与应用】在园林中多作为垂直绿化材料。

383

打碗花 *Calystegia hederacea*

【科属】旋花科，打碗花属

【别名】兔耳草等

【花期】5 ~ 8月

【果期】5 ~ 8月

【高度】20 ~ 30cm

识别要点

一年生草本植物，全体不被毛，植株通常矮小。叶片基部心形或戟形；花单生叶腋，花冠淡紫色或淡红色，钟状；蒴果卵球形，种子黑褐色被小疣。

【分布及生境】中国各地均有分布，生于低山或丘陵。常见于田间、路旁、荒山、林缘、河边、沙地、草原。

【生 长 习 性】喜冷凉湿润的环境，耐热，耐寒，耐瘠薄，适应性强，对土壤要求不严，以排水良好、向阳、湿润而肥沃疏松的沙质壤土栽培最好。

【观赏与应用】适合在野生状态环境中种植，叶形奇特，也可观花。

紫草科

384

厚壳树 *Ehretia acuminata*

【科属】紫草科，厚壳树属

【花期】4月

【果期】7月

【高度】可达15m

识别要点

落叶乔木，干皮灰黑色纵裂。花两性，顶生或腋生圆锥花序，有疏毛，花小无柄，密集，花冠白色，有5裂片，雄蕊伸出花冠外，花萼钟状，绿色，5浅裂，缘具白毛。核果近球形，橘红色，熟后黑褐色。

【分布及生境】分布于西南、华南、华东及华中等地。生于山坡草地。

【生 长 习 性】亚热带及温带树种，喜光也稍耐阴，喜温暖湿润的气候和深厚肥沃的土壤，耐寒，较耐瘠薄，根系发达，萌蘖性好，耐修剪。

【观赏与应用】树冠紧凑圆满，枝叶繁茂，春季白花满枝，秋季红果遍树，可观花、观果，也可观叶、观树姿。

385

附地菜 *Trigonotis peduncularis*

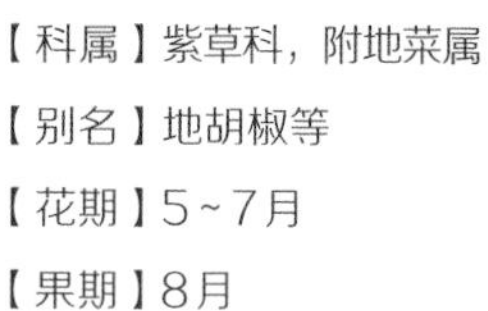

【科属】紫草科，附地菜属

【别名】地胡椒等

【花期】5~7月

【果期】8月

【高度】5~30cm

识别要点

一年生或二年生草本植物；茎通常自基部分枝，纤细。匙形、椭圆形或披针形的小叶互生，基部狭窄，两面均具平伏粗毛。螺旋聚伞花序，花冠蓝色，花序顶端呈旋卷状。小坚果斜三棱锥四面体形。

【分布及生境】分布在西藏、内蒙古、新疆、江西、福建、云南、东北、甘肃、广西等地。生于灌丛、林缘及草坡。

【生 长 习 性】适应性极强。

【观赏与应用】花小而美丽，是常见的早春野花，可供观赏。

马鞭草科

386

紫珠 *Callicarpa bodinieri*

【科属】马鞭草科，紫珠属

【别名】珍珠枫、爆竹紫等

【花期】6~7月

【果期】8~11月

【高度】约2m

识别要点

落叶灌木，叶片卵状长椭圆形至椭圆形，聚伞花序，花冠紫色；果实球形，熟时紫色，无毛，径约2mm。

【分布及生境】分布于河南、江苏、安徽、浙江、江西、湖南、湖北、广东、广西、四川、贵州、云南。生于山坡、谷地。

【生长习性】属亚热带植物，喜温，喜湿，怕风，怕旱，适宜的年平均温度为15~25℃，土壤以红黄壤为佳，在阴凉的环境中生长较好。

【观赏与应用】株形秀丽，花色绚丽，果实色彩鲜艳，是一种既可观花又能赏果的优良花卉品种，常用于园林绿化或庭院栽种，也可盆栽观赏。其果穗还可剪下瓶插或作切花材料。

387

臭牡丹 *Clerodendrum bungei*

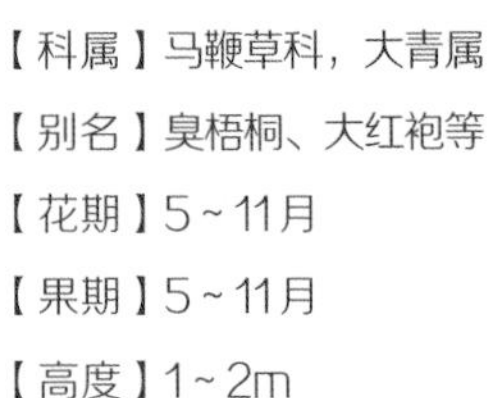

【科属】马鞭草科，大青属

【别名】臭梧桐、大红袍等

【花期】5 ~ 11月

【果期】5 ~ 11月

【高度】1 ~ 2m

识别要点

落叶灌木，植株有臭味；花序轴、叶柄密被脱落性的柔毛；叶片纸质，伞房状聚伞花序顶生，花冠淡红色、红色或紫红色；核果近球形。

【分布及生境】分布于华北、西北、西南，以及江苏、安徽、浙江、江西、湖南、湖北、广西、福建。生于山坡、林缘、沟谷。

【生长习性】适应性较强，喜阳也耐阴，喜欢温暖湿润和阳光充足的环境，耐湿、耐旱、耐寒。不择土壤，但以肥沃疏松的夹沙土栽培较好，即使在轻度至中度的盐碱地中也可生长。

【观赏与应用】叶大色绿，花序稠密鲜艳，花期较长，既适合在园林和庭院中种植，也可作地被植物及绿篱栽培，花枝可用来插花。

388 海州常山 *Clerodendrum trichotomum*

【科属】马鞭草科，大青属

【别名】臭梧桐等

【花期】6～11月

【果期】6～11月

【高度】1.5～10m

识别要点

落叶灌木或小乔木。嫩枝和叶柄有黄褐色短柔毛；枝髓有淡黄色薄片横隔；裸芽，侧芽叠生。叶对生。聚伞花序，有红色叉生总梗；萼紫红色，深5裂；花冠白色，雄蕊与花柱均突出。果球形，蓝紫色。

【分布及生境】产于中国中部地区，各地均有栽培。生于山坡灌丛中。

【生长习性】喜阳光，较耐寒，耐旱，稍耐阴；也喜湿润土壤，能耐瘠薄土壤，但不耐积水；适应性强，栽培管理容易，在一般土壤中均能生长。

【观赏与应用】花形奇特美丽，花期长，是优良的观花观果树种，常用于园林栽培。

389

马缨丹 *Lantana camara*

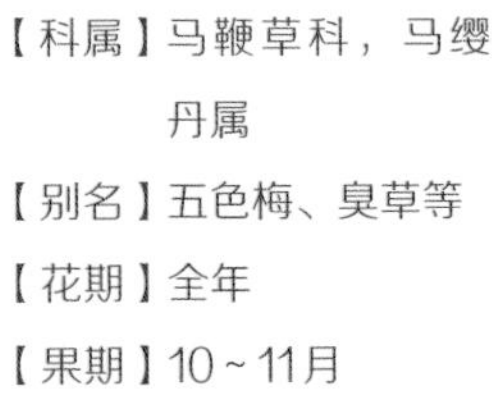

【科属】马鞭草科，马缨丹属

【别名】五色梅、臭草等

【花期】全年

【果期】10~11月

【高度】1~2m

识别要点

直立或蔓性的灌木，有时藤状，全株被短毛，有强烈气味。叶对生，卵形或心脏形。由多数小花密集成半球形头状花序；花色多变，初开时为黄色或粉红色，然后变为橘黄色或橘红色，最后变为呈红色。

【分布及生境】产于美洲热带地区，中国广东、海南、福建、台湾、广西等地有栽培，且已为野生。生于海边沙滩和空旷地带。

【生长习性】喜高温高湿，也耐干热，抗寒力差，保持气温10℃以上，叶片不脱落。忌冰雪，对土壤适应能力较强，耐干旱，耐水湿，对肥力要求不严。

【观赏与应用】花色美丽，观花期长，抗尘、抗污力强，华南地区可植于公园、庭院中。可盆栽或组成花坛，也可制作盆景。

390 柳叶马鞭草 *Verbena bonariensis*

【科属】马鞭草科，马鞭草属

【别名】铁马鞭、龙芽草、风颈草、野荆草等

【花期】7～8月

【果期】9～10月

【高度】60～150cm

识别要点

多年生草本植物，多分枝。茎四方形，叶对生，卵圆形，基生叶边缘常有粗锯齿，花冠淡紫色或蓝色。果为蒴果状，内含4枚小坚果。

【分布及生境】原产于南美洲（巴西、阿根廷等地）。生长在低至高海拔的路边、山坡、溪边或林旁。

【生长习性】喜阳光充足环境，怕雨涝。喜温暖气候，生长适温为20～30℃，不耐寒，10℃以下生长较迟缓。对土壤条件适应性好，耐旱能力强。

【观赏与应用】颜色艳丽，群体效果非常壮观，可作观赏植物。

391 美女樱 *Verbena hybrida*

【科属】马鞭草科，马鞭草属

【别名】铺地马鞭草、铺地锦、四季绣球、美人樱等

【花期】4~8月

【果期】9~11月

【高度】10~50cm

识别要点

多年生草本植物，全株有细绒毛，植株丛生而铺覆地面，茎四棱；叶对生，深绿色；穗状花序顶生，密集呈伞房状，花小而密集，有白色、粉色、红色、复色等，具芳香。

【分布及生境】原产于巴西、秘鲁、乌拉圭等地，现世界各地广泛栽培，中国各地也均有引种栽培。生于林缘、草坪，可成片栽植。

【生 长 习 性】喜温暖、湿润、阳光充足，有一定耐寒性，在长江流域小气候好的条件下可露地越冬，不耐阴。

【观赏与应用】是良好的观花地被植物。

392

牡荆 *Vitex negundo* var. *cannabifolia*

【科属】马鞭草科，牡荆属

【花期】6~7月

【果期】8~11月

【高度】2~3m

识别要点

是黄荆的变种，落叶灌木或小乔木；小枝四棱形。叶对生，掌状复叶，小叶片披针形或椭圆状披针形，顶端渐尖，基部楔形，边缘有粗锯齿，表面绿色，背面淡绿色，通常被柔毛。圆锥花序顶生，花冠淡紫色。果实近球形，黑色。

【分布及生境】分布于华东各地及河北、湖南、湖北、广东、广西、四川、贵州、云南。多生于低山山坡灌木丛中、山脚、路旁及村舍附近向阳干燥的地方。

【生 长 习 性】喜光，耐寒，耐旱，耐瘠薄土壤，适应性强。

【观赏与应用】树姿优美，老桩苍古奇特，是杂木类树桩盆景的优良树种。材质坚硬，又是制作家具、木雕、根艺等的上等用材。

393 穗花牡荆 *Vitex agnus-castus*

【科属】马鞭草科，牡荆属

【花期】7~8月

【高度】2~3m

识别要点

落叶灌木，小枝四棱形。掌状复叶，对生，小叶片狭披针形，顶端渐尖，基部楔形。花萼钟状，花冠蓝紫色，果实圆球形。

【分布及生境】原产于欧洲。中国华北、西北、华中、华东、西南等均适宜栽培。生于低山山坡灌木丛中、山脚、路旁。

【生长习性】喜光，耐寒冷，也耐热，耐干旱瘠薄，生长势强，抗性强，病虫害少；植株分枝性强，耐修剪。

【观赏与应用】因蓝紫色的大型花序而闻名，蓝色是植物造景中不可多得的色彩，是十分优秀的观花植物。

唇形科

394

藿香 *Agastache rugosa*

【科属】唇形科，藿香属

【别名】合香、苍告、山茴香等

【花期】6~9月

【果期】9~11月

【高度】0.5~1.5m

识别要点

多年生草本植物，茎直立，四棱形。叶心状卵形至长圆状披针形。花冠淡紫蓝色，长约8mm。成熟小坚果卵状长圆形。

【分布及生境】分布于四川、江苏、浙江、湖南、广东等地。生于山坡或路旁。

【生 长 习 性】喜高温、阳光充足环境，在荫蔽处生长欠佳，喜湿润、多雨的环境，怕干旱。

【观赏与应用】多用于绿化带、花径、池畔和庭院成片栽植。藿香的茎叶和花都具有香气，作为一种食用香草植物受人喜爱。

395 美国薄荷 *Monarda didyma*

【科属】唇形科，美国薄荷属

【别名】马薄荷、佛手甜等

【花期】7月

【果期】10月

【高度】100～120cm

识别要点

一年生草本植物，茎直立，四棱形，叶质薄，对生，卵形或卵状披针形，背面有柔毛，缘有锯齿。花朵密集于茎顶，萼细长，花簇生于茎顶，花冠管状，淡紫红色，轮伞花序密集多花，花筒上部稍膨大，裂片略成二唇形。叶芳香。

【分布及生境】原产于美洲，中国各地园圃有栽培。生于湿润、半阴的灌丛及林地中。

【生长习性】喜凉爽、湿润、向阳的环境，耐半阴。适应性强，不择土壤。耐寒，忌过于干燥。在湿润、半阴的灌丛及林地中生长最为旺盛。

【观赏与应用】可布置花境、花带、花丛，还可用于泡茶、煎煮、烧烤、生食、腌渍、酱料，也可用于杀菌、沐浴、薰香。

396

筋骨草 *Ajuga ciliata*

【科属】唇形科，筋骨草属

【别名】白毛夏枯草、散血草、四枝春等

【花期】6~8月

【果期】7~10月

【高度】25~40cm

识别要点

常绿草本植物，根茎细长，茎直立，四棱形；叶草质，卵圆形或三角状卵圆形；花对生，与序轴密被上曲的白色小柔毛；成熟小坚果栗色或黑栗色。

【分布及生境】产于吉林、河北、山东、河南、陕西、浙江等地。生于路边、草丛，及林下、水边湿地中。

【生长习性】喜半阴和湿润气候，耐涝，耐旱，耐阴，耐暴晒，抗逆性强，长势强健，在酸性、中性土壤中均生长良好。

【观赏与应用】宜种植于灌木丛间、稀疏林下或作花境栽培，是良好的地被植物。

397

活血丹 *Glechoma longituba*

【科属】唇形科，活血丹属

【别名】遍地香、地钱儿、钹儿草、连钱草、铜钱草等

【花期】4~5月

【果期】5~6月

【高度】10~30cm

识别要点

多年生草本植物，具匍匐茎，逐节生根。叶草质，下部者较小，叶片心形或近肾形。轮伞花序通常2花；成熟小坚果深褐色，长圆状卵形。

【分布及生境】除青海、甘肃、新疆及西藏外，全国各地均有分布。生长于林缘、疏林下、草地中、溪边等阴湿处。

【生长习性】喜阴湿环境，对土壤要求不高，一般疏松肥沃、排水良好的土壤更适合生长。

【观赏与应用】花朵美丽，可做地被植物。民间广泛用全草或茎叶入药，有清热解毒、散瘀消肿等功效。

398

宝盖草 *Lamium amplexicaule*

【科属】唇形科，野芝麻属

【别名】珍珠莲、接骨草、莲台夏枯草等

【花期】3~5月

【果期】7~8月

【高度】10~30cm

识别要点

一年生或二年生草本植物，基部多分枝，常为深蓝色。茎下部叶具长柄，柄与叶片等长或比叶片长，叶片均圆形或肾形，基部截形或截状阔楔形，半抱茎，边缘具极深的圆齿。

【分布及生境】分布于东北、西北、华东、华中和西南等地。生于路旁、林缘、沼泽及宅旁。

【生 长 习 性】喜阴湿温暖气候。

【观赏与应用】可用于布置花境或栽植于林下。危害麦类、蔬菜等作物，对江苏、上海、青海等地的麦田危害较重。

399 羽叶薰衣草 *Lavandula pinnata*

【科属】唇形科，薰衣草属

【别名】羽裂薰衣草等

【花期】一年四季开花，但主要花期集中在11月到翌年5~6月，夏季过热时停花休眠

【果期】春季至夏季

【高度】30~100cm

识别要点

落叶灌木。叶为二回羽状深裂叶，对生。植株开展，深紫色管状小花有深色纹路，具2唇瓣，上唇比下唇发达。叶香，花无香味。

【分布及生境】原产于加那利群岛。在全世界各地普遍栽培。

【生 长 习 性】喜全日照，但夏天必须遮阴。耐热，半耐寒。

【观赏与应用】布置花境、花带、花丛。

400

薄荷 *Mentha canadensis*

【科属】唇形科，薄荷属

【别名】野薄荷、南薄荷、土薄荷等

【花期】7~9月

【果期】10月

【高度】30~60cm

识别要点

多年生宿根草本植物。全株含油质，具香气。薄荷的地上茎分两种，一种为直立茎，方形，颜色因品种而异；另一种为匍匐茎，是由地上部直立茎基部节上的芽萌发后横向生长而成。叶矩圆状披针形，是贮藏精油的主要场所。聚伞花序腋生，花朵较小，小坚果卵珠形，黄褐色。

【分布及生境】原产于亚洲东北部，分布于中国各地。生于水旁潮湿地。

【生 长 习 性】耐寒性强，喜阳光充足、湿润，对土壤要求不严，适应性强。

【观赏与应用】是一种具有经济价值的芳香作物，可以泡茶饮用。具有特殊的芳香。

401 石荠苎 *Mosla scabra*

【科属】唇形科，石荠苎属

【别名】水苋菜、蜻蜓花等

【花期】5~11月

【果期】9~11月

【高度】20~100cm

识别要点

一年生草本植物。茎多分枝，叶卵形或卵状披针形；总状花序生于主茎枝上，苞片卵形，花萼钟形，花冠粉红色，外面被疏柔毛。小坚果黄褐色，球形，直径约1mm，具深雕纹。

【分布及生境】产于辽宁、陕西、甘肃、河南、江苏、安徽、浙江、江西、湖南、湖北、四川、福建、台湾、广东、广西。生于山坡、路旁或灌丛下。

【生长习性】适应性较强，喜湿润。

【观赏与应用】全草入药，又能杀虫，根可治疮毒。

402

紫苏 *Perilla frutescens*

【科属】唇形科，紫苏属

【别名】桂荏、白苏、赤苏、红苏、黑苏、白紫苏、青苏、水升麻等

【花期】8~11月

【果期】8~12月

【高度】0.3~2m

识别要点

一年生草本植物。茎绿色或紫色，钝四棱形，具四槽，密被长柔毛。叶阔卵形或圆形，叶柄长3~5cm，背腹扁平，密被长柔毛。轮伞花序2花，小坚果近球形，灰褐色，直径约1.5mm，具网纹。

【分布及生境】分布于中国、印度、日本、朝鲜等地。生于常绿及落叶阔叶混交林下荫处。

【生长习性】适应性很强，对土壤要求不严，在排水良好的沙质壤土、壤土、黏壤土，以及房前屋后、沟边地边肥沃的土壤上栽培，都能生长良好。

【观赏与应用】可供药用和香料用，叶供食用，用于肉类烹饪可提香。

403

夏枯草 *Prunella vulgaris*

【科属】唇形科，夏枯草属

【别名】麦穗夏枯草、铁线夏枯草等

【花期】4~6月

【果期】7~10月

【高度】约30cm

识别要点

多年生草本植物，匍匐根茎，节上生须根。基部多分枝，浅紫色。花萼钟形，花丝略扁平，花柱纤细，先端裂片钻形，外弯。花盘近平顶。小坚果黄褐色，

【分布及生境】广泛分布于中国各地，主要产于河南、安徽、江苏、湖南等地。生长在山沟水湿地或河岸两旁湿草丛、荒地、路旁。

【生长习性】喜温暖湿润的环境。耐寒，适应性强，但最适合生长在阳光充足、排水良好的沙质壤土中。

【观赏与应用】全株入药。

404

迷迭香 *Rosmarinus officinalis*

【科属】唇形科，迷迭香属

【别名】海露等

【花期】11月

【高度】可达2m

识别要点

常绿灌木，茎及老枝圆柱形，皮层暗灰色，密被白色星状细绒毛。叶常常在枝上丛生，基部渐狭，向背面卷曲。花近无梗，少数聚集在短枝的顶端组成总状花序；花萼卵状钟形，花冠蓝紫色，基部缢缩成柄，子房裂片与花盘裂片互生。

【分布及生境】原产于欧洲地区和非洲北部地中海沿岸。

【生 长 习 性】喜温暖气候，较耐旱，生长缓慢，因此再生能力不强。喜阳，也能在半阴的环境中生长。

【观赏与应用】可植于花境、花丛，也可室内盆栽观赏。是一种名贵的天然香料植物。

405 天蓝鼠尾草 *Salvia uliginosa*

【科属】唇形科，鼠尾草属

【别名】沼生鼠尾草等

【花期】6～10月

【果期】6～10月

【高度】0.9～1.2m

识别要点

多年生草本植物，根系发达，地上部分丛生，茎近于木质，较矮，叶对生，银灰色，椭圆形有锯齿花6～10朵成串轮生于茎顶花序上，十分美丽。开蓝紫色至粉紫色花，有香味；种子近圆形。

【分布及生境】产于浙江、安徽南部、江苏、江西、湖北、福建、台湾、广东、广西等地。生于山坡、路旁、荫蔽草丛、水边及林荫下。

【生长习性】喜温暖、阳光充足的环境，抗寒，可忍耐-15℃的低温。有较强的耐旱性。喜稍有遮阴和通风良好的环境，一般土壤均可生长，但喜排水良好的微碱性石灰质土壤。

【观赏与应用】常用于花坛、花境或林缘下做背景。花色繁多，色彩鲜艳，花期极长，是重要的花境材料，也可盆栽，还可制作干花。

406

墨西哥鼠尾草 *Salvia leucantha*

【科属】唇形科，鼠尾草属

【别名】紫绒鼠尾草等

【花期】8～10月

【果期】冬季

【高度】80～160cm

识别要点

多年生草本植物，茎直立，全株被柔毛。茎四棱，叶对生有柄，披针形，叶缘有细钝锯齿，略有香气。花序总状，长20～40cm，全体被蓝紫色茸毛。小花2～6朵轮生，花冠唇形，蓝紫色，花萼钟状并与花瓣同色。果实冬季成熟。

【分布及生境】原产于墨西哥中部及东部。生于山坡、路旁、荫蔽草丛、水边及林荫下。

【生长习性】喜温暖、湿润气候，以及阳光充足的环境，不耐寒，生长适温为18～26℃，适生于疏松、肥沃的沙质土壤。

【观赏与应用】花叶俱美，花期长，适合在公园、庭院等路边、花坛栽培观赏，适合在香草专类园栽培观赏，也可制作干花和切花。

407

林荫鼠尾草 *Salvia nemorosa*

【科属】唇形科，鼠尾草属

【别名】森林鼠尾草、林地鼠尾草等

【花期】5~7月

【高度】50~90cm

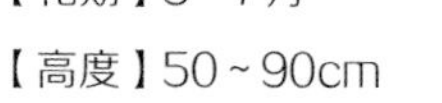

识别要点

多年生草本植物；叶对生，长椭圆状或近披针形，叶面皱，先端尖，具柄；轮伞花序再组成穗状花序，长达30~50cm，花冠二唇形，略等长，下唇反折，蓝紫色、粉红色。

【分布及生境】产于欧洲中部及西部。

【生 长 习 性】喜光，耐寒，喜肥沃、排水良好土壤。

【观赏与应用】适合在公园、庭院等路边、花坛栽培观赏。

408

荔枝草 *Salvia plebeia*

【科属】唇形科，鼠尾草属

【别名】雪里青、过冬青等

【花期】4~5月

【果期】6~7月

【高度】15~90cm

识别要点

一年生或二年生草本植物；茎直立，粗壮，多分枝；叶椭圆状卵圆形或椭圆状披针形；轮伞花序，多数，小坚果倒卵圆形。

【分布及生境】在中国除新疆、甘肃、青海及西藏外，几乎各地均有分布；生于山坡、路旁、沟边、田野。

【生 长 习 性】喜湿润土壤。

【观赏与应用】是一种药食同源的野菜，全草入药，民间广泛用于治疗跌打损伤、无名肿毒、流感等。

409

一串红 *Salvia splendens*

【科属】唇形科，鼠尾草属

【别名】爆仗红（炮仗红）、拉尔维亚、象牙红、西洋红等

【花期】3~10月

【果期】5~10月

【高度】50~90cm

识别要点

多年生草本植物，常作一、二年生栽培。茎光滑，四棱形。叶卵形或三角状卵形，两面无毛，下面有腺点，具锯齿。总状花序顶生，被红色柔毛，小花2~6朵轮生，花冠鲜红；花萼钟状，与花瓣同色，宿存，花冠唇形。

【分布及生境】原产于巴西、南美洲。生于山地林间。

【生 长 习 性】喜温暖和阳光充足环境。不耐寒，耐半阴，忌霜雪和高温，怕积水和碱性土壤。

【观赏与应用】常用作花丛、花坛的主体材料，也可植于林缘。

410

地笋 *Lycopus lucidus*

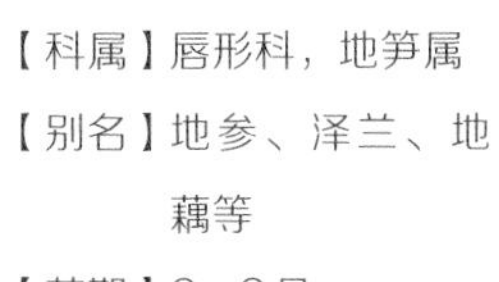

【科属】唇形科，地笋属

【别名】地参、泽兰、地藕等

【花期】6~9月

【果期】8~11月

【高度】0.6~1.7m

识别要点

多年生草本植物，根茎横走。叶近无柄，长圆状披针形，亮绿色。轮伞花序无梗，花冠白色，花丝丝状。小坚果褐色，有腺点。

【分布及生境】国内广泛分布。生于沼泽地、水边、沟边等潮湿处。

【生 长 习 性】喜温暖湿润气候。耐寒，不怕水涝，喜肥。

【观赏与应用】春、夏季可采摘嫩茎叶食用。

411 甘露子 *Stachys sieboldii*

【科属】唇形科，水苏属

【别名】地母、甘露儿等

【花期】7～8月

【果期】9月

【高度】30～120cm

识别要点

多年生草本植物，茎生叶卵圆形，叶柄腹凹背平，被硬毛。顶生穗状花序，花冠粉红至紫红色，下唇有紫斑。小坚果卵珠形。

【分布及生境】原产于中国，野生于华北及西北各地。生于湿润及积水处。

【生 长 习 性】适应性较强，喜湿润，怕涝，喜阴凉，忌高温干旱。

【观赏与应用】食药兼用，地下肥大块茎可供食用，形状珍奇，脆嫩无纤维，适宜作酱菜或泡菜。

412 绵毛水苏 *Stachys lanata*

【科属】唇形科，水苏属

【别名】棉毛水苏等

【花期】5~7月

【果期】6~7月

【高度】约60cm

识别要点

多年生草本植物，茎直立，四棱形，密被灰白色丝状绵毛。基生叶及茎生叶长圆状椭圆形，质厚，两面均密被灰白色丝状绵毛。轮伞花序多花密集成穗状，小苞片线形，花萼管状钟形，花冠紫红色。

【分布及生境】原产于巴尔干半岛、黑海沿岸至西亚。20世纪80年代引入中国，主要分布于华东、东南、华南、西南等地。

【生长习性】喜光，耐寒，可耐-29℃低温，忌水渍环境栽培，喜排水良好、肥沃、疏松的沙质土壤。

【观赏与应用】植株低矮，银灰色的叶片柔软而富有质感，可布置花坛色带，进行花境镶边与点缀，也可用作园林地被。厚实的叶子上长满白色的绒毛，可盆栽种植，初夏可赏其紫花，还可制作干花环。

413

水果蓝 *Teucrium fruticans*

【科属】唇形科，香科科属

【别名】银香科科、水果兰等

【花期】花期5～6月

【高度】100～180cm

识别要点

草本或半灌木，植株丛生，常具地下茎及逐节生根的匍匐枝。叶对生，全缘无缺刻，长卵圆形，基部楔形，先端渐尖。轮伞花序具2～3花，罕具更多的花，于茎及短分枝上部排列成假穗状花序，花瓣呈浅蓝色。种子球形，子叶内外并生，胚根向下。

【分布及生境】原产于地中海地区及西班牙，世界各地多栽培。生于山地及路边。

【生 长 习 性】耐干旱贫瘠，对土壤要求不严，但以排水良好、土壤pH5～8的沙壤土为好。可适应大部分地区的气候环境，适宜温度在-7～35℃，对水分的要求也不严格。

【观赏与应用】是观叶、观花植物，其放射状株丛和全株银蓝色的色彩使它成为和其他植物配植的优良材料。适用于花境配植、岩石园点缀、林缘草坪丛植、粗管区片植及庭院角隅栽植。

胡麻科

414

芝麻 *Sesamum indicum*

【科属】胡麻科，胡麻属

【别名】胡麻、脂麻、油麻等

【花期】5~9月

【果期】8~9月

【高度】60~150cm

识别要点

一年生直立草本植物。分枝或不分枝，茎中空或具有白色髓部，叶微有毛。矩圆形或卵形，中部叶有齿缺，上部叶近全缘，单生或2~3朵同生于叶腋内。蒴果矩圆形，种子有黑白之分，黑者称为黑芝麻，白者称为白芝麻。

【分布及生境】原产于南非，中国种植区域主要在黄河及长江中下游地区，以及河南、湖北、安徽、江西、河北等地。其中河南产量最多，约占全国的30%。

【生长习性】喜温暖湿润的环境，耐旱，耐寒，怕涝，不耐湿热，对光照有较高要求，整个生育期都需要充足的阳光，喜疏松透气的土壤。

【观赏与应用】可用作烹饪原料，是我国四大食用油料作物之一。还可以供工业制作润滑油和肥皂。

车前科

415

北美车前 *Plantago virginica*

【科属】车前科，车前属

【别名】毛车前等

【花期】4~5月

【果期】5~6月

识别要点

一年生或二年生草本植物。直根纤细，有细侧根，根茎短。叶基生呈莲座状，平卧至直立；叶片倒披针形至倒卵状披针形。花序一至多数，花序梗直立或弓曲上升。蒴果卵球形。

【分布及生境】产于中国多省地。生于低海拔的草地、路边、湖畔。

【生长习性】适应性强，耐寒，耐旱，对土壤要求不严，在温暖、潮湿、向阳、沙质沃土上能生长良好，20~24℃范围内茎叶能正常生长，气温超过32℃则会生长缓慢。

【观赏与应用】草坪植物，幼苗可食。

冬青科

416

大叶冬青 *Ilex latifolia*

【科属】冬青科，冬青属

【别名】大苦酊、宽叶冬青、波罗树等

【花期】4月

【果期】9~10月

【高度】可达20m

识别要点

常绿大乔木，叶片厚革质，长圆形或卵状长圆形。由聚伞花序组成的假圆锥花序生于二年生枝的叶腋内，无总梗；花淡黄绿色，果球形，成熟时红色。

【分布及生境】产于江苏、安徽、浙江、江西、福建、河南、湖北、广西、云南等地。生于山坡常绿阔叶林中、灌丛中、竹林中。

【生 长 习 性】适应性强，较耐寒、耐阴，萌蘖性强。

【观赏与应用】可作庭院观赏树。其木材可制作细木原料，树皮可提栲胶，叶和果可入药；叶、花、果色相变化丰富。用其叶制作的苦丁茶富含鞣质、维生素、蛋白质、无机盐，以及多种微量元素等有益成分。

木樨科

417

桂花 *Osmanthus fragrans*

【科属】木樨科，木樨属

【别名】木樨等

【花期】9~10月

【果期】翌年3月

【高度】可达18m，通常3~5m

识别要点

常绿小乔木，树冠圆头形或椭圆形。侧芽多为2~4叠生。叶革质，全缘或上半部疏生细锯齿。花小，花冠淡黄色或橙黄色，浓香；花序聚伞状簇生叶腋。果椭圆形，熟时紫黑色。桂花经过长期栽植、自然杂交和人工选育，产生了许多栽培品种，如金桂、银桂、丹桂、四季桂等。

【分布及生境】原产于中国中南、西南地区。生于山坡或沟边密林。

【生 长 习 性】喜光，喜温暖湿润气候，耐半阴，不耐寒。对土壤要求不严，但以土层深厚、富含腐殖质的沙质壤土生长良好，不耐干旱瘠薄，忌积水。萌芽力强，寿命长。对有害气体抗性较强。

【观赏与应用】四季常青，枝繁叶茂，芳香四溢，常用于园林绿化中，也可用于厂矿绿化。花用于食品加工或提取芳香油，叶、果、根等可入药。

418 柊树 *Osmanthus heterophyllus*

【科属】木樨科，木樨属

【别名】刺桂等

【花期】11~12月

【果期】翌年5~6月

【高度】2~8m

识别要点

常绿灌木或小乔木。叶对生，叶形多变，厚革质，卵形至长椭圆形，端刺状，基部楔形至宽楔形，边缘有3~4对刺状齿，少有全缘，但老树叶全缘。由叶腋开白色芳香小花。果椭圆形，熟时呈黑色。

【分布及生境】产于中国台湾，日本也有分布。现都栽培供观赏。

【生长习性】喜阳光充足的环境，也耐阴，在稀疏的林下生长良好。喜温暖，有一定抗寒性和耐旱性，在排水良好、湿润肥沃的沙壤土上生长最佳。

【观赏与应用】四季常青，叶形奇异，是观叶闻香的优良树种，可在庭院中丛植，或作绿篱，也可制作盆景。

419

雪柳 *Fontanesia fortunei*

【科属】木樨科，雪柳属

【别名】五谷树、挂梁青等

【花期】4 ~ 6月

【果期】6 ~ 10月

【高度】可达8m

识别要点

欧洲雪柳的变种。落叶灌木或小乔木；树皮灰褐色。叶片纸质，披针形，圆锥花序顶生或腋生。果黄棕色，倒卵形，扁平；种子长约3mm，具3棱。

【分布及生境】分布于河北、陕西、山东、江苏、安徽、浙江、河南及湖北东部。生于水沟、溪边或山林中。

【生长习性】喜光，稍耐阴，喜温暖湿润气候，也耐寒。适应性强，耐旱，耐瘠薄，但在排水良好、土壤肥沃之处生长繁茂。

【观赏与应用】可作基础栽植，丛植于草坪角隅及房屋前后，或孤植于庭院之中。也可作为城市中的行道树。

420

金钟花 *Forsythia viridissima*

【科属】木樨科，连翘属

【别名】土连翘等

【花期】3~4月

【果期】8~11月

【高度】可达3m

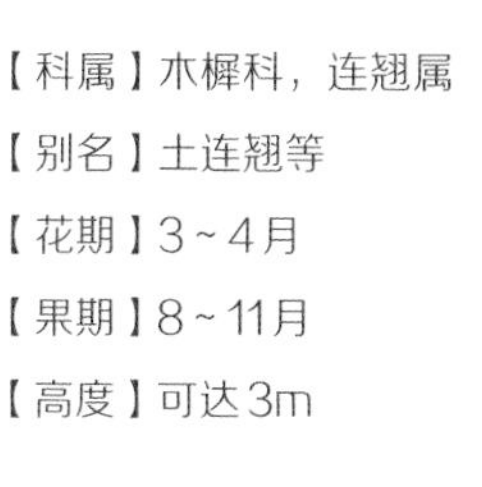

识别要点

落叶灌木，全株除花萼裂片边缘具睫毛外，其余均无毛。叶片长椭圆形至披针形，或倒卵状长椭圆形。花1~3朵着生于叶腋，先于叶开放；花冠管长5~6mm，裂片狭长圆形至长圆形。

【分布及生境】产于江苏、安徽、浙江、江西、福建、湖北、湖南、云南西北部。生于山地、谷地或河谷边林缘，以及溪沟边或山坡路旁灌丛中。

【生长习性】喜光照，耐半阴，耐热，耐寒，耐旱，耐湿；在温暖湿润、背风面阳处生长良好。

【观赏与应用】枝条拱形展开，早春先花后叶，满枝金黄，是早春观赏花木，可与多种花卉及灌木搭配栽植，也可孤植、丛植，或作花篱。

421

连翘 *Forsythia suspensa*

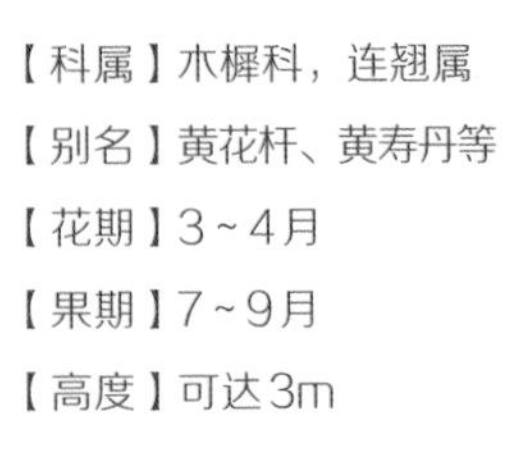

【科属】木樨科，连翘属

【别名】黄花杆、黄寿丹等

【花期】3~4月

【果期】7~9月

【高度】可达3m

识别要点

直立落叶灌木。枝条拱形下垂，小枝黄褐色，稍四棱，髓中空。叶卵形，有时3裂成3小叶，先端锐尖，基部宽楔形，锯齿粗。花通常单花腋生，花冠黄色，单生，蒴果表面散生瘤点，萼片宿存。

【分布及生境】产于中国北部、中部及东北各地。生于林间、林缘及山间荒坡上。

【生 长 习 性】喜光，稍耐阴，耐寒，耐干旱瘠薄，不耐涝，喜温暖湿润气候，对土壤要求不严，喜钙质土。根系发达，萌蘖性强，病虫害少。

【观赏与应用】枝条拱形开展，早春花先叶开放，满枝金黄，是优良的早春观花灌木。宜丛植、列植为花篱、花境，或作基础种植。

422 白蜡树 *Fraxinus chinensis*

【科属】木樨科，梣属

【别名】青榔木、白荆树等

【花期】4~5月

【果期】7~9月

【高度】10~12m

识别要点

落叶乔木，树皮灰褐色，纵裂。顶生小叶与侧生小叶近等大或稍大，先端锐尖至渐尖，基部钝圆或楔形，叶缘具整齐锯齿。圆锥花序侧生或顶生于当年生枝条上，翅果倒披针形，具种子1粒。

【分布及生境】产于中国南北各地，多为栽培。生于山地杂木林中。

【生长习性】喜光，对土壤的适应性较强，在酸性土、中性土及钙质土上均能生长，耐轻度盐碱，喜湿润、肥沃和沙壤质土壤。

【观赏与应用】干形通直，树形美观，抗烟尘、二氧化硫和氯气，是工厂、城镇绿化美化的优良树种。

423

探春花 *Jasminum floridum*

【科属】木樨科，素馨属

【别名】迎夏、鸡蛋黄、牛虱子等

【花期】5 ~ 9月

【果期】9 ~ 10月

【高度】0.4 ~ 3m

识别要点

半常绿蔓性灌木。小枝绿色，光滑有棱。奇数羽状复叶，互生，小叶3 ~ 5枚。花冠黄色，直径约1.5cm，裂片5枚，长约为花冠筒长的1/2；萼片5枚，线形，与萼筒等长；聚伞花序顶生。浆果近圆形。

【分布及生境】分布于河北、陕西南部、山东、河南西部、湖北西部、四川、贵州北部。生于灌木丛、坡地及山涧林中。

【生长习性】喜温暖、湿润、阳光充足；较耐热，不耐寒；对土壤适应性较广，以肥沃、疏松、排水良好的土壤环境为佳。

【观赏与应用】株态优美，叶丛翠绿，花色金黄，清香四溢；除适用于园景布置和盆栽以外，瓶插水养可生根，也是盆景的理想材料。

424 云南黄馨 *Jasminum mesnyi*

【科属】木樨科，素馨属

【别名】野迎春、云南黄素馨等

【花期】11月至翌年8月

【果期】3~5月

【高度】0.5~5m

识别要点

常绿灌木。枝绿色，细长拱形，四棱。三出复叶对生，叶面光滑。花黄色，直径3.5~4.5cm，花冠6裂，花冠裂片较花冠筒长，单生于具总苞状单叶的小枝端。花期延续较长时间。

【分布及生境】产于四川西南部、贵州、云南，全国各地均有栽培。生于峡谷或丛林中。

【生 长 习 性】耐阴，全日照或半日照均可，喜温暖湿润气候，不耐寒。

【观赏与应用】花明黄色，早春盛开，碧叶黄花，是受人们喜爱的观赏植物。

425 迎春 *Jasminum nudiflorum*

【科属】木樨科，素馨属

【别名】小黄花、金腰带、黄梅、清明花等

【花期】2~4月

【果期】12月

【高度】0.3~5m

识别要点

落叶灌木。枝细长直出或拱形，绿色，四棱。三出复叶，对生，缘有短刺毛。花单生在上年生枝的叶腋，叶前开放，有叶状狭窄的绿色苞片；萼裂片5~6枚；花冠黄色，常6裂，约为花冠筒长的1/2。

【分布及生境】产于甘肃、陕西、四川、云南西北部，以及西藏东南部。生于山林间或灌丛中。

【生长习性】适应性强，喜光，喜温暖湿润环境，较耐寒，耐旱，但不耐涝。浅根性，萌芽力、萌蘖力强。

【观赏与应用】在园林绿化中宜栽植在湖边、溪畔、桥头、墙隅，或栽植在草坪、林缘、坡地，房屋周围也可栽植，可供早春观花。

426

女贞 *Ligustrum lucidum*

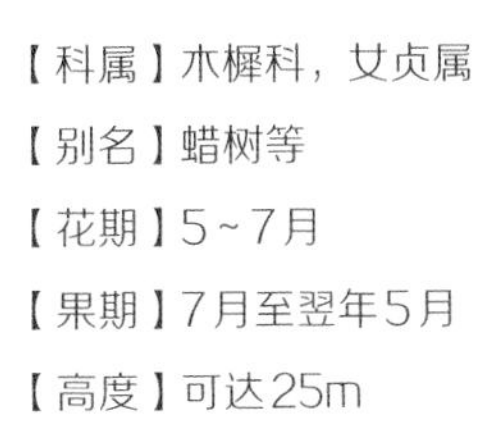

【科属】木樨科，女贞属

【别名】蜡树等

【花期】5~7月

【果期】7月至翌年5月

【高度】可达25m

识别要点

常绿乔木，树皮光滑。枝、叶无毛。叶宽卵形至卵状披针形，革质，上面深绿色，有光泽，背面淡绿色。花芳香，几无梗，花冠裂片与花冠筒近等长；花序长10~20cm。果椭圆形，长约1cm，紫黑色，被白粉。

【分布及生境】产于长江以南至华南、西南各地，向西北分布至陕西、甘肃。生于山谷、灌丛及密林之中。

【生长习性】耐寒性好，耐水湿，喜温暖湿润气候，喜光耐阴。为深根性树种，须根发达，生长快，萌芽力强，耐修剪，但不耐瘠薄。

【观赏与应用】枝叶茂密，树形整齐，是园林中常用的观赏树种，可于庭院孤植或丛植，也可作为行道树。

427 金森女贞 *Ligustrum japonicum 'Howardii'*

【科属】木樨科，女贞属

【别名】哈娃蒂女贞等

【花期】6~7月

【果期】10~11月

【高度】常修剪在1.2m以下，不修剪可达3~5m

识别要点

常绿灌木或小乔木。枝叶稠密；叶对生，单叶卵形，革质，厚实，有肉感。春季新叶鲜黄色，冬季转成金黄色，色彩悦目。圆锥状花序，花白色。果实椭圆形，呈紫黑色。

【分布及生境】原产于日本及中国台湾，河南、浙江、上海等地有栽培。生长于低海拔的林中或灌丛中。

【生长习性】喜光，稍耐阴，耐旱，耐寒，对土壤要求不严，生长迅速。

【观赏与应用】春叶斑色类彩叶植物。植株强健，春叶呈明亮的黄绿色，观赏性状优异。长势强健，可作道路、建筑或屋顶绿化的基础栽植。

428

小蜡 *Ligustrum sinense*

【科属】木樨科，女贞属

【别名】黄心柳、水黄杨等

【花期】3～6月

【果期】9～12月

【高度】2～4m

识别要点

落叶灌木或小乔木。老时近无毛。叶片纸质或薄革质，卵形、椭圆状卵形；圆锥花序顶生或腋生，塔形；果近球形，直径5～8mm。

【分布及生境】分布于越南和中国。生于山坡、山谷，以及溪边的密林、疏林或灌丛中。

【生长习性】喜光，喜温暖或高温湿润气候，生命力强，耐寒，较耐瘠薄，耐修剪，不耐水湿，喜肥沃的沙质壤土。

【观赏与应用】各地普遍栽培作绿篱。

429 小叶女贞 *Ligustrum quihoui*

【科属】木樨科，女贞属

【别名】小叶水蜡等

【花期】7 ~ 8月

【果期】10 ~ 11月

【高度】1 ~ 3m

识别要点

落叶或半常绿灌木。枝条疏散，小枝具短柔毛。叶椭圆形，无毛，先端钝，边缘略向外反卷；叶柄有短柔毛。花芳香，无梗，花冠裂片与筒部等长；花药略伸出花冠外；花序长7 ~ 21cm。核果椭圆形，紫黑色。

【分布及生境】产于陕西南部、山东、江苏、安徽、浙江、江西、河南、湖北、四川、贵州西北部、云南、西藏等地。生于沟边、河边、山坡。

【生长习性】喜光照，稍耐阴，较耐寒，华北地区可露地栽培；对二氧化硫、氯等有较好的抗性。性强健，耐修剪，萌发力强。

【观赏与应用】庭院中常栽植观赏，为园林绿化的重要绿篱材料。

430

紫丁香 *Syringa oblata*

【科属】木樨科，丁香属

【别名】华北紫丁香、丁香等

【花期】4～5月

【果期】9～10月

【高度】可达5m

识别要点

灌木或小乔木。小枝粗壮无毛。叶宽卵形至肾形，宽大于长，先端短尖，基部心形、截形或宽楔形，全缘。花冠紫色或暗紫色，花冠筒长1～1.5cm，花药着生于花冠筒中部或中部以上；花序长6～12cm。果长圆形，先端尖。

【分布及生境】产于东北、华北、西北（除新疆）以至西南达四川西北部。生于山坡丛林、山沟溪边、山谷路旁及滩地水边。

【生长习性】喜充足阳光，也耐半阴。适应性较强，耐寒，耐旱，耐瘠薄，病虫害较少。以排水良好、疏松的中性土壤为宜，忌酸性土，忌积涝、湿热。

【观赏与应用】枝叶茂密，花丛庞大，花开时节清香四溢，芬芳袭人。秋季落叶时叶变橙黄色、紫色，为北方普遍应用的观赏花木。通常植于路边、草坪、角隅、林缘或与其他丁香配植成丁香园，也适用于工矿区绿化。

玄参科

431

毛地黄 *Digitalis purpurea*

【科属】玄参科，毛地黄属

【别名】洋地黄、自由钟、德国金钟等

【花期】6~8月

【果期】8~10月

【高度】60~120cm

识别要点

多年生草本植物，常作二年生栽培。茎直立，少分枝，全株密生短柔毛。叶粗糙，皱缩，基生叶互生，具长柄，卵形；茎生叶叶柄短，长卵形。总状花序顶生，长50~80cm。花冠钟状，着生于花序一侧，下垂，紫色，筒部内侧浅白，并有暗紫色细斑点及长毛。

【分布及生境】原产于欧洲西部。

【生长习性】较耐寒，喜凉爽，忌炎热；喜光，耐半阴，喜湿润、通风良好，耐旱，喜排水良好的土壤。

【观赏与应用】可配植花境，作大型花坛的中心材料，或丛植于庭院绿地，还可制作切花观赏。

432 通泉草 *Mazus japonicus*

【科属】玄参科，通泉草属

【花期】4 ~ 10月

【果期】4 ~ 10月

【高度】3 ~ 30cm

识别要点

一年生草本植物。总状花序生于茎、枝顶端，常在近基部即生花，伸长或上部成束状，通常3 ~ 20朵，花稀疏，花萼钟状，花冠白色、紫色或蓝色。蒴果球形，种子小而多数，黄色。

【分布及生境】遍布全国。生于湿润的草坡、沟边、路旁及林缘。

【生 长 习 性】喜潮湿环境。

【观赏与应用】植株低矮，花朵醒目，可作为地被植物。

433

泡桐 *Paulownia fortunei*

【科属】玄参科，泡桐属

【别名】白花桐，大果泡桐，华桐，火筒木，沙桐彭等

【花期】3~4月

【果期】7~8月

【高度】可达30m

识别要点

落叶乔木。树冠宽卵形或球形。老叶圆形，全缘或3浅裂，表面被长柔毛。大型圆锥花序顶生，花漏斗状钟形，白色，仅背面稍带紫色或浅紫色，芳香，先于叶开放。蒴果卵形。

【分布及生境】原产于长江流域，现全国各地广泛栽培。多栽于四旁，在土壤肥沃、深厚、湿润但不积水的阳坡或平原、岗地、丘陵、山区栽植皆宜。

【生 长 习 性】喜光，不耐阴。适生于肥沃深厚、排水良好的石灰质土壤，干燥沙壤土也能生长。怕涝，幼苗耐寒力弱。耐烟尘。

【观赏与应用】树干端直，冠大荫浓，先叶而放的花朵色彩绚丽，宜作庭荫树和行道树；又因其叶大叶多，能吸附灰尘，净化空气，抗有毒气体，故特别适于工厂绿化。

434

钓钟柳 *Penstemon campanulatus*

【科属】玄参科，钓钟柳属

【别名】象牙红等

【花期】5 ~ 10月

【果期】7 ~ 10月

【高度】约50cm

识别要点

多年生草本植物，常作一年生栽培，全株被绒毛。丛生，茎直立。叶互生，披针形。花单生或3 ~ 4朵生于叶腋与总梗上，组成顶生长圆锥形花序，花筒状，有红、紫、白等多色。

【分布及生境】原产于墨西哥，中国有栽培。

【生 长 习 性】喜温暖、光线良好、通风的环境。忌夏季高温、干旱。

【观赏与应用】花色鲜丽，花期长，适合在花坛、花境或绿岛中栽植，也可作盆栽、切花观赏。

435 阿拉伯婆婆纳 *Veronica persica*

【科属】玄参科，婆婆纳属

【别名】波斯婆婆纳等

【花期】3~5月

【果期】3~5月

【高度】10~50cm

识别要点

一年至二年生草本植物，有短柔毛。茎自基部分枝，下部匍匐地面。三角状圆形或近圆形的叶子在茎下部对生，上部互生，边缘有圆齿。花冠淡紫色、蓝色、粉色或白色。

【分布及生境】原产于西亚，中国华东、华中、西南、西北常见。生于荒地。

【生长习性】喜光，耐半阴，忌冬季湿涝。对水肥条件要求不高，但喜肥沃、湿润、深厚的土壤。

【观赏与应用】种植于岩石庭院和灌木花园，适合花坛地栽，可作边缘绿化植物，可容器栽培，并可作切花生产。

436

北水苦荬 *Veronica anagallis-aquatica*

【科属】玄参科，婆婆纳属

【别名】仙桃草等

【花期】4～9月

【果期】7～9月

【高度】10～100cm

识别要点

多年生（稀为一年生）草本植物，通常全体无毛，极少在花序轴、花梗、花萼和蒴果上有腺毛。茎直立或基部倾斜，叶无柄，上部的半抱茎。花序比叶长，多花，蒴果近圆形。

【分布及生境】分布于长江以北及西南各地。常见于水边及沼地。

【生 长 习 性】喜阴凉潮湿环境。

【观赏与应用】适合在野生状态的湿地、林下作夏季地被植物，形成野趣。嫩苗可蔬食。

437

泥花草 *Lindernia antipoda*

【科属】玄参科，母草属

【别名】倒地蜈蚣、白花金雀等

【花期】春季至秋季

【果期】春季至秋季

【高度】可达30cm

识别要点

一年生草本植物，茎幼时稍直立，长大后多分枝，基部匍匐，下部节上生根，茎枝有沟纹，无毛。花萼钟状，5深裂，裂片条状披针形，具短硬毛；花冠紫色、紫白色或白色，长约1cm，上唇2裂，下唇3裂。

【分布及生境】分布于江浙、福建、台湾、两广、川贵等地。生长于水田边及潮湿的草地。

【生 长 习 性】喜潮湿环境。

【观赏与应用】适合在野生状态的环境中作夏秋季林下地被植物，形成野趣。

438

陌上菜 *Lindernia procumbens*

【科属】玄参科，母草属

【别名】水白菜、陌上草等

【花期】7～10月

【果期】9～11月

【高度】5～20cm

识别要点

直立草本植物，根细密成丛，无毛。叶无柄；叶片椭圆形至矩圆形，多少带菱形，花单生于叶腋，花梗纤细，花冠粉红色或紫色。

【分布及生境】全国各地均有分布，生于水边及潮湿处。

【生 长 习 性】喜湿。

【观赏与应用】适合在野生状态的湿地、林下作夏秋季地被植物，形成野趣。

439

母草 *Lindernia crustacea*

【科属】玄参科，母草属

【别名】四方拳草、蛇通管、气痛草、四方草、小叶蛇针草、铺地莲、开怀草等

【花期】全年

【果期】全年

【高度】10～20cm

识别要点

多年生草本植物，根须状，常铺散成密丛，多分枝，无毛。叶片三角状卵形或宽卵形，茎及叶子的基部呈淡紫红色。

【分布及生境】分布于秦岭、淮河以南、云南以东各地，生于稻田及低湿处。

【生 长 习 性】喜湿耐阴。

【观赏与应用】适合在野生状态的湿地、林下作夏秋季地被植物，形成野趣。

440

金鱼草 *Antirrhinum majus*

【科属】玄参科，金鱼草属

【别名】狮子花、龙口花、洋彩雀等

【花期】7～10月

【果期】7～10月

【高度】20～80cm

识别要点

多年生草本植物，茎基部木质化。叶披针形，全缘。总状花序顶生，苞片卵形，萼5裂；花冠筒状唇形，基部膨大成囊状，上唇直立，2裂，下唇3裂，开展；花有粉色、红色、紫色、黄色、白色或复色。

【分布及生境】原产于地中海沿岸，世界各地均有栽培。

【生长习性】较耐寒，不耐热；喜阳光，也耐半阴；喜肥沃、疏松和排水良好的微酸性沙质壤土。

【观赏与应用】为中国常见的园林花卉，矮性种常用于花坛、花境或路边栽培观赏，盆栽观赏可置于阳台、窗台等处装饰；可制作切花，也可作为背景材料。

爵床科

441

翠芦莉 *Ruellia britoniana*

【科属】爵床科，芦莉草属

【别名】蓝花草、兰花草等

【花期】3~10月

【高度】20~60cm

识别要点

单叶对生，线状披针形。叶暗绿色，新叶及叶柄常呈紫红色。花腋生，花冠漏斗状，5裂，具放射状条纹，细波浪状，多蓝紫色，少数粉色或白色。春至秋季均能开花，花期极长。果实为长型蒴果，等到种子成熟后蒴果会裂开，散出细小如粉末状的种子。

【分布及生境】原产于墨西哥。生于山坡较荫蔽而湿润的草地、疏林下或林缘。

【生长习性】抗逆性强，适应性广，对环境条件要求不严。耐旱和耐湿力均较强。喜高温，耐酷暑，生长适温22~30℃。不择土壤，耐贫瘠力强，耐轻度盐碱土壤。对光照要求不严，全日照或半日照均可。

【观赏与应用】适合庭院成簇美化或盆栽。岩石园布置具有较强的抗旱、抗贫瘠和抗盐碱土壤的能力，因此可与岩石、墙垣或砾石相配，形成独具特色的岩石园景观。

442

狗肝菜 *Dicliptera chinensis*

【科属】爵床科，狗肝菜属

【别名】金龙棒、猪肝菜等

【花期】10～11月

【果期】翌年2～3月

【高度】30～80cm

识别要点

草本植物，茎外倾或上升，叶卵状椭圆形，纸质，深绿色，两面近无毛或背面脉上被疏柔毛。花序腋生或顶生，由3～4个聚伞花序组成。蒴果长约6mm，被柔毛，具种子4粒。

【分布及生境】主产于广东、广西、福建等地。多生于村旁、路边及水沟边阴湿处。

【生 长 习 性】耐阴，耐旱，耐寒，耐湿，耐肥，耐瘠薄，但在半阴、土壤肥沃湿润情况下生长较好。

【观赏与应用】其嫩尖和叶片味道鲜美，可炒，可煮，可凉拌，还可做汤。叶还可作饲料。

443

爵床 *Rostellularia procumbens*

【科属】爵床科，爵床属

【别名】爵卿、香苏等

【花期】8～11月

【果期】10～11月

【高度】20～50cm

识别要点

一年生匍匐草本植物，叶对生，卵形、长椭圆形或广披针形。穗状花序顶生或腋生，花冠淡红色或带紫红色；种子卵圆形而微扁，黑褐色，表面具有网状纹凸起。

【分布及生境】分布于山东、浙江、江西、湖北、四川、福建及台湾等地。生于山地水边、山谷疏林或密林中。

【生长习性】喜温暖湿润的气候，不耐严寒，忌盐碱地，宜选肥沃、疏松的沙壤土种植。

【观赏与应用】可作地被植物。

444

鳞花草 *Lepidagathis incurva*

【科属】爵床科，鳞花草属

【别名】牛膝琢、鳞衣草等

【花期】早春

【高度】可达1m

识别要点

直立、多分枝草本植物。小枝4棱，除花序外几全体无毛。叶纸质，长圆形。穗状花序顶生，苞片长圆状卵形，长约7mm，顶端具刺状小凸起；花冠白色。

【分布及生境】产于广东、海南、香港、广西、云南等地，通常生于近村的草地或旷野、灌丛、干旱草地或河边沙地。

【生 长 习 性】喜温暖，耐旱，适应性强。

【观赏与应用】适合在野生状态环境中作夏秋季林下地被植物，形成野趣。

445

孩儿草 *Rungia pectinata*

【科属】爵床科，孩儿草属

【别名】蓝色草、黄峰草等

【花期】早春

【高度】50cm

识别要点

一年生细弱草本植物，全株被毛。茎下部斜卧，节部稍膨大，带紫红色。叶对生，穗状花序偏生于一侧，花白色带淡紫色。蒴果长约3mm，无毛。

【分布及生境】分布于台湾、广东、海南、广西、云南等地。生于田边、坡地、村边的草丛中。

【生 长 习 性】喜温暖，适应性强。

【观赏与应用】适合在野生状态环境中作夏秋季林下地被植物，形成野趣。

紫葳科

446

凌霄 *Campsis grandiflora*

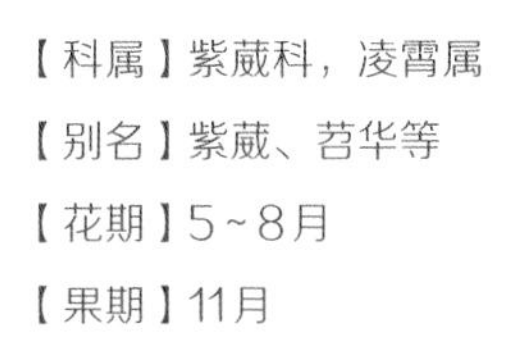

【科属】紫葳科，凌霄属

【别名】紫葳、苕华等

【花期】5~8月

【果期】11月

识别要点

多年生攀缘藤本植物，茎木质，表皮脱落，枯褐色，以气生根攀附于它物之上。叶对生，为奇数羽状复叶，小叶7~9枚，两面无毛。顶生疏散的短圆锥花序，花萼钟状，花冠内面鲜红色，外面橙黄色，裂片半圆形。蒴果细长如豆荚。

【分布及生境】分布于长江流域各地以及河北、山东、河南、福建、广东、广西、陕西等。

【生长习性】喜温暖，有一定的耐寒能力；喜阳光充足，但也较耐阴；在盐碱瘠薄的土壤中也能正常生长，但以深厚肥沃，排水良好的微酸性土壤为好。

【观赏与应用】老干扭曲盘旋，苍劲古朴；其花色鲜艳，芳香味浓，且花期很长，可结合山石、墙垣等栽植观赏。

447

美国凌霄 *Campsis radicans*

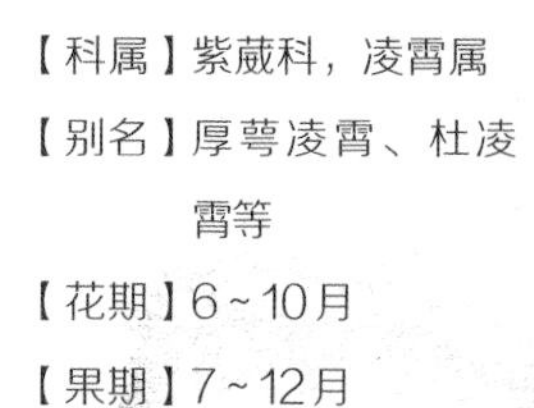

【科属】紫葳科，凌霄属

【别名】厚萼凌霄、杜凌霄等

【花期】6～10月

【果期】7～12月

识别要点

藤本植物具气生根。小叶9～11枚，椭圆形至卵状椭圆形，叶下面被毛。花冠橘红色，较小；花萼5裂至1/3处，裂片卵状三角形。蒴果长圆柱形，长8～12cm。

【分布及生境】原分布于美洲。在中国广西、江苏、浙江和湖南引种栽培。

【生 长 习 性】喜温暖，有一定的耐寒能力；喜阳光充足，但也较耐阴；在盐碱瘠薄的土壤中也能正常生长。

【观赏与应用】同凌霄。

448

楸 *Catalpa bungei*

【科属】紫葳科，梓属

【别名】楸树、木王等

【花期】5~6月

【果期】6~10月

【高度】8~12m

识别要点

落叶乔木，叶三角状卵形或卵状长圆形，叶面深绿色。顶生伞房状总状花序，有花2~12朵；花冠淡红色，内面具有黄色条纹及暗紫色斑点。蒴果线形；种子狭长椭圆形。

【分布及生境】产于河北、河南、山东、山西、陕西、甘肃、江苏、浙江、湖南。在积水低洼和地下水位过高的地方不能生长。

【生长习性】喜光树种，喜温暖湿润气候，不耐寒冷，适生年平均气温10~15℃。

【观赏与应用】树形优美，花大色艳，可作园林观赏。叶被密毛，皮糙枝密，有利于隔声、防噪、滞尘。对二氧化硫、氯气等有毒气体有较强的抗性，能净化空气，是绿化城市、改善环境的优良树种。

449

梓 *Catalpa ovata*

【科属】紫葳科，梓属

【别名】梓树、花楸、水桐、河楸、臭梧桐、黄花楸等

【花期】5~6月

【果期】10~11月

【高度】可达15m

识别要点

落叶乔木，主干通直，嫩枝具稀疏柔毛。叶对生或近于对生，有时轮生，阔卵形，长宽近相等，顶端渐尖，基部心形，全缘或浅波状，常3浅裂。顶生圆锥花序，花序梗微被疏毛；花冠钟状，淡黄色，内面具2黄色条纹及紫色斑点，种子长椭圆形。

【分布及生境】分布于长江流域及以北地区。多生长于低洼山沟或河谷，野生梓树少见。

【生长习性】喜光，稍耐半阴，比较耐严寒，适应性强，在微酸性、中性以及稍有钙质化的土壤上都能正常生长。

【观赏与应用】有较强的消声、滞尘，以及忍受大气污染的能力，能抗二氧化硫、氯气、烟尘等，是良好的环保树种，可营建生态风景林。木材宜制作家具等。

450

黄金树 *Catalpa speciosa*

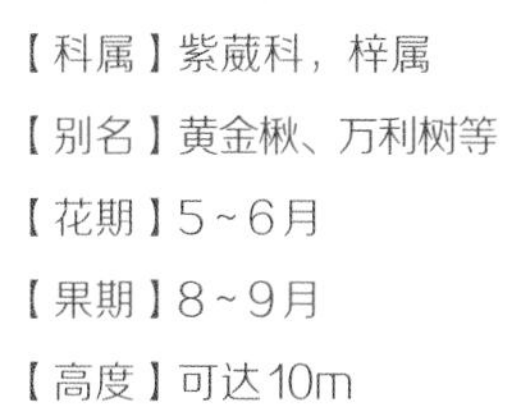

【科属】紫葳科，梓属

【别名】黄金楸、万利树等

【花期】5~6月

【果期】8~9月

【高度】可达10m

识别要点

落叶乔木，树冠伞状。叶片卵心形至卵状长圆形，顶端长渐尖，基部截形至浅心形，上面亮绿色。圆锥花序顶生，有少数花，苞片线形，裂片舟状，无毛，花冠白色。蒴果圆柱形，黑色；种子椭圆形。

【分布及生境】原产于美国中部至东部，现在中国许多地方均有栽培。在深肥平原土壤生长迅速。

【生长习性】喜光，稍耐阴，喜温暖湿润气候，耐干旱，在酸性土、中性土、轻盐碱土以及石灰性土上均能生长。有一定耐寒性，适宜生长在深厚湿润、肥沃疏松且排水良好的地方。不耐瘠薄与积水，深根性，根系发达，抗风能力强。

【观赏与应用】花洁白，多植作庭荫树或行道树。其新鲜枝叶还可以提炼香精油，香精油用途广泛。

桔梗科

451

桔梗 *Platycodon grandiflorus*

【科属】桔梗科，桔梗属

【别名】铃当花等

【花期】7~9月

【果期】8~10月

【高度】20~120cm

识别要点

多年生草本植物，通常无毛，偶密被短毛，不分枝，极少上部分枝。叶全部轮生、部分轮生至全部互生，叶子卵形或卵状披针形。花单朵顶生，或数朵集成假总状花序，花萼钟状五裂片，被白粉，花冠大，蓝色、紫色或白色。

【分布及生境】产于东北、华北、华东、华中各地。

【生 长 习 性】喜凉爽气候，耐寒，喜阳光。生于阳处草丛、灌丛中，少生于林下。

【观赏与应用】具有观赏、食用和药用价值。

452 山梗菜 *Lobelia sessilifolia*

【科属】桔梗科，半边莲属

【别名】节节花等

【花期】7~9月

【果期】7~9月

【高度】60~120cm

识别要点

多年生草本植物，叶片厚纸质，宽披针形。总状花序顶生，花冠蓝紫色，蒴果倒卵形。种子近半圆形，棕红色。

【分布及生境】分布于东北及河北、山东、浙江、台湾、广西、云南等地。生于平原或山坡湿草地。

【生 长 习 性】喜半阴，忌干燥，忌酷热，耐寒力较差。

【观赏与应用】花蓝紫色，可装饰花坛、花境。

茜草科

453

拉拉藤 *Galium aparine* var. *echinospermum*

【科属】茜草科，拉拉藤属

【别名】猪殃殃等

【花期】3 ~ 7月

【果期】4 ~ 11月

【高度】30 ~ 90cm

识别要点

多年生草本植物。棱上、叶缘、叶脉上均有倒生的小刺毛；叶纸质或近膜质，6 ~ 8片轮生，基部渐狭；聚伞花序腋生或顶生，花萼被钩毛，花冠黄绿色或白色。

【分布及生境】在中国除海南及南海诸岛外，各地均有分布。生于山坡、旷野、沟边、湖边、林缘、草地。

【生 长 习 性】适应性强。

【观赏与应用】适合在野生状态环境中作冷季地被植物，形成野趣。

454

栀子 *Gardenia jasminoides*

【科属】茜草科，栀子属

【别名】山栀子、水栀子等

【花期】3~7月

【果期】5月至翌年2月

【高度】0.3~3m

识别要点

常绿灌木。小枝绿色，有垢状毛。叶长椭圆形，端渐尖，基部宽楔形，全缘，革质而有光泽。花单生枝端或叶腋，花冠高脚碟状，先端常6裂，白色，浓香。

【分布及生境】原产于长江流域以南各地，中国中部及东南部有栽培。生于旷野、丘陵、山谷、山坡、溪边的灌丛或林中。

【生长习性】喜光，也能耐阴，在庇荫条件下叶色浓绿，但开花稍差；喜温暖湿润气候，耐热，也稍耐寒；耐干旱瘠薄，但植株易衰老。抗二氧化硫能力较强。

【观赏与应用】叶色亮绿，四季常青，花大洁白，芳香馥郁，有一定耐阴和抗有毒气体的能力，是良好的绿化、美化、香化材料，适合丛植或植作花篱，也可作阳台绿化、盆花、切花或盆景，还可用于街道和工矿区绿化。

455

鸡矢藤 *Paederia scandens*

【科属】茜草科，鸡矢藤属

【别名】解暑藤、女青等

【花期】5~7月

【果期】7~11月

识别要点

藤本植物，茎长3~5m叶对生，纸质或近革质，形状变化很大，卵形、卵状长圆形至披针形，顶端急尖或渐尖。花冠浅紫色，果球形，成熟时近黄色，有光泽，平滑。

【分布及生境】产于长江流域及其以南各地。生长在山坡、林中、林缘、沟谷边灌丛中或缠绕在灌木上。

【生 长 习 性】喜温暖湿润的环境。土壤以肥沃、深厚、湿润的沙质壤土较好。

【观赏与应用】适宜作园林景观中的藤本地被植物，可用来覆盖山石荒坡、美化矮墙、栽植绿篱，也可用于花架垂直绿化。

456

茜草 *Rubia cordifolia*

【科属】茜草科，茜草属

【别名】红丝线等

【花期】8~9月

【果期】10~11月

识别要点

多年生草质攀缘藤本植物。根状茎和其节上的须根均为红色，茎棱上生倒生皮刺。叶片轮生，纸质，两面粗糙。聚伞花序腋生和顶生，有花数十朵，花序和分枝均细瘦，花冠淡黄色。果球形，橘黄色。

【分布及生境】分布于东北、华北、西北，及四川、西藏等地。常生于疏林、林缘、灌丛或草地上。

【生长习性】喜湿润环境。耐寒，怕积水，以疏松、肥沃、富含有机质的沙质壤土栽培为好。

【观赏与应用】是一种历史悠久的植物染料，也可入药，能凉血、止血和化瘀。

457 六月雪 *Serissa japonica*

【科属】茜草科，白马骨属

【别名】满天星、白马骨、碎叶冬青等

【花期】5~7月

【果期】10月

【高度】60~90cm

识别要点

常绿或半常绿小灌木，多分枝。单叶对生或簇生于短枝，长椭圆形，端有小突尖，基部渐狭，全缘，两面叶脉、叶缘及叶柄上均有白色毛。花小，单生或数朵簇生，花冠白色或淡粉紫色。核果小，球形。

【分布及生境】分布于江苏、浙江、江西、广东、台湾等东南及中部各省。

【生 长 习 性】畏强光。喜温暖气候、也稍能耐寒、耐旱。喜排水良好、肥沃和湿润疏松的土壤，对环境要求不高，生长力较强。

【观赏与应用】宜作花篱和下木，布置花坛、花境，或配植在山石、岩缝间，是四川、江苏、安徽盆景中的主要树种之一。其叶细小，根系发达，尤其适宜制作微型或提根式盆景。

忍冬科

458

大花六道木 *Abelia×grandiflora*

【科属】忍冬科，六道木属

【别名】大花糯米条等

【花期】5~11月

【果期】9~11月

【高度】可达2m

识别要点

糯米条和单花六道木的杂交种。常绿矮生灌木，幼枝红褐色，有短柔毛；叶片倒卵形，墨绿有光泽。花粉白色，钟形，有香味；花萼大而宿存，粉红色；圆锥花序，开花繁茂。

【分布及生境】分布于华东、西南及华北地区。

【生长习性】喜温暖、湿润气候，在中性偏酸、肥沃、疏松的土壤中生长快速；抗性优良，耐阴，耐寒（-10℃），耐干旱瘠薄，抗短期洪涝，耐强盐碱。

【观赏与应用】适宜园林群植、片植于空旷地块、水边、岩石缝中或建筑物旁、林中树下，是优良的花灌木树种。

459 金银花 *Lonicera japonica*

【科属】忍冬科，忍冬属

【别名】金银藤、银藤、二色花藤、二宝藤、右转藤、忍冬等

【花期】4~6月

【果期】10~11月

识别要点

多年生藤本植物，小枝细长，藤为褐色至赤褐色；卵形叶子对生，枝叶均密生柔毛和腺毛。花成对生于叶腋，花色初为白色，渐变为黄色，黄白相映。球形浆果，熟时黑色，种子卵圆形或椭圆形。

【分布及生境】中国各地均有分布。

【生长习性】适应性很强，喜阳，耐阴，也耐干旱和水湿，对土壤要求不严，但在湿润、肥沃的深厚沙质壤土上生长最佳。

【观赏与应用】由于其匍匐生长能力比攀援生长能力强，故更适合于在林下、林缘、建筑物北侧等处作地被栽培；还可以绿化矮墙；也可以利用其缠绕能力制作花廊、花架、花栏、花柱，以及缠绕假山石等。

460

亮叶忍冬 *Lonicera ligustrina var. yunnanensis*

【科属】忍冬科，忍冬属

【别名】云南蕊帽忍冬、铁楂子等

【花期】4~6月

【果期】9~10月

【高度】0.5~3m

识别要点

常绿灌木，小枝细长，横展生长。叶对生，细小，卵形至卵状椭圆形，革质，全缘，上面亮绿色，下面淡绿色。花腋生，并列着生两朵花，花冠管状，淡黄色，具清香。浆果蓝紫色。

【分布及生境】产于陕西、甘肃、四川和云南等地。

【生 长 习 性】耐寒力强，能耐-20℃低温，也耐高温。对光照不敏感，在全光照下生长良好，也能耐阴。对土壤要求不严，在酸性土、中性土及轻盐碱土中均能适应。极耐修剪。

【观赏与应用】株形美观，叶色光亮，适合在绿地、公园等路边、山石边片植绿化，也可作地被植物。

461

金银忍冬 *Lonicera maackii*

【科属】忍冬科，忍冬属

【别名】金银木、王八骨头等

【花期】5 ~ 6月

【果期】8 ~ 10月

【高度】可达6m

识别要点

落叶灌木，幼枝、叶两面脉上、叶柄、苞片外面都被短柔毛。叶纸质。花芳香，生于幼枝叶腋，苞片条形，花冠先白色后变黄色。果实暗红色，圆形，种子具蜂窝状微小浅凹点。

【分布及生境】在中国广泛分布，生于林中或林缘溪流附近的灌木丛中。

【生 长 习 性】喜强光，稍耐旱，喜温暖的环境，较耐寒，在我国北方绝大多数地区可露地越冬。

【观赏与应用】春天可赏花闻香，秋天可观红果累累，具有较高的观赏价值。可丛植于草坪、山坡、林缘、路边或点缀于建筑周围。

462

糯米条 *Abelia chinensis*

【科属】忍冬科，六道木属

【别名】茶条树等

【花期】9~11月

【果期】10月至翌年1月

【高度】可达2m

识别要点

落叶多分枝灌木。嫩枝红褐色，被柔毛，老枝皮纵裂；叶圆卵形，基部圆形或心形，有锯齿，花枝上部叶向上逐渐变小；花芳香，花冠白色或红色，漏斗状；花丝细长，伸出花冠筒外。果实具宿存而稍增大的萼裂片。

【分布及生境】分布于华东、华南、华中、西南等地。

【生 长 习 性】喜阳光充足和凉爽湿润的气候，较耐热，怕阳光暴晒，较耐阴，生长旺盛，萌芽力强，耐修剪，耐干旱贫瘠，喜疏松、排水良好的土壤。

【观赏与应用】枝条柔软婉垂，树姿婆娑。开花时，白色小花密集于梢端，适宜栽植于池畔、路边、墙隅、草坪和林下边缘，可群植、列植，或修剪成花篱。

463

接骨草 *Sambucus chinensis*

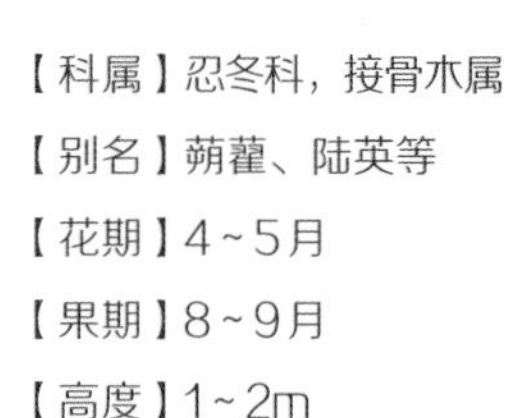

【科属】忍冬科，接骨木属

【别名】蒴藋、陆英等

【花期】4~5月

【果期】8~9月

【高度】1~2m

识别要点

高大草本或半灌木，茎有棱条，羽状复叶，小叶互生或对生，狭卵形，边缘具细锯齿。复伞形花序顶生，大而疏散，花冠白色，花药黄色或紫色。果实红色，近圆形，表面有小疣状突起。

【分布及生境】在中国广为分布，常生于山坡、林下、沟边和草丛中。

【生 长 习 性】适应性较强，对气候要求不严；喜向阳，但又能稍耐阴。以肥沃、疏松的土壤栽培为好。

【观赏与应用】观花观叶，园林中可群植。为药用植物，可治跌打损伤。

464

接骨木 *Sambucus williamsii*

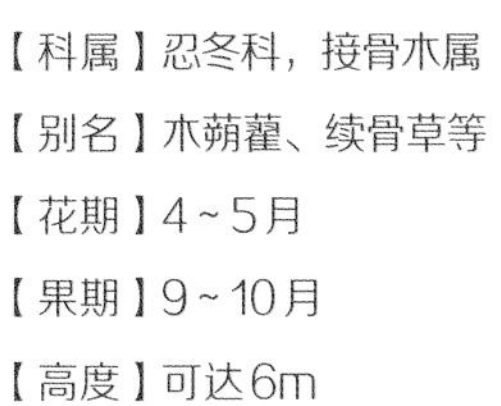

【科属】忍冬科，接骨木属

【别名】木蒴藋、续骨草等

【花期】4~5月

【果期】9~10月

【高度】可达6m

识别要点

落叶灌木或小乔木。枝条黄棕色。小叶5~7枚，卵状椭圆形或椭圆状披针形，基部宽楔形，常不对称，有锯齿，揉碎后有臭味。花冠辐射状，5裂，白色至淡黄色；萼筒杯状；圆锥状聚伞花序顶生。果近球形，黑紫色或红色，小核2~3枚。

【分布及生境】产于东北、华北、华东、华中、西北及西南地区，各地广泛分布。

【生 长 习 性】喜光，稍耐阴，耐寒，耐旱，不耐涝，对气候要求不严，适应性强，喜肥沃疏松沙壤土。根系发达，萌蘖性强。

【观赏与应用】枝叶繁茂，春季白花满树，夏秋红果累累，是良好的观赏灌木。宜植于草坪、林缘、水边、路旁、宅边等地。

465

地中海荚蒾 *Viburnum tinus*

【科属】忍冬科，荚蒾属

【花期】11月至翌年4月

【果期】10～11月

【高度】2～7m

识别要点

常绿灌木，树冠呈球形，冠径可达3m。叶片椭圆形，深绿色。聚伞花序，单花小，花蕾粉红色，盛开后花白色。果卵形，深蓝黑色。

【分布及生境】原产于欧洲地中海地区。

【生 长 习 性】喜光，也耐阴，能耐-15～-10℃的低温，对土壤要求不严，较耐旱，忌土壤过湿。

【观赏与应用】花冠形优美，花蕾殷红，花开时满树繁花，一片雪白，可孤植或群植，用作树球或庭院树。

466

绣球荚蒾 *Viburnum macrocephalum*

【科属】忍冬科，荚蒾属

【别名】木绣球、八仙花等

【花期】6 ~ 9月

【果期】9 ~ 10月

【高度】2 ~ 3m

识别要点

落叶或半常绿灌木，树冠呈球形。裸芽，幼枝及叶背面密生星状毛。叶卵形或椭圆形，细锯齿。大型聚伞花序呈球状，直径15 ~ 20cm，全由白色不孕花组成。

【分布及生境】产于长江流域，各地广泛栽培。

【生 长 习 性】喜光，稍耐阴，喜温暖湿润气候，较耐寒。喜生于湿润、排水良好、肥沃的土壤。萌芽力、萌蘖力强。

【观赏与应用】树枝开展，繁花满树，洁白如雪球，且花期较长，是优良的观花灌木。

467 粉团 *Viburnum plicatum*

【科属】忍冬科，荚蒾属

【别名】雪球荚蒾等

【花期】4~5月

【果期】9~10月

【高度】可达3m

识别要点

落叶灌木，叶纸质，宽卵形，顶端圆或急狭而微凸尖，基部圆形或宽楔形，很少微心形，边缘有不整齐三角状锯齿，上面疏被短伏毛，中脉毛较密，下面密被绒毛。聚伞花序球形，直径4~8cm，常生于具1对叶的短侧枝上，全部由大型的不孕花组成，花冠白色，辐状，直径1.5~3cm。

【分布及生境】分布于湖北西部和贵州中部等地，常野生于山野沟边。

【生 长 习 性】喜温暖，稍耐寒。

【观赏与应用】花大美丽，为常见栽培的观花植物，适合在林缘、路边、墙边或一隅丛植观赏。

468 法国冬青 *Viburnum awabuki*

【科属】忍冬科，荚蒾属

【别名】珊瑚树、日本珊瑚树等

【花期】5~6月

【果期】9~11月

【高度】可达10m

识别要点

常绿灌木或小乔木。叶倒卵状长椭圆形，先端钝尖，全缘或上部有疏钝齿，革质，侧脉6~8对。圆锥状聚伞花序顶生，花白色，芳香。核果倒卵形，熟时红色，似珊瑚，经久不变，后转蓝黑色。

【分布及生境】长江流域以南广泛栽培，黄河流域以南各地也有栽培。

【生 长 习 性】喜光，稍耐阴，不耐寒。耐烟尘，对氯气、二氧化硫抗性较强。根系发达，萌芽力强，耐修剪，易整形。

【观赏与应用】枝叶繁密紧凑，树叶终年碧绿而有光泽，秋季红果累累盈枝头，状若珊瑚，是良好的观叶、观果树种。

469

海仙花 *Weigela coraeensis*

【科属】忍冬科，锦带花属

【别名】朝鲜锦带花等

【花期】4~5月

【果期】8~10月

【高度】5m

识别要点

落叶灌木。小枝粗壮，叶沿中脉及侧脉被平贴毛。聚伞花序，萼筒长柱形，花萼裂片狭线形，基部完全分离，花冠大而色艳，初淡红色，后变深红色或带紫色，漏斗状钟形，蒴果。

【分布及生境】自然分布较为广泛，在江西庐山上部形成群落，在北京以南可露地越冬。

【生 长 习 性】喜光，稍耐阴，有一定耐寒力，对土壤要求不严，能耐贫瘠，在土层深厚、肥沃、湿润的地方生长更好。怕水涝，生长快，萌芽力强，但耐旱性和耐寒性均不如锦带花。

【观赏与应用】株形优美，花色丰富，适于丛植点缀在花丛、草坪、假山、坡地、湖畔、庭院、公园等处供观赏。

470

锦带花 *Weigela florida*

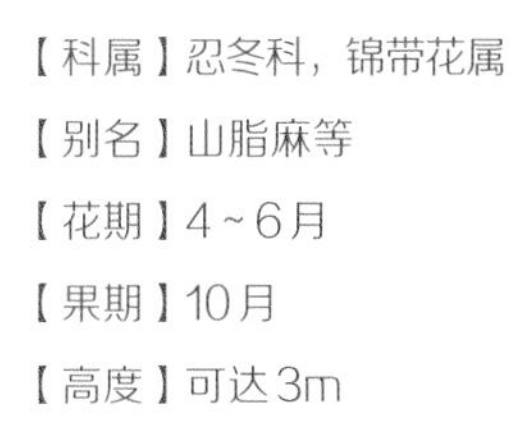

【科属】忍冬科，锦带花属

【别名】山脂麻等

【花期】4~6月

【果期】10月

【高度】可达3m

识别要点

灌木，枝条开展，树形较圆筒状，有些树枝会弯曲到地面，小枝细弱，幼时具2列柔毛。叶椭圆形或卵状椭圆形，缘有锯齿，表面脉上有毛，背面尤密。花冠漏斗状钟形，玫瑰红色、粉色，裂片5枚。蒴果柱形。

【分布及生境】原产于我国长江流域及其以北的广大地区。常生于湿润沟谷、阴或半阴处。

【生长习性】喜光，耐阴，耐寒；对土壤要求不严，能耐瘠薄土壤，但以深厚、湿润且腐殖质丰富的土壤生长最好，怕水涝。萌芽力强，生长迅速。

【观赏与应用】适宜在庭院墙隅、湖畔群植，也可在树丛林缘作篱笆、丛植配植，点缀于假山、坡地。锦带花对氯化氢抗性强，是良好的抗污染树种。花枝可供瓶插。

菊科

471

多须公 *Eupatorium chinense*

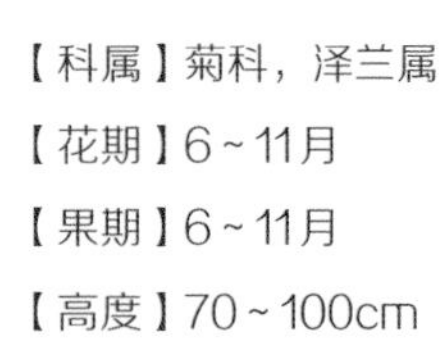

【科属】菊科，泽兰属

【花期】6 ~ 11月

【果期】6 ~ 11月

【高度】70 ~ 100cm

识别要点

多年生草本或半灌木。茎上部或花序分枝被细柔毛。单叶对生，有短叶柄；叶片卵形，先端长渐尖，基部圆形或截形，边缘有不规则的圆锯齿，上面无毛，下面被柔毛及腺点。头状花序含5 ~ 6朵小花，花两性，筒状，白色，有时粉红色。瘦果圆柱形。

【分布及生境】分布于陕西、甘肃、山东、安徽、浙江、江西、福建、河南、湖北、湖南、广东、海南、广西、四川、贵州、云南等地。生于山坡、路旁、林缘、林下及灌丛中。

【生 长 习 性】耐阴，适应性强。

【观赏与应用】适合在野生状态环境中作冷季地被植物，形成野趣。

472

飞机草 *Eupatorium odoratum*

【科属】菊科，泽兰属

【别名】解放草、马鹿草、大泽兰等

【花期】4 ~ 12月

【果期】4 ~ 12月

【高度】1 ~ 3m

识别要点

多年生草本植物。茎直立，高1 ~ 3m，苍白色。叶对生，卵形、三角形或卵状三角形，头状花序，白色或粉红色。瘦果黑褐色，5棱。

【分布及生境】原产于中美洲，多见于干燥地、森林破坏迹地、垦荒地、路旁、住宅及田间。

【生长习性】繁殖力极强，在干旱、瘠薄的荒坡隙地，甚至石缝和屋顶上都能生长。

【观赏与应用】适合在野生状态环境中作地被植物，形成野趣。该种为入侵物种，应控制其扩散。

473 一枝黄花 *Solidago decurrens*

【科属】菊科，一枝黄花属

【别名】千斤癀等

【花期】4~11月

【果期】4~11月

【高度】30~150cm

识别要点

多年生草本植物，茎光滑。叶披针形，具3行明显叶脉，具齿牙。密生小头状花序组成圆锥花序，花序分枝多弯曲，小头状花序在花序分枝上单面着生。总苞近钟形，圆锥花序生于枝端，稍弯曲而偏于一侧，花黄色。

【分布及生境】原产于北美东部。中国华东、中南及西南等地均有分布。生于山坡、阔叶林缘、林下、路旁及草丛之中。

【生长习性】耐寒，喜阳光充足、凉爽、高燥，耐旱，对土壤要求不严。

【观赏与应用】配植花境，丛植，可制作切花。该种为入侵物种，应控制其扩散。

474 藿香蓟 *Ageratum conyzoides*

【科属】菊科，藿香蓟属

【别名】胜红蓟等

【花期】全年

【果期】全年

【高度】50～100cm

识别要点

一年生草本植物，无明显主根。头状花序4～18个在茎顶排成通常紧密的伞房状花序，淡紫色。瘦果黑褐色，5棱。

【分布及生境】原产于墨西哥及其毗邻地区。中国广东、广西、云南、四川、江苏、山东、黑龙江都有栽培或栽培逸生的。生于山谷、山坡林下或林缘、河边或山坡草地、田边或荒地上。

【生长习性】喜温暖、阳光充足的环境，对土壤要求不严，不耐寒，在酷热下生长不良。

【观赏与应用】可用于花坛、花境丛植进行观赏，有良好的覆盖效果，是夏秋常用的观花植物。也可丛植、片植于林缘和草地边缘，点缀于岩石园或盆栽。

475

马兰 *Kalimeris indica*

【科属】菊科，马兰属

【别名】田边菊、路边菊等

【花期】5 ~ 9月

【果期】8 ~ 10月

【高度】30 ~ 70cm

识别要点

多年生草本植物。根状茎有匍枝，有时具直根。基部叶在花期枯萎，茎部叶倒披针形或倒卵状矩圆形。头状花序，舌片浅紫色。瘦果褐色，倒卵状矩圆形，极扁。

【分布及生境】原是野生种，生于路边、田野、山坡上，中国大部分地区均有分布。

【生 长 习 性】适应性广，喜温也较耐阴，抗寒耐热力很强，对光照要求不严。

【观赏与应用】具有食用价值和药用价值。

476 钻叶紫菀 *Aster subulatus*

【科属】菊科，紫菀属

【花期】全年

【果期】全年

【高度】8～150cm

识别要点

一年生草本植物，茎单一直立，光滑无毛，叶片披针状线形，极稀狭披针形。头状花序极多数，总苞钟形。雌花花冠舌状，舌片淡红色、红色、紫红色或紫色，线形，两性花花冠管状。瘦果线状长圆形，稍扁。

【分布及生境】原产于北美。中国江苏、浙江、江西、湖北、湖南、四川、贵州均有分布。生长在山坡灌丛、草坡、沟边、路旁或荒地中。

【生 长 习 性】喜湿，稍耐阴。

【观赏与应用】适合在野生状态环境中作地被植物，可观花，形成野趣。

477

三脉紫菀 *Aster ageratoides*

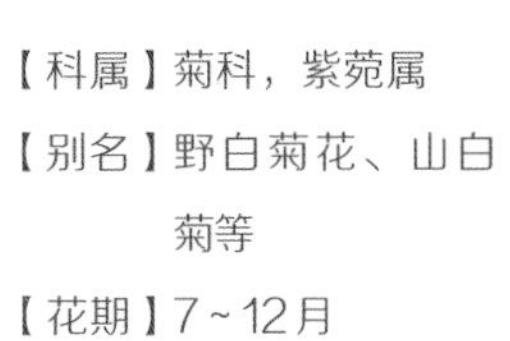

【科属】菊科，紫菀属

【别名】野白菊花、山白菊等

【花期】7～12月

【果期】7～12月

【高度】40～100cm

识别要点

多年生草本植物。茎直立，有棱及沟，被柔毛或粗毛。头状花序，舌状花约十余个，紫色、浅红色或白色，管状花黄色。瘦果倒卵状长圆形，一面常有肋，被短粗毛。

【分布及生境】在中国广泛分布，生长于林下、林缘、灌丛及湿地。

【生 长 习 性】喜湿，稍耐阴。

【观赏与应用】野草，具有药用价值，可以在野生状态环境中作地被植物。

478

荷兰菊 *Symphyotrichum novi-belgii*

【科属】菊科，联毛紫菀属

【别名】联毛紫菀等

【花期】8～10月

【果期】8～10月

【高度】50～100cm

识别要点

多年生宿根草本植物，全株被粗毛，叶片狭披针形至线状披针形，头状花序伞房状着生，花较小，舌状花，紫色、淡蓝紫色或白色，总苞片线形。

【分布及生境】原产于北美洲、北半球温带地区，中国各地广泛栽培。

【生 长 习 性】喜欢通风湿润的生长环境，适应性很强，耐干旱、贫瘠和寒冷，喜欢阳光能够照射到的环境。对土壤的要求十分宽松。

【观赏与应用】花繁色艳，自然成形，盛花时节又正值国庆节前后，故多用作花坛、花境材料，也可片植、丛植，作盆花或切花。

479

碱菀 *Tripolium vulgare*

【科属】菊科，碱菀属

【别名】竹叶菊、金盏菜等

【花期】8~12月

【果期】8~12月

【高度】30~80cm

识别要点

一、二年生草本植物。茎单生或数个丛生于根颈上，下部常带红色，无毛，上部有多少开展的分枝。基部叶在花期枯萎，下部叶条状，顶端尖，全缘或有具小尖头的疏锯齿；中部叶渐狭，无柄，上部叶渐小，苞叶状；全部叶无毛，肉质。头状花序排成伞房状，有长花序梗。总苞近管状，花后钟状。舌状花白色或粉色，管状花黄色。瘦果扁，有边肋，被疏毛。

【分布及生境】生长于海岸、湖滨、沼泽及盐碱地。

【生 长 习 性】耐涝，耐盐碱。

【观赏与应用】适合在野生状态环境中作地被植物，常散生或群生，形成野趣，秋冬季可观花。

480

一年蓬 *Erigeron annus*

【科属】菊科，飞蓬属

【别名】治疟草、野蒿等

【花期】6~9月

【果期】8~10月

【高度】30~100cm

识别要点

一、二年生草本植物。全体疏被粗毛，茎呈圆柱形。单叶互生，叶片皱缩易破碎，完整者展平后呈披针形，黄绿色。头状花序，花黄色，味微苦。

【分布及生境】原产于北美洲。

【生 长 习 性】喜阳，喜肥沃土壤，在干燥贫瘠的土壤上也能生长。

【观赏与应用】适合在野生状态环境中作自播地被植物，晚春、夏初可观花，野趣盎然。

481

匙叶鼠麴草 *Gnaphalium pensylvanicum*

【科属】菊科，鼠麴草属

【花期】12月至翌年5月

【果期】12月至翌年5月

【高度】30～45cm

识别要点

一年生草本植物。茎直立或斜升，有沟纹，被白色棉毛。头状花序，白色、粉紫色，疏被绵毛。瘦果长圆形，有乳头状突起。

【分布及生境】广泛产于台湾、浙江、福建、江西、湖南、广东、广西至云南、四川各地。常见于篱园或耕地上。

【生 长 习 性】耐旱性强。

【观赏与应用】适合在野生状态环境中作自播地被植物，形成野趣。

482

旋覆花 *Inula japonica*

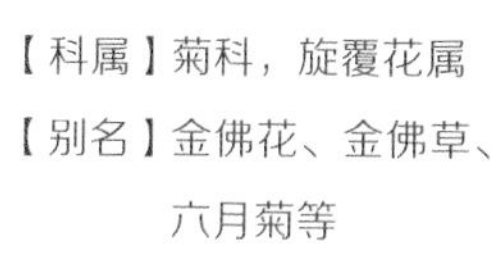

【科属】菊科，旋覆花属

【别名】金佛花、金佛草、六月菊等

【花期】6~10月

【果期】9~11月

【高度】30~80cm

识别要点

多年生草本植物。根状茎短，有粗壮的须根。茎单生，有时2~3个簇生。头状花序，黄色。瘦果圆柱形，有10条浅沟，被疏毛。

【分布及生境】国内常见，生于山坡路旁、湿润草地、河岸和田埂上。

【生长习性】喜温暖、湿润气候，适应性强，不耐旱，耐瘠薄。

【观赏与应用】适合在野生状态环境中作自播地被植物，形成野趣；也可药用，治疗风寒咳嗽、痰饮蓄结。

483 天名精 *Carpesium abrotanoides*

【科属】菊科，天名精属

【别名】天蔓青、地菘等

【花期】9～11月

【果期】9～11月

【高度】30～100cm

识别要点

多年生粗壮草本植物，茎直立，密生短柔毛；叶互生，基部狭成具翅的叶柄。头状花序多数，沿茎枝腋生，有短梗或近无梗；总苞钟状球形，外层极短，卵形；花黄色，外围的雌花花冠丝状，中央的两性花花冠筒状。瘦果条形。

【分布及生境】广布于中国各地，生于山坡、路旁或草坪上。

【生 长 习 性】喜温暖湿润气候和阴湿环境。

【观赏与应用】适合在野生状态环境中作自播冷季地被植物，形成野趣。

484 蛇鞭菊 *Liatris spicata*

【科属】菊科，蛇鞭菊属

【别名】麒麟菊、马尾花等

【花期】7~8月

【果期】9~10月

【高度】100~150cm

识别要点

多年生草本植物，茎基部膨大呈扁球形，地上茎直立，株形锥状。基生叶线形。头状花序排列成密穗状，长60cm，因呈鞭形而得名。花色分淡紫色和纯白色两种。

【分布及生境】分布于美国和加拿大，在我国多地有栽培。

【生 长 习 性】耐寒，耐水湿，耐贫瘠，喜欢阳光充足、气候凉爽的环境。

【观赏与应用】姿态优美，花葶直立且多叶，马尾式的穗状有限花序直立向上，颇具特色，适宜布置花境或在路旁带状栽植，庭院自然式丛植。也可作切花观赏。

485 腺梗豨莶 *Siegesbeckia pubescens*

【科属】菊科，豨莶属

【别名】毛豨莶、棉苍狼、珠草等

【花期】4~9月

【果期】6~11月

【高度】30~110cm

识别要点

一年生草本植物。茎直立，分枝斜升，上部的分枝常成复二歧状，非二歧分枝。全部分枝被灰白色短柔毛。叶三角状卵圆形或卵状披针形，三出基脉。头状花序，花黄色。瘦果倒卵圆形。

【分布及生境】分布广泛，生于山野、荒草地、灌丛及林下。

【生 长 习 性】适应性强。

【观赏与应用】适合在野生状态环境下作自播地被植物，形成自然野趣。

486

鳢肠 *Eclipta prostrata*

【科属】菊科，鳢肠属

【别名】旱莲草、墨莱等

【花期】6~9月

【果期】9~10月

【高度】可达60cm

识别要点

一年生草本植物。茎直立，贴生糙毛。叶披针形，两面被密硬糙毛。头状花序，花冠管状，白色。瘦果暗褐色，表面有小瘤状突起。

【分布及生境】中国各地均有分布。生于河边、田边或路旁。

【生长习性】耐阴湿，以潮湿、疏松肥沃，富含腐殖质的壤土栽培为宜。

【观赏与应用】适合在野生状态的湿地、林下自播种植，夏季观花，野趣盎然，也可食用。

487 金光菊 *Rudbeckia laciniata*

【科属】菊科，金光菊属

【别名】黑眼菊等

【花期】6~9月

【果期】秋季

【高度】50~200cm

识别要点

多年生草本植物，多作一、二年生栽培。枝叶粗糙，全株被毛。近根出叶，上部叶互生，叶匙形及阔披针形，叶缘具粗齿。头状花序，舌状花单轮，金黄色；筒状花（花心）黄绿色，呈半球形。瘦果无毛，压扁，稍有4棱。

【分布及生境】原产于北美洲，中国各地庭院常见栽培。

【生长习性】既耐寒，又耐旱，喜向阳通风环境。有自播习性，一般土壤均可栽培。

【观赏与应用】是一种美丽的观赏植物，多用作庭院布置，可作花坛、花境材料，或布置草地边缘，也可作切花。

488

波斯菊 *Cosmos bipinnata*

【科属】菊科，秋英属

【别名】秋英、大波斯菊、格桑花等

【花期】6~8月

【果期】9~10月

【高度】1~2m

识别要点

一年生或多年生草本植物。叶二次羽状深裂，裂片线形或丝状线形。头状花序单生；花柱具短突尖的附器。瘦果黑紫色，长8~12mm。

【分布及生境】原产于美洲墨西哥，在中国栽培非常广泛。

【生长习性】喜温暖和阳光充足的环境，耐干旱，忌积水，不耐寒，适宜在肥沃、疏松和排水良好的土壤中栽植。

【观赏与应用】可用于公园、花园、草地边缘、道路旁、小区旁的绿化栽植，也可用于布置花境。重瓣品种可用于制作切花。

489 黄秋英 *Cosmos sulphureus*

【科属】菊科，秋英属

【别名】黄芙蓉、芒果菜等

【花期】6~8月

【果期】9~10月

【高度】1.5~2m

识别要点

一年生草本植物，叶2~3次羽状深裂，裂片披针形至椭圆形，头状花序，舌状花橘黄色或金黄色，先端具3齿；管状花黄色。瘦果具粗毛。

【分布及生境】原产于墨西哥至巴西。在中国各地庭院中常见栽培。

【生 长 习 性】喜阳光充足，耐热，不耐寒，耐湿，怕干旱，不耐阴。

【观赏与应用】花大、色艳，适宜丛植或片植。也可利用其能自播繁衍的特点，与其他多年生花卉一起用于花境栽植，或在草坪及林缘自然式配植。可用于花坛布置，也可用作切花。

490

金盏银盘 *Bidens biternata*

【科属】菊科，鬼针草属

【别名】黄花雾等

【花期】8～10月

【果期】8～10月

【高度】30～150cm

识别要点

一年生草本植物。茎直立，略具四棱。叶为一回羽状复叶，头状花序，总苞基部有短柔毛，内层苞片长椭圆形或长圆状披针形。舌状花通常3～5朵，不育，舌片淡黄色，长椭圆形，先端3齿裂，或有时无舌状花；盘花筒状。瘦果条形，黑色，具四棱。

【分布及生境】产于中国多地。生于路边、村旁及荒地中。

【生长习性】喜温暖湿润气候，以疏松肥沃、富含腐殖质的沙质壤土及黏壤土为宜。

【观赏与应用】适合在野生状态环境中作自播地被植物，形成野趣。幼嫩茎枝可作牲畜饲料。

491

鬼针草 *Bidens pilosa*

【科属】菊科，鬼针草属

【别名】虾钳草、蟹钳草、对叉草、粘人草、粘连子等

【花期】8～10月

【果期】8～10月

【高度】30～100cm

识别要点

一年生直立草本植物，其茎直立，茎下部叶较小，很少为具小叶的羽状复叶，两侧小叶椭圆形或卵状椭圆形。头状花序，总苞基部被短柔毛，苞片7～8枚，条状匙形，无舌状花，盘花筒状。瘦果黑色，条形，上部具稀疏瘤状突起及刚毛，具倒刺毛。

【分布及生境】产于华东、华中、华南、西南各地。生于村旁、路边及林野。

【生 长 习 性】喜温暖湿润，以疏松肥沃、富含腐殖质的沙质壤土及黏壤土为宜。

【观赏与应用】性温，味苦，无毒，全草均可入药，具有清热解毒、散瘀消肿等功效。

492

牛膝菊 *Galinsoga parviflora*

【科属】菊科，牛膝菊属

【别名】辣子草、向阳花、珍珠草、铜锤草等

【花期】7~10月

【果期】7~10月

【高度】10~80cm

识别要点

一年生草本植物。茎纤细，叶对生。头状花序半球形，有长花梗，总苞半球形或宽钟状，总苞片外层短，内层卵形或卵圆形；舌状花，舌片白色，筒部细管状，托片纸质。瘦果常压扁，熟时黑色或黑褐色，被白色微毛。

【分布及生境】原产于南美洲，分布于中国四川、云南、贵州、西藏等地。生于林下、河谷地、荒野、河边、田间、溪边或市郊路旁。在适应的环境条件下生长迅速，易扩散，并建立大的种群。

【生 长 习 性】喜潮湿、日照长、光照强度高的环境。

【观赏与应用】适合在野生状态的环境中自播种植，形成野趣。

493

天人菊 *Gaillardia pulchella*

【科属】菊科，天人菊属

【别名】虎皮菊、老虎皮菊等

【花期】6~8月

【果期】6~8月

【高度】20~60cm

识别要点

一年生草本植物，茎中部以上多分枝，分枝斜升，被短柔毛或锈色毛。下部叶匙形或倒披针形，边缘波状钝齿、浅裂至琴状分裂，先端急尖；上部叶长椭圆形、倒披针形或匙形，叶两面被伏毛。头状花序，舌状花黄色，基部带紫色，舌片宽楔形。瘦果，基部被长柔毛。

【分布及生境】原产于热带美洲，中国各地均有栽培。

【生 长 习 性】较耐干旱，且耐炎热，喜欢高温，但是不耐寒。喜光照，也可耐半阴。

【观赏与应用】色彩艳丽，花期长，栽培管理简单，常作庭院栽培，供观赏。

494

蓝目菊 *Dimorphotheca ecklonis*

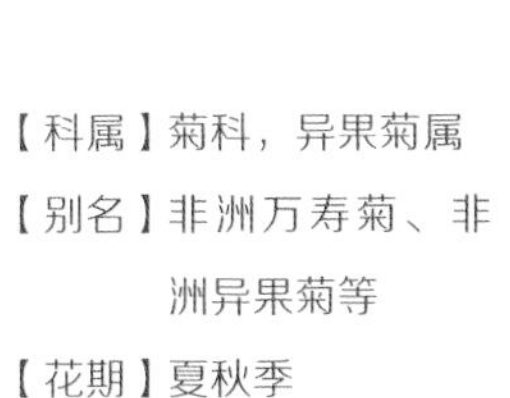

【科属】菊科，异果菊属

【别名】非洲万寿菊、非洲异果菊等

【花期】夏秋季

【高度】可达60cm

识别要点

多年生草本植物。基生叶丛生，茎生叶互生，通常羽裂，全缘或少量锯齿，叶面幼嫩时有白色绒毛。舌状花白色，先端尖，背面淡紫色，盘心蓝紫色，有单瓣、重瓣之分。

【分布及生境】原产于南非。

【生长习性】不耐寒，忌炎热，适宜温度为18～26℃，喜向阳环境和排水良好的土壤。

【观赏与应用】丛植或片植，可用于花坛、花境布置，或在草坪及林缘自然式配植。

495

野菊 *Chrysanthemum indicum*

【科属】菊科，茼蒿属

【别名】野黄菊、菊花脑等

【花期】6～11月

【果期】10～11月

【高度】0.25～1m

识别要点

多年生草本植物，茎直立或铺散，头状花序，多数在茎枝顶端排成疏松的伞房圆锥花序，或少数在茎顶排成伞房花序。花黄色。

【分布及生境】分布于东北、华北、华中、华南及西南各地。生于山坡草地、灌丛、河边水湿地、滨海盐渍地、田边及路旁。

【生 长 习 性】喜湿，耐盐碱，适应性强。

【观赏与应用】适合在野生状态环境中作自播地被植物，形成野趣；全草入药，清热解毒、疏风散热、散瘀、明目、降血压。

496 艾蒿 *Artemisia argyi*

【科属】菊科，蒿属
【别名】金边艾等
【花期】7~10月
【果期】7~10月
【高度】80~250cm

识别要点

多年生草本植物或略成半灌木状，植株有浓烈香气。主根明显，略粗长。叶厚纸质，上面被灰白色短柔毛，并有白色腺点与小凹点。头状花序椭圆形，无梗或近无梗。瘦果长卵形或长圆形。

【分布及生境】在我国除极干旱与高寒地区外，几乎遍及各地。生于低海拔至中海拔地区的荒地、路旁河边及山坡等地，也见于森林草原及草原地区，局部地区为植物群落的优势种。

【生长习性】对气候和土壤的适应性较强，耐寒耐旱，喜温暖、湿润的气候，在潮湿肥沃的土壤上生长较好。

【观赏与应用】挂艾蒿于门上为民间端午节风俗。全草入药，有温经、去湿散寒作用。此外，全草可作杀虫的农药，或薰烟作房间消毒、杀虫药。嫩芽及幼苗可作菜蔬。

497

野艾蒿 *Artemisia lavandulaefolia*

【科属】菊科，蒿属

【别名】荫地蒿，狭叶艾等

【花期】8～10月

【果期】8～10月

【高度】50～120cm

识别要点

多年生草本植物。茎直立，上部有斜升的花序枝，被密短毛，下部叶有长柄。头状花序，椭圆形或长圆形，花序凸起；花冠狭管状，紫红色；花柱线形，两性花，花药线形。

【分布及生境】分布于中国大部分地区。多生于低或中海拔地区的路旁、林缘、山坡、草地、山谷、灌丛及河湖滨草地等。

【生 长 习 性】以阳光充足的湿润环境为佳，耐寒。对土壤要求不严，一般土壤可种植，但在盐碱地中生长不良。

【观赏与应用】入药，有散寒、祛湿、温经、止血作用。嫩苗作菜蔬或腌制酱菜食用。鲜草作饲料。

498

茵陈蒿 *Artemisia capillaris*

【科属】菊科，蒿属

【别名】白茵陈、绒蒿等

【花期】7~10月

【果期】7~10月

【高度】40~120cm

识别要点

半灌木状草本植物，植株有浓烈的香气。主根明显木质，茎单生或少数，红褐色或褐色，基生叶密集着生，常成莲座状；叶片卵圆形或卵状椭圆形，2~3回羽状全裂，每侧有裂片；头状花序卵球形，瘦果长圆形或长卵形。

【分布及生境】分布于辽宁、河北、陕西、山东、江苏等地，生长在低海拔河岸、海岸附近的湿润沙地、路旁及低山坡地带。

【生 长 习 性】喜温暖湿润的环境。

【观赏与应用】可用作软化硬质景观的地被材料，或布置庭院花境景观。还可食用，蒸食、凉拌均可。

499

蒙古蒿 *Artemisia mongolica*

【科属】菊科，蒿属

【别名】蒙蒿、狭叶蒿、狼尾蒿、水红蒿、沙里尔日等

【花期】8~10月

【果期】8~10月

【高度】40~120cm

识别要点

多年生草本植物。叶纸质，羽状全裂，裂片披针形或线形，无柄。头状花序多数，有线形小苞叶，总苞片覆瓦状排列，两性花；花冠管状，背面具黄色小腺点，檐部紫红色；花药线形。瘦果小，长圆状倒卵形。

【分布及生境】分布于东北、华北、西北、华中等地，蒙古、日本及俄罗斯（西伯利亚）等国也有分布。多生于中或低海拔地区的山坡、灌丛、河湖岸边及路旁等。

【生 长 习 性】喜湿润，耐瘠薄。

【观赏与应用】可提取芳香油，供化工工业用。也可作纤维与造纸的原料，具有一定的经济价值。

500

石胡荽 *Centipeda minima*

【科属】菊科，石胡荽属

【别名】鹅不食草等

【花期】6~10月

【果期】6~10月

【高度】5~20cm

识别要点

一年生草本植物。茎多分枝，匍匐状，微被蛛丝状毛或无毛。叶互生，楔状倒披针形，顶端钝，基部楔形，边缘有少数锯齿。头状花序小，扁球形，单生于叶腋，总苞片2层，椭圆状披针形，绿色；花冠管状，淡紫红色，下部有明显的狭管。瘦果椭圆形。

【分布及生境】产于东北、华北、华中、华东、华南、西南。生于路旁、荒野阴湿地。

【生 长 习 性】喜阴湿的环境。

【观赏与应用】适合在野生状态的湿地、林下作自播地被植物，形成野趣。

501 大吴风草 *Farfugium japonicum*

【科属】菊科，大吴风草属

【别名】八角乌、活血莲、金钵盂、独角莲、一叶莲、大马蹄香、大马蹄等

【花期】8月至翌年3月

【果期】8月至翌年3月

【高度】花葶高达70cm

识别要点

多年生草本植物。叶全部基生，莲座状，有长柄，肾形，近革质。头状花序辐射状，黄色。瘦果圆柱形，有纵肋，被成行短毛。

【分布及生境】分布于中国东部地区。生长于低海拔地区的林下、山谷及草丛。

【生 长 习 性】喜半阴和湿润环境，忌干旱和夏季阳光直射。

【观赏与应用】覆盖力强，株形饱满完整，可丛植、片植于公园绿地、居住区、道路绿地等。

502

千里光 *Senecio scandens*

【科属】菊科，千里光属

【别名】蔓黄菀、九里明等

【花期】9 ~ 10月

【果期】10 ~ 11月

识别要点

多年生攀缘草本植物。叶片卵状披针形至长三角形，顶端渐尖，基部宽楔形，羽状脉，叶脉明显。头状花序有舌状花，多数，黄色。瘦果圆柱形。

【分布及生境】在中国广泛分布，常生长于林缘、荒地、灌丛、岩石上。

【生 长 习 性】适应性强，对土壤的要求也不严，但以肥沃、湿润、排水良好的沙壤土栽培为佳。

【观赏与应用】适合在野生状态环境中作自播地被植物，可观花，野趣盎然，全草可入药，有清热解毒的功效。

503

小蓟 *Cirsium arvense* var. *integrifolium*

【科属】菊科，蓟属

【别名】刺儿菜等

【花期】5~9月

【果期】5~9月

【高度】30~120cm

识别要点

多年生草本植物，地下部分常大于地上部分，有长根茎，茎直立，幼茎被白色蛛丝状毛，有棱。花序分枝无毛或有薄绒毛，小花紫红色或白色。瘦果淡黄色，椭圆形或偏斜椭圆形。

【分布及生境】在中国除广东、广西、云南、西藏外，各地均有分布。普遍群生于荒地、耕地、路边、村庄附近。

【生 长 习 性】适应性很强，任何气候条件下均能生长。

【观赏与应用】适合在野生状态环境中作自播地被植物，可观花，野趣盎然。也可作野菜食用。

504

泥胡菜 *Hemistepta lyrata*

【科属】菊科，泥胡菜属

【别名】猪兜菜、艾草等

【花期】3～8月

【果期】3～8月

【高度】30～100cm

识别要点

一年生草本植物。茎单生，纤细，被稀疏蛛丝毛。叶羽状深裂；头状花序，小花紫色或红色，花冠裂片线形。瘦果小，偏斜楔形，深褐色。

【分布及生境】在中国除新疆、西藏外，各地均有分布。

【生 长 习 性】适应性强。

【观赏与应用】适合在野生状态环境中作冷季地被植物，形成野趣。

505

花叶滇苦菜 *Sonchus asper*

【科属】菊科，苦苣菜属

【别名】续断菊等

【花期】5～10月

【果期】5～10月

【高度】20～50cm

识别要点

一年生草本植物。侧裂片4～5对，椭圆形、三角形、宽镰刀形或半圆形。头状花序，舌状小花黄色。瘦果倒披针状，褐色。

【分布及生境】国内广泛分布，生长于山坡、林缘及水边。

【生 长 习 性】耐湿，适应性强。

【观赏与应用】适合在野生状态环境中作冷季地被植物，可观花，野趣盎然。

506

苣荬菜

Sonchus wightianus

【科属】菊科，苦苣菜属

【别名】南苦苣菜等

【花期】1~9月

【果期】1~9月

【高度】30~150cm

识别要点

多年生草本植物。基生叶多数，头状花序，舌状小花多数，黄色。瘦果稍压扁，长椭圆形，冠毛白色。

【分布及生境】在中国广泛分布。生长在山坡草地、林间草地、潮湿地或近水旁、村边或河边砾石滩。

【生长习性】喜温暖潮湿。

【观赏与应用】适合在野生状态环境中作地被植物，形成野趣。

507 苦苣菜 *Sonchus oleraceus*

【科属】菊科，苦苣菜属

【别名】滇苦荬菜等

【花期】5 ~ 12月

【果期】5 ~ 12月

【高度】40 ~ 150cm

识别要点

一、二年生草本植物。茎直立，单生。基生叶羽状深裂，全形长椭圆形或倒披针形。头状花序，舌状小花多数，黄色。瘦果褐色。

【分布及生境】在中国广泛分布。生于田野、路旁、村舍附近。

【生 长 习 性】喜温暖潮湿。

【观赏与应用】适合在野生状态环境下作自播地被植物，形成野趣。民间常作为野菜食用，也是一种良好的青绿饲料。

508

黄鹌菜 *Youngia japonica*

【科属】菊科，黄鹌菜属

【别名】黄鸡婆等

【花期】4~10月

【果期】4~10月

【高度】10~100cm

识别要点

一年生或二年生草本植物。茎直立，叶基生，倒披针形，提琴状羽裂。裂片有深波状齿，叶柄微具翅。头状花序有柄，排成伞房状、圆锥状和聚伞状；总苞圆筒形，花序托平；全为舌状花，花冠黄色。瘦果纺锤状，稍扁，冠毛白色。

【分布及生境】分布遍及中国各地。生于山坡、山谷及山沟林缘、林下、林间草地及潮湿地、河边沼泽地、田间与荒地上。

【生 长 习 性】温度、湿度无太多要求，具有很强的适应性。

【观赏与应用】适合在野生状态环境中作冷季地被植物，可观花，野趣盎然。

509

蒲公英 *Taraxacum mongolicum*

【科属】菊科，蒲公英属

【别名】黄花地丁、婆婆丁、灯笼草等

【花期】4~9月

【果期】5~10月

【高度】可达30cm

识别要点

多年生草本植物。叶边缘有时具波状齿或羽状深裂，基部渐狭成叶柄，叶柄及主脉常带红紫色；花葶上部紫红色，密被蛛丝状白色长柔毛，头状花序。种子上有白色冠毛结成的绒球，花开后随风飘到新的地方孕育新生命。

【分布及生境】广泛生于中、低海拔地区的山坡草地、路边、田野、河滩。

【生长习性】适应性强，抗逆性强，抗寒又耐热。

【观赏与应用】可作花境、草坪地被植物。可药用，也可生吃、炒食、做汤，是药食兼用的植物。

泽泻科

510

泽泻 *Alisma plantago-aquatica*

【科属】泽泻科，泽泻属

【别名】水泽等

【花期】5 ~ 10月

【果期】5 ~ 10月

【高度】50 ~ 100cm

识别要点

多年生水生或沼生草本植物。块茎直径1 ~ 3.5cm，或更大。叶通常多数，呈水叶条形或披针形，挺水叶宽披针形、椭圆形至卵形。花两性，白色、粉红色或浅紫色，花柱直立，花药椭圆形，黄色或淡绿色。瘦果椭圆形，种子紫褐色。

【分布及生境】产于黑龙江、吉林等地。生于湖泊、河湾、溪流、水塘的浅水带，沼泽、沟渠及低洼湿地也有生长。

【生 长 习 性】喜气候温和、阳光充足的环境，喜比较肥沃而稍带黏性的土壤。

【观赏与应用】泽泻为浅水种植观赏水生植物，簇生白花，花较大，花期较长，节节高升，观赏价值较高。也可入药，主治肾炎水肿等。

511 窄叶泽泻 *Alisma canaliculatum*

【科属】泽泻科，泽泻属

【别名】水仙草等

【花期】5~10月

【果期】5~10月

【高度】20~100cm

识别要点

多年生水生或沼生草本植物。沉水叶条形，叶柄状；挺水叶披针形，稍呈镰状弯曲。花葶直立，白色。瘦果倒卵形，种子深紫色。

【分布及生境】分布于江苏、安徽、浙江、江西、湖北、湖南、四川等地。生长于湖边、溪流、水塘、沼泽及积水湿地。

【生 长 习 性】喜日光直射之处，喜温暖，怕寒冷。

【观赏与应用】窄叶泽泻为浅水种植观赏水生植物，簇生白花生长在窄而长的叶丛中，姿态优美。

512 东方泽泻 *Alisma orientale*

【科属】泽泻科，泽泻属

【别名】芒芋、一枝花等

【花期】5~9月

【果期】5~9月

【高度】35~90cm

识别要点

多年生水生或沼生草本植物，叶多数；挺水叶宽披针形、椭圆形，先端渐尖，基部近圆形或浅心形，叶脉5~7条，叶柄较粗壮，基部渐宽，边缘窄膜质。花序长20~70cm，内轮花被片近圆形，比外轮大，白色、淡红色，稀黄绿色，边缘波状；花药黄绿色或黄色，种子紫红色。

【分布及生境】中国各地均有分布，常生长于湖池、水塘、沼泽及积水湿地。

【生 长 习 性】喜光，喜温暖。

【观赏与应用】在园林浅水区作水景植物。

513

慈姑 *Sagittaria trifolia* var. *sinensis*

【科属】泽泻科，慈姑属

【别名】白地栗、茨菰等

【花期】5 ~ 10月

【果期】5 ~ 10月

【高度】0.5 ~ 1.1m

识别要点

多年生草本水生植物，常作一年生栽培。根状茎横生，较粗壮，顶端膨大成球茎，长2 ~ 4cm，直径约1cm。基生叶簇生，叶形变化极大，多数为狭箭形；叶柄粗壮，基部扩大成鞘状，边缘膜质。花梗直立，粗壮，总状花序或圆锥形花序；花白色。

【分布及生境】长江以南各地广泛栽培。生于湖泊、池塘、沼泽、沟渠、水田等水域。

【繁殖方式】 喜温湿及充足阳光，适合在黏性土壤上生长。

【生 长 习 性】有很强的适应性，在陆地上各种水面的浅水区均能生长，但需要光照充足、气候温和、较背风的环境，要求在土壤肥沃但土层不太深的黏土上生长。

【观赏与应用】叶形奇特，适应能力较强，可作水边、岸边的绿化植物，也可作为盆栽观赏。球茎含丰富的淀粉质，适于长期贮存，稍有苦味，食用风味独特。

水鳖科

514

黑藻 *Hydrilla verticillata*

【科属】水鳖科，黑藻属

【别名】水王药、虾形草等

【花期】5～10月

【果期】5～10月

识别要点

多年生沉水草本植物。茎伸长，呈圆柱形，表面具纵向细棱纹，质较脆。叶4～8枚轮生，线形或长条形。花单性，雌雄异株；雄佛焰苞近球形，绿色，表面具明显的纵棱纹，顶端具刺凸。果实圆柱形。

【分布及生境】广泛分布于欧亚大陆热带至温带地区，生长于淡水中。

【生 长 习 性】喜光照充足的环境，喜温暖，耐寒冷，越冬温度不宜低于4℃。

【观赏与应用】适合室内水体绿化，是装饰水族箱的良好材料，常作为中景、背景草使用。全草可作猪饲料，也可作为绿肥使用。

515 水鳖 *Hydrocharis dubia*

【科属】水鳖科，水鳖属

【别名】水旋覆等

【花期】8 ~ 10月

【果期】8 ~ 10月

识别要点

浮水草本植物。叶簇生，多漂浮，有时伸出水面；叶片心形或圆形，全缘。花瓣白色，基部黄色。果实浆果状，椭圆形。

【分布及生境】分布广泛，生于静水池沼中。

【生 长 习 性】喜光照充足、温暖的环境。

【观赏与应用】具有水质净化能力，心形或圆形叶，颜色翠绿，可用于小型家庭水族观赏布景和大型湿地公园水景设计。

棕榈科

516

棕榈 *Trachycarpus fortunei*

【科属】棕榈科，棕榈属

【别名】棕树等

【花期】4月

【果期】12月

【高度】3～10m，或更高

识别要点

常绿乔木，茎单生，具不易脱落的叶柄基部和网状纤维。树干常有残存的老叶柄以及黑褐色叶鞘。叶形如扇，裂片条形，多数，坚硬，先端2浅裂；叶柄长0.5～1m，两侧具细锯齿。花淡黄色。果肾形，宽11～12mm，熟时呈蓝黑色，略被白粉。

【分布及生境】产于华南沿海至秦岭、长江流域以南，我国大部分地区有栽培。

【生长习性】喜温暖、湿润气候及肥沃、排水良好的石灰性、中性或微酸性土壤。是棕榈科最耐寒的植物之一；大树喜光，小树耐阴。浅根性，无主根，易被风吹倒。

【观赏与应用】树干挺拔，叶姿优雅。适宜对植、列植于庭前、路边、入口处，或孤植、群植于池边、林缘、草地边角、窗前，颇具南国风光。也可盆栽、布置会场及庭院。耐烟尘，可吸收多种有害气体，宜在工矿区种植。

517

布迪椰子 *Butia capitata*

【科属】棕榈科，果冻椰子属

【别名】冻子椰子，弓葵、果冻椰子等

【花期】4～5月

【果期】10～11月

【高度】7～8m

识别要点

常绿乔木，单干型，老叶基残存包裹于树干，粗壮、坚硬。羽状叶，弯曲如弓形，厚革质，叶端尖锐，叶柄具刺。雌雄同株，花序腋生，花序梗及花瓣均为紫红色。果卵球形，成熟时为橙红色；种子圆形或近圆形，核果内有种子。

【分布及生境】原产于南美洲，中国黄淮流域及京津地区有引种栽培。

【生 长 习 性】喜阳光充足、气候温暖的环境。

【观赏与应用】叶片银灰色，花序梗及花瓣紫红色，具有观赏价值，适合列植，在较宽的道路两边用作行道树，以展现其群体韵律美；也可丛植，与草坪、花灌木配植，形成疏密有致、视觉疏朗的植物景观空间。果肉糖分高，可供食用。

518

棕竹 *Rhapis excelsa*

【科属】棕榈科，棕竹属

【别名】观音竹，筋头竹等

【花期】6~7月

【果期】9~10月

【高度】2~3m

识别要点

常绿丛生灌木，茎圆柱形，有节。叶掌状，5~10片深裂，裂片不等宽，具2~5条肋脉，先端截状，边缘及脉上具稍锐利的锯齿；叶柄顶端的小戟突略呈半圆形。果近球形，种子球形。

【分布及生境】产于华南及西南地区。

【生长习性】喜温暖、阴湿及通风良好的环境和排水良好、富含腐殖质的沙壤土。夏季温度以20~30℃为宜，冬季温度不可低于4℃。萌蘖力强，适应性强。

【观赏与应用】株丛挺拔，叶形秀丽，宜配植于花坛、廊隅、窗下、路边，丛植、列植均可；也可盆栽或制作盆景，供室内装饰。

天南星科

519

菖蒲 *Acorus calamus*

【科属】天南星科，菖蒲属

【别名】泥菖蒲、野菖蒲、臭菖蒲、山菖蒲、白菖蒲、剑叶菖蒲、大菖蒲等

【花期】6~9月

【果期】8~10月

【高度】40~60cm

识别要点

多年生草本植物，根状茎粗壮。叶基生，剑形，中脉明显突出，基部叶鞘套折，有膜质边缘。叶状佛焰苞剑状线形。肉穗花序斜上或近直立，圆柱形。浆果长圆形，成熟时红色。

【分布及生境】原产于中国及日本，北温带均有分布。生于沼泽地、溪流或水田边。

【生 长 习 性】喜冷凉湿润气候和阴湿环境，耐寒，忌干旱。

【观赏与应用】适宜水景岸边及水体绿化，也可盆栽观赏。叶、花序还可以作插花材料。

520 石菖蒲 *Acorus tatarinowii*

【科属】天南星科，菖蒲属

【别名】薄菖蒲、回手香等

【花期】2~6月

【果期】2~6月

【高度】30~50cm

识别要点

多年生草本植物，其根茎具气味。叶全缘，排成二列，肉穗花序（佛焰花序），花梗绿色，佛焰苞叶状。

【分布及生境】中国各地常有栽培，多生在山涧水石空隙中或山沟流水砾石间。

【生 长 习 性】喜阴湿环境，不耐阳光暴晒，不耐干旱。稍耐寒，在长江流域可露地生长。

【观赏与应用】常绿而具光泽，生长强健，宜在较密的林下作地被植物。

521

金钱蒲 *Acorus gramineus*

【科属】天南星科，菖蒲属

【别名】小石菖蒲等

【花期】5~6月

【果期】7~8月

【高度】20~30cm

识别要点

根茎较短，长5~10cm；根肉质，须根密集。根茎上部多分枝，呈丛生状。叶片厚，较窄小，芳香，手触摸之后香气长时不散。

【分布及生境】中国各地常栽培。多生长于湿地或石上。

【生 长 习 性】喜阴湿环境和冷凉湿润气候，耐寒，忌干旱。

【观赏与应用】常作为景观植物盆栽或在园林水景中点缀使用。

522

半夏 *Pinellia ternata*

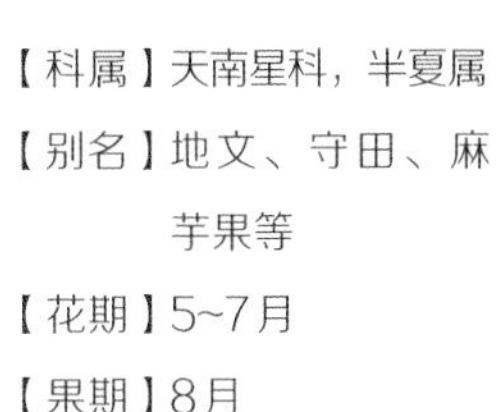

【科属】天南星科，半夏属

【别名】地文、守田、麻芋果等

【花期】5~7月

【果期】8月

【高度】15 ~ 30cm

识别要点

多年生草本植物。块茎圆球形，直径1 ~ 2cm，具须根。叶2 ~ 5枚，有时1枚。幼苗叶片为全缘单叶，老株叶片3全裂，佛焰苞绿色或绿白色。浆果卵圆形，黄绿色。

【分布及生境】广泛分布于长江流域以及东北、华北等地，在西藏也有分布。属浅根性植物，野生多见于山坡、溪边阴湿的草丛或林下。

【生 长 习 性】喜温和湿润气候和荫蔽的环境，怕高温、干旱及强光照射，耐寒。

【观赏与应用】可在野生状态环境中作地被植物。可药用，能燥湿化痰，降逆止呕。

523

狗爪半夏 *Pinellia pedatisecta*

【科属】天南星科，半夏属

【别名】虎掌等

【花期】6 ~ 7月

【果期】9 ~ 11月

识别要点

多年生草本植物，块茎近圆球形，根密集，肉质；叶1 ~ 3枚或更多，叶柄淡绿色，长20 ~ 70cm，下部具鞘；叶片鸟足状分裂，裂片6 ~ 11枚，披针形，渐尖，基部渐狭，楔形；肉穗花序，花序柄长直立。佛焰苞淡绿色。

【分布及生境】在中国除内蒙古、黑龙江、吉林、辽宁、山东、新疆外，各地都有分布。林下、灌丛、草坡、荒地均有生长。

【生 长 习 性】喜冷凉湿润气候和阴湿环境，怕强光。

【观赏与应用】适合在野生状态的旱地、林下作地被植物，可观花、观叶，野趣盎然。

浮萍科

524

浮萍 *Lemna minor*

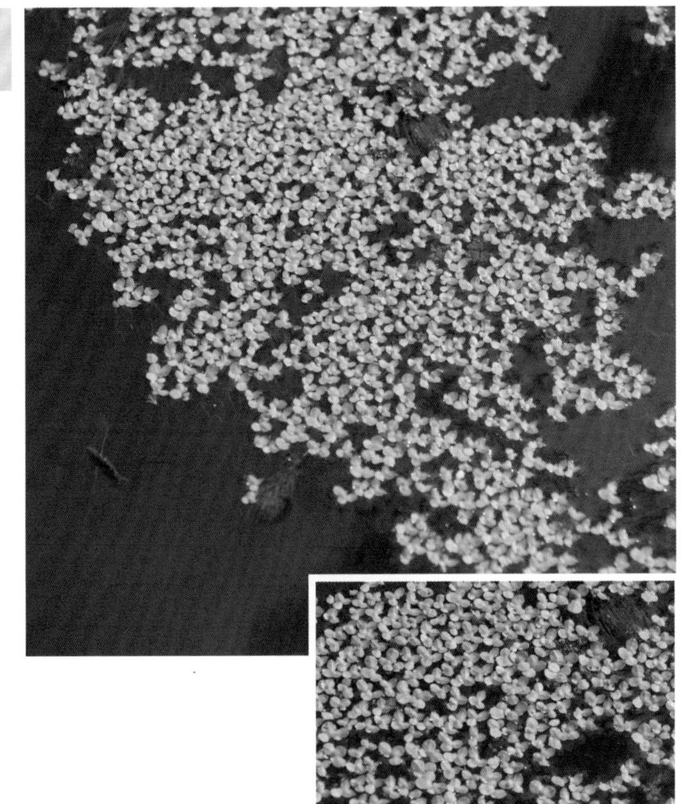

【科属】浮萍科，浮萍属

【别名】水浮萍、水萍草等

【花期】4~6月

【果期】5~7月

识别要点

飘浮植物。叶状体对称，表面绿色，近圆形、倒卵形或倒卵状椭圆形，全缘，上面稍凸起或沿中线隆起，脉不明显，根白色，根冠钝头，根鞘无翅。叶状体背面一侧具囊，新叶状体于囊内形成浮出，以极短的细柄与母体相连，随后脱落。果实无翅，近陀螺状，种子具纵肋。

【分布及生境】中国南北各地均有分布，生于水田、池沼或其他静水水域。

【生 长 习 性】不耐高温。

【观赏与应用】为良好的猪饲料、鸭饲料；也是草鱼的饵料。

鸭跖草科

525

鸭跖草 *Commelina communis*

【科属】鸭跖草科，鸭跖草属

【别名】碧竹子、翠蝴蝶、淡竹叶等

【花期】7~9月

【果期】8~10月

【高度】150cm

识别要点

多年生草本植物。茎叶光滑，茎基部分枝匍匐，上部向上斜升，高约20cm；匍匐枝长约9cm，常在节处生根。叶片披针形至卵状披针形，长约11cm，宽约4cm，茎叶绿色。花深蓝色。

【分布及生境】原产于中国，华东、华北、西南均有分布。

【生 长 习 性】耐阴，喜温暖、湿润、通风环境；要求土壤疏松、肥沃、排水良好，但对各类土壤均能适应。

【观赏与应用】生长强健，叶色青绿，下垂铺散，是良好的室内观叶植物，可布置窗台几架，也可作为庇荫处的花坛镶边。

526 饭包草 *Commelina benghalensis*

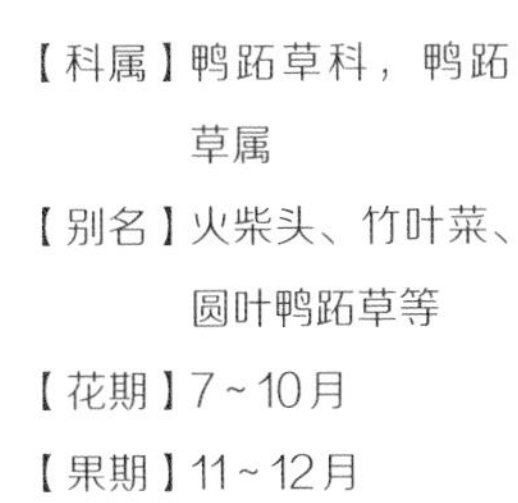

【科属】鸭跖草科，鸭跖草属

【别名】火柴头、竹叶菜、圆叶鸭跖草等

【花期】7~10月

【果期】11~12月

识别要点

多年生披散草本植物。叶有明显的叶柄，卵形，近无毛。花瓣蓝色，圆形，内面2枚具长爪。蒴果椭圆状，种子多皱并有不规则网纹，黑色。

【分布及生境】产于西南、西北、华北、华南等地，常生长在阴湿地或林下潮湿的地方。

【生长习性】喜高温、潮湿的气候，耐阴，适应性强。

【观赏与应用】叶花兼赏，叶形秀丽，小花蓝色，可用于园林湿生绿化，也可盆栽作观赏植物。

527 紫鸭跖草 *Tradescantia pallida*

【科属】鸭跖草科，紫露草属

【别名】紫竹梅等

【花期】6~9月

【果期】10~11月

【高度】20~50cm

识别要点

多年生草本植物。全株深紫色，被短毛。茎细长，多分枝，下垂或匍匐，稍肉质，节上生根，每节具一叶，抱茎，叶阔披针形，端锐尖，全缘。花小，数朵聚生枝端的2枚叶状苞片内，紫红色。

【分布及生境】原产于墨西哥，中国各地均有引种栽培。

【生 长 习 性】喜温暖，较耐寒；喜阳光充足，耐半阴。

【观赏与应用】华南地区可作花坛或地被及基础种植；北方可盆栽、吊盆观赏。

528 紫露草 *Tradescantia ohiensis*

【科属】鸭跖草科，紫露草属

【别名】鸭舌草、毛萼紫露草等

【花期】夏秋季

【果期】夏秋季

【高度】25 ~ 50cm

识别要点

多年生草本植物；茎直立，有明显的节，稍有柔毛。单叶，互生，线状披针形，有叶鞘，表面有紫色细条纹，背面红紫色。伞形花序顶生，花蓝紫色。蒴果。

【分布及生境】原产于北美洲，中国引种栽培。

【生长习性】喜温暖、湿润环境。在湿润、肥沃的土壤上生长良好。喜阳光，不耐阴。

【观赏与应用】株形奇特秀美，适宜用于布置花坛、花园、广场、公园、道路、湖边等地方，作地被植物。

529

水竹叶 *Murdannia triquetra*

【科属】鸭跖草科，水竹叶属

【别名】细竹叶高草、肉草等

【花期】9～10月

【果期】10～11月

【高度】10～30cm

识别要点

多年生草本植物。茎肉质，下部匍匐，节上生根，叶无柄，叶片竹叶形。花粉红色、紫红色或蓝紫色。蒴果卵圆状三棱形。

【分布及生境】广泛分布于中国东南部地区，生于水稻田边或水沟、池沼、池塘及其他阴湿地方。

【生 长 习 性】喜阴湿，适应性强。

【观赏与应用】适合在野生状态的湿地、林下作自播地被植物，野趣盎然。可作饲料，幼嫩茎叶可供食用。

莎草科

530

褐果薹草 *Carex brunnea*

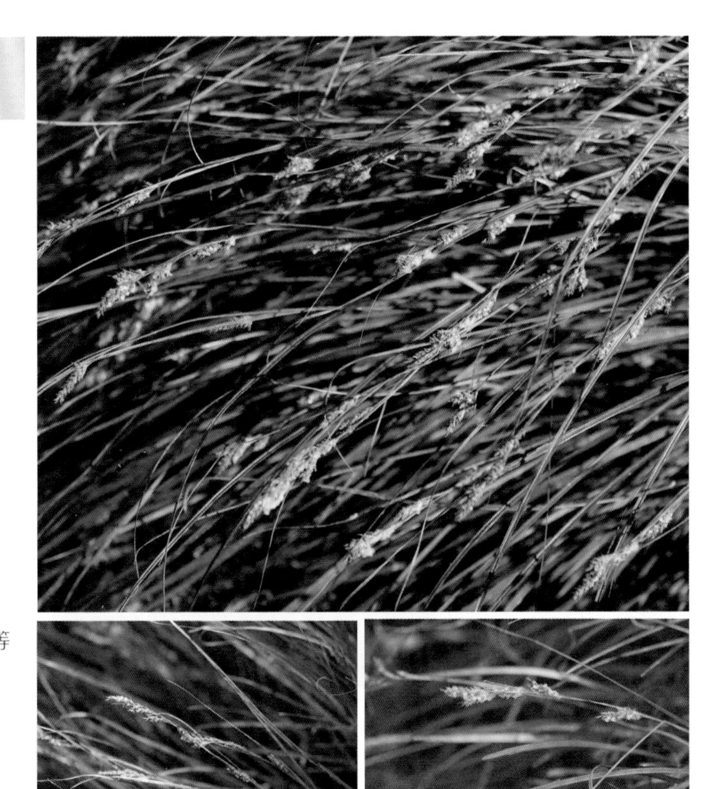

【科属】莎草科，薹草属

【别名】囊草、栗褐薹草等

【花期】5~6月

【果期】9~10月

【高度】40~70cm

识别要点

根状茎短，无地下匍匐茎。秆密丛生，细长，小穗几个至十几个，具多数密生的花。小坚果紧包于果囊内，近圆形，黄褐色。

【分布及生境】产于江苏、浙江、福建、台湾、广东、广西、安徽、湖南、湖北、四川、云南、陕西。生长于山坡、山谷的疏密林下或灌木丛中，以及河边、路边的阴处或水边的阳处。

【生 长 习 性】适应性强。

【观赏与应用】适合在野生状态环境中作林下地被植物，可观叶，野趣盎然。

531

旱伞草 *Cyperus involucratus*

【科属】莎草科，莎草属

【别名】风车草等

【花期】6～7月

【果期】8～11月

【高度】30～150cm

识别要点

多年生丛生草本植物。秆直立，三棱形，无分枝。地下具短根茎，粗壮。叶退化成鞘状，棕色，包裹在茎秆基部。总苞片叶状，数枚伞状着生秆顶，带状披针形；小花序穗状，扁平，多数聚成复伞形花序。

【分布及生境】原产于非洲，中国南北各地均见栽培，广泛分布于森林、草原地区的大湖、河流边缘的沼泽中。

【生 长 习 性】不耐寒，喜温暖、阴湿及通风良好；耐旱，耐水湿，对土壤要求不严，冬季温度不宜过高，保持5～10℃为宜。

【观赏与应用】旱伞草是小型水景园及野趣园中的优良植物。可水培或作插花、盆景材料。

532

具芒碎米莎草 *Cyperus microiria*

【科属】莎草科，莎草属

【别名】黄颖莎草等

【花期】8 ~ 10月

【果期】8 ~ 10月

【高度】20 ~ 80cm

识别要点

一年生草本植物。叶短于秆，叶鞘红棕色，叶状苞片3 ~ 4枚，长于花序。穗状花序，鳞片有明显的突出，鳞片先端的短尖和小穗轴有白色的狭翅。小坚果深褐色，具密的微突起细点。

【分布及生境】遍布中国各地，生长于山坡、田间、水边湿地。

【生 长 习 性】适应性强。

【观赏与应用】适合在野生状态的湿地、山坡上作地被植物，野趣盎然。

533

水葱 *Schoenoplectus tabernaemontani*

【科属】莎草科，水葱属

【别名】葱蒲、莞草等

【花期】6~9月

【果期】6~9月

【高度】1~2m

识别要点

多年生草本植物，根茎匍匐，具多数须根；秆圆柱状，基部具膜质叶鞘，叶片线形。聚伞花序简单或复出；小穗卵形；鳞片椭圆形或宽卵形，棕色或紫褐色，背有锈色小点。小坚果倒卵形或椭圆形，双凸状。

【分布及生境】原产于东北、西北和西南各地，多生于湖边浅水处或浅水塘边。

【生 长 习 性】喜阳光充足、温暖、潮湿的环境，较耐寒。

【观赏与应用】株形奇趣，株丛挺立，在水景园中主要做后景植物。

禾本科

534

毛竹 *Phyllostachys edulis*

【科属】禾本科，刚竹属

【别名】龟甲竹等

【笋期】4月

【花期】5~8月

【高度】可达20m

识别要点

乔木状竹种，地径12~20cm或更粗。竿节间稍短，竿环平，箨环隆起。新竿绿色，有白粉及细毛；老竿灰绿色，节下面有白粉或黑色的粉垢。笋棕黄色，竿箨背面密生黑褐色斑点及深棕色的刺毛；箨叶三角形至披针形，绿色，初直立，后反曲。每小枝有2~3片叶，叶舌隆起，叶耳不明显。

【分布及生境】分布在秦岭、淮河以南，南岭以北，是我国分布最广的竹种。

【生 长 习 性】喜光，也耐阴。喜湿润凉爽气候，较耐寒，能耐-15℃的低温，若水分充沛责耐寒性更强。喜肥沃湿润、排水良好的酸性土壤。

【观赏与应用】竿高叶翠，端直挺秀，宜大面积种植，既可美化环境，又具很高的经济价值。

535 紫竹 *Phyllostachys nigra*

【科属】禾本科，刚竹属

【笋期】4月下旬

【高度】4～8m

识别要点

乔木状中小型竹或灌木，地径可达5cm。竿节两环隆起，新竿绿色，有白粉及细柔毛，一年后变为紫黑色，毛及粉脱落。箨鞘背面密生刚毛，无黑色斑点。箨舌紫色，弧形，与箨鞘顶部等宽，有波状缺齿。每小枝有叶2～3片，披针形，下面有细毛。叶舌微凸起，背面基部及鞘口处常有粗肩毛。

【分布及生境】主要分布于长江流域。

【生 长 习 性】喜温暖、湿润，较耐寒，可耐-20℃低温，也耐阴，忌积水。

【观赏与应用】竿紫叶绿，别具特色，极具观赏价值。宜与其他观赏竹种配植或植于山石之间、园路两侧、池畔水边、书斋和厅堂四周，也可盆栽观赏。

536

斑竹 *Phyllostachys bambusoides*

【科属】禾本科，刚竹属

【别名】湘妃竹等

【笋期】5~7月

【高度】15~20m

识别要点

秆有紫褐色或淡褐色斑点。箨鞘革质，箨耳紫褐色，箨舌拱形，箨片带状，中间绿色，两侧紫色，边缘黄色，叶耳半圆形，叶舌明显伸出。花枝呈穗状，每片佛焰苞腋内有假小穗，小穗披针形。

【分布及生境】分布于黄河至长江流域各地。

【生长习性】喜温，喜阳，喜肥，喜湿，怕风不耐寒，适生在疏松、肥沃、湿润的沙质土壤。

【观赏与应用】栽培供观赏，也为优良用材竹种。还流传着很多关于斑竹的典故和诗词。

537

慈孝竹

Bambusa f. fernleaf

【科属】禾本科，簕竹属

【别名】凤尾竹等

【花期】7~9月

【高度】4~7m

识别要点

竹竿丛生，径0.5~2.2cm。幼竿稍有白粉，节间上部有白色或棕色刚毛。箨鞘薄革质，硬脆；箨舌不显著，约1mm。小枝有5~9片叶，二列状排列，窄披针形。

【分布及生境】分布于东南部至西南部地区，野生或栽培。多生在山谷间、小河旁。

【生 长 习 性】喜温暖湿润气候，耐寒力较强，喜排水良好、湿润的土壤。

【观赏与应用】是园林绿化中不可或缺的造景植物，被广泛用作绿篱和栅栏。

538

箬竹 *Indocalamus tessellatus*

【科属】禾本科，箬竹属

【别名】箬竹等

【花期】6~7月

【笋期】4~5月

【高度】1~2m

识别要点

混生竹、矮生竹类。竿簇生，圆柱形，每节有1~3分枝。叶大，长可达45cm以上，宽超过10cm，矩圆披针形，背面散生一行毛，次脉8~16对，小横脉极明显。地下茎为复轴型。

【分布及生境】产于长江流域各地，生于低丘山坡。

【生 长 习 性】喜温暖湿润，较耐寒。

【观赏与应用】适合在庭院中丛植，点缀山石坡坎，也可密植作绿篱。

539

菲白竹 *Pleioblastus fortunei*

【科属】禾本科，大明竹属

【别名】翠竹等

【高度】20 ~ 40cm

识别要点

混生竹、低矮竹类，竿每节具二至数分枝或下部为1分枝。叶片狭披针形，边缘有纤毛，有明显的小横脉；叶鞘淡绿色，一侧边缘有明显纤毛，鞘口有数条白缘毛。叶面上有白色或淡黄色纵条纹，菲白竹即由此得名。

【分布及生境】华东地区有栽培。

【生 长 习 性】喜温暖湿润气候，喜肥，较耐寒，忌烈日。

【观赏与应用】常植于庭园观赏，作地被植物。

540

菲黄竹 *Pleioblastus viridistriatus*

【科属】禾本科，大明竹属

【高度】30~80cm

识别要点

矮生型竹种，复轴混生型，叶较大，长10~30cm，嫩叶亮黄色，具绿色条纹，十分明显；后色彩逐渐变淡，老叶通常变为绿色。

【分布及生境】分布于长江以南各地。生于山坡林下阴湿处。

【生 长 习 性】耐贫瘠，喜温暖湿润，耐阴也稍耐阳。

【观赏与应用】常植于庭院观赏，作地被植物。

541

早熟禾 *Poa annua*

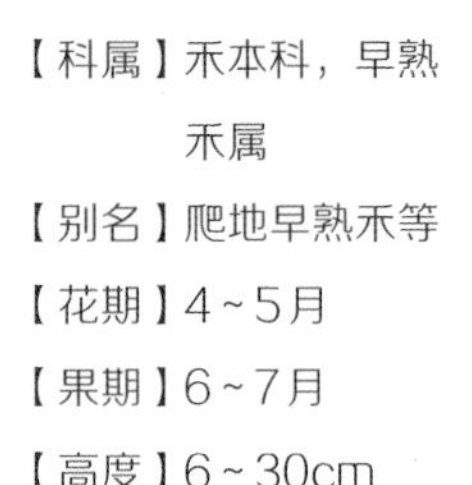

【科属】禾本科，早熟禾属

【别名】爬地早熟禾等

【花期】4~5月

【果期】6~7月

【高度】6~30cm

识别要点

一年生或冬性禾草。秆质软，叶片扁平或对折，质地柔软，常有横脉纹。圆锥花序，小穗卵形，含小花，绿色。颖果纺锤形。

【分布及生境】分布于中国南北各地，生长于平原和丘陵的路旁草地、田野水沟或荫蔽荒坡湿地。

【生 长 习 性】喜光耐阴，喜温暖湿润，又具很强的耐寒能力，耐旱性较差。

【观赏与应用】草坪草。有野生的，也有在狗牙根草坪中种植的。

542

黑麦草 *Lolium perenne*

【科属】禾本科，黑麦草属
【花期】5~7月
【果期】5~7月
【高度】30~90cm

识别要点

多年生草本植物。叶片柔软，具微毛。穗状花序直立，颖披针形，外稃长圆形。颖果长约为宽的3倍。

【分布及生境】各地普遍引种栽培。生于草甸草场、路旁湿地。
【生 长 习 性】喜温凉湿润气候。适合在夏季凉爽、冬季不太寒冷的地区生长。
【观赏与应用】一般用作成片草坪，也是高尔夫球道常用草。

543

看麦娘 *Alopecurus aequalis*

【科属】禾本科，看麦娘属

【别名】棒棒草等

【花期】4~8月

【果期】4~8月

【高度】15~40cm

识别要点

一年生草本植物。秆少数丛生，细瘦，光滑，节处常膝曲，叶鞘光滑，短于节间；叶舌膜质，叶片扁平，圆锥花序圆柱状，灰绿色，小穗椭圆形或卵状长圆形，颖膜质，基部互相连合，脊上有细纤毛，侧脉下部有短毛；外稃膜质，先端钝，等大或稍长于颖，下部边缘互相连合，芒隐藏或稍外露；花药橙黄色。

【分布及生境】产于中国大部分地区。生于田边及潮湿地带。

【生 长 习 性】适应性强，耐寒，耐旱，对土壤要求不严。

【观赏与应用】适合在野生状态环境中作自播地被植物，花药橙黄色，具观赏价值，野趣盎然。

544

鸭茅 *Dactylis glomerata*

【科属】禾本科，鸭茅属

【花期】5~8月

【果期】5~8月

【高度】40~120cm

识别要点

多年生草本植物，疏丛型。须根系，密布于10~30cm深的土层内，深的可达1m以上。秆直立或基部膝曲。叶鞘无毛，通常闭合达中部以上，上部具脊，顶端撕裂状。圆锥花序开展，小穗多聚集于分枝的上部，通常含2~5花。颖片披针形，先端渐尖；颖果长卵形，黄褐色。

【分布及生境】分布于新疆、四川等地的森林边缘、灌丛及山坡草地；并且散见于大兴安岭东南坡地。

【生 长 习 性】喜欢温暖、湿润的气候，最适生长温度为10~28℃。

【观赏与应用】适合在野生状态环境中作林下地被植物，可观花，野趣盎然，有驯化品种。

545

细叶针茅 *Stipa lessingiana*

【科属】禾本科，针茅属
【花期】5~7月
【果期】5~7月
【高度】30~60cm

识别要点

须根坚韧，平滑无毛，具2~3节，基部宿存枯叶鞘。叶片细，圆锥花序狭窄，小穗草黄色；颖背面下部密被散生毛。

【分布及生境】产于新疆等地。常生于石质低山或山麓地带。

【生 长 习 性】喜光，不耐干旱。

【观赏与应用】观赏草，也是优良饲草。

546

鹅观草 *Roegneria kamoji*

【科属】禾本科，鹅观草属

【别名】弯穗鹅观草、柯孟披碱草等

【花期】7~8月

【果期】7~8月

【高度】30~100cm

识别要点

多年生草本植物，秆直立。叶鞘外侧边缘常具纤毛；叶片扁平，穗状花序，弯曲或下垂；小穗绿色或带紫色，含小花。

【分布及生境】除青海、西藏外，分布几乎遍及全国各地。多生长在山坡和湿润草地。

【生 长 习 性】喜温暖湿润环境。

【观赏与应用】适合在野生状态环境中作自播地被植物，野趣盎然，也是优良牧草。

547

丝带草 *Phalaris arundinacea* var. *picta*

【科属】禾本科，虉草属

【别名】玉带草等

【花期】6~8月

【果期】6~8月

【高度】60~140cm

识别要点

多年生草本植物，有根茎。秆通常单生或少数丛生，高可达140cm，叶鞘无毛，叶舌薄膜质，叶片扁平，绿色而有白色条纹间于其中，柔软而似丝带。圆锥花序紧密狭窄，内稃舟形，背具1脊，脊的两侧疏生柔毛。

【分布及生境】主要分布在华北、华中、华东和东北等地。

【生 长 习 性】喜温暖、阴湿的生长环境。对土壤要求不严，常生长于溪边或湿地，既能水生，又能旱生。

【观赏与应用】在园林中常栽植于叠石旁、水景中，或作乔木林缘的地被植物。

548

芦苇 *Phragmites australis*

【科属】禾本科，芦苇属

【花期】7月

【果期】8~11月

【高度】2~4m

识别要点

多年生草本植物。具粗壮匍匐根茎。地上茎粗壮，簇生。叶线形，端渐尖，基部宽，长30cm左右。圆锥花序稠密，微垂头。

【分布及生境】在中国广泛分布，常见于江河湖泽、池塘沟渠沿岸和低湿地。

【生 长 习 性】耐寒，喜温暖、湿润及阳光充足，抗干旱。

【观赏与应用】花序雄伟美观，常用作湖边、河岸低湿处的观赏植物。

549

芦竹 *Arundo donax*

【科属】禾本科，芦竹属
【别名】毛鞘芦竹等
【花期】9 ~ 12月
【果期】9 ~ 12月
【高度】2 ~ 6m

识别要点

多年生宿根草本植物。秆粗壮，有分枝。叶互生，扁平，叶舌膜质，极短；叶片阔披针形，先端尾尖，叶鞘长于节间，紧抱茎。圆锥花序直立，紫色，长30 ~ 60cm，外稃下部密生白色长柔毛，顶端由主脉延伸成1 ~ 2mm的短芒；内稃长为外稃长的一半。主要变种有花叶芦竹，叶片具白色纵长条纹。

【分布及生境】分布于华南、西南、华东及广东等地。生于河岸道旁、沙质壤土上。

【生 长 习 性】稍耐寒，喜温暖湿润，不耐旱。

【观赏与应用】在园林中常植于水边观赏；庭院中可丛植、行植。花叶及高大花序可供观赏。

550 蒲苇 *Cortaderia selloana*

【科属】禾本科，蒲苇属

【花期】7月

【果期】8~11月

【高度】2~3m

识别要点

多年生丛生草本植物，植株高大。叶聚生于基部，长而狭，具细齿，被短毛。雌雄异株，圆锥花序大，呈羽毛状，银白色。花期夏季，秋冬季为果穗观赏期。

【分布及生境】原产于巴西南部及阿根廷。中国上海、南京、北京等地公园有引种。

【生 长 习 性】耐寒，喜温暖、阳光充足及湿润的环境，对土壤要求不严。

【观赏与应用】高大优美，四季常绿，圆锥花序呈纺锤状，花期长，观赏性强，适合庭院栽培。

551

结缕草 *Zoysia japonica*

【科属】禾本科，结缕草属

【别名】锥子草、延地青等

【花期】5 ~ 8月

【果期】5 ~ 8月

【高度】15 ~ 20cm

识别要点

多年生草本植物，具横走根茎。秆直立，叶片扁平或稍内卷。总状花序呈穗状，颖果卵形。

【分布及生境】产于东北、河北、山东、江苏、安徽、浙江、福建、台湾等地。多生长在山坡、平原和海滨草地。

【生长习性】喜温暖湿润气候，喜光，稍耐阴。抗旱、抗盐碱、抗病虫害能力强，耐瘠薄，耐践踏，耐水湿。

【观赏与应用】是优良的运动场和草坪用草以及水土保持植物。

552

牛筋草 *Eleusine indica*

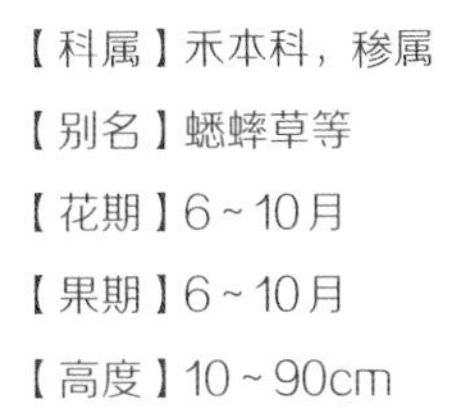

【科属】禾本科，䅟属

【别名】蟋蟀草等

【花期】6~10月

【果期】6~10月

【高度】10~90cm

识别要点

一年生草本植物，根系发达。秆丛生，基部倾斜。叶鞘两侧压扁而具脊，松弛，无毛或疏生疣毛；叶舌长约1mm；叶片平展，线形，无毛或上面被疣基柔毛。穗状花序2~7个指状着生于秆顶，很少单生；小穗含3~6朵小花；颖披针形，具脊，脊粗糙。囊果卵形，基部下凹，具明显的波状皱纹。鳞被2枚，折叠，具5条脉。

【分布及生境】在中国广泛分布于南北各地。多生于荒芜之地及道路旁。

【生 长 习 性】喜光，对土壤要求不高。

【观赏与应用】可作饲料，又为优良保土植物。

553

狗牙根 *Cynodon dactylon*

【科属】禾本科，狗牙根属

【别名】爬根草、铁线草等

【花期】5～10月

【果期】5～10月

【高度】10～30cm

识别要点

多年生草本植物。茎细圆而矮，匍匐地面，可长达1m，节上生根可长出分枝。叶线形，扁平。穗状花序，3～6个排列秆顶，呈指状，小穗排列于穗轴一侧。

【分布及生境】产于世界温暖地区。中国黄河流域以南各地均有生长。

【生 长 习 性】喜温暖，不耐阴，喜光，耐旱，耐践踏，耐修剪。

【观赏与应用】为温暖地区优良的草坪植物。

554

狼尾草 *Pennisetum alopecuroides*

【科属】禾本科，狼尾草属

【别名】狗尾巴草、芮草等

【花期】5～10月

【果期】5～10月

【高度】30～120cm

识别要点

多年生草本植物。秆直立，丛生，在花序下密生柔毛。叶片线形，先端长渐尖，基部生疣毛。圆锥花序直立，主轴密生柔毛。小穗通常单生，线状披针形。

【分布及生境】自东北、华北经华东、中南及西南各地均有分布。多生于田岸、荒地、道旁及小山坡上。

【生 长 习 性】喜光照充足的生长环境，耐旱，耐湿，耐半阴，抗寒性强。

【观赏与应用】观赏草，可作固堤防沙植物。

555

无芒稗 *Echinochloa crusgalli* var. *mitis*

【科属】禾本科，稗属

【花期】6~7月

【果期】7~8月

【高度】50~120cm

识别要点

稗的变种。一年生草本植物。秆直立，粗壮；叶鞘疏松裹秆，平滑无毛。圆锥花序直立，近尖塔形。

【分布及生境】分布遍及全世界温暖地区，多生于田野、园圃、路边湿润地上。

【生 长 习 性】喜潮湿，喜光，耐旱。喜肥沃、疏松的土壤条件。

【观赏与应用】适宜在野生状态环境中作旱地夏秋季地被植物，野趣盎然。

556

马唐 *Digitaria sanguinalis*

【科属】禾本科，马唐属

【花期】6~9月

【果期】6~9月

【高度】10~80cm

识别要点

一年生草本植物。秆膝曲上升。叶片线状披针形，总状花序，穗轴直伸，两侧具宽翼，小穗披针形。

【分布及生境】广泛分布于两半球的温带和亚热带地区，生长在田边、路旁、沟边、河滩、山坡等各类草本植物群落中。

【生 长 习 性】喜湿，好肥，嗜光照，对土壤要求不严格。

【观赏与应用】适合在野生状态环境中作自播地被植物，野趣盎然。也是一种优良牧草，但不宜种植于农田、果园。

557

花叶芒 *Miscanthus sinensis* 'Variegatus'

【科属】禾本科，芒属

【别名】银边芒等

【花期】7 ~ 12月

【果期】7 ~ 12月

【高度】1.5 ~ 1.8m

识别要点

芒的变种，多年生草本植物。秆丛生，直立，绿色，圆筒形。叶较高，条形，鲜绿色，长80cm，具纵向条纹或镶边，具细锯齿，中肋白色而突出。圆锥花序扇形，花穗较大，小穗上的芒为淡紫色。

【分布及生境】广泛分布于中国南北各地。

【生 长 习 性】喜温暖、湿润，耐寒，喜光，对土壤要求不严。

【观赏与应用】适宜庭院丛植，也可作切叶。

558 斑叶芒 *Miscanthus sinensis 'Zebrinus'*

【科属】禾本科，芒属

【花期】8～10月

【果期】9～10月

【高度】80～100cm

识别要点

多年生草本植物，丛生状。叶片有黄色不规则斑纹，下面疏生柔毛并被白粉，具黄白色环状斑。圆锥花序扇形，小穗成对着生，两性花，花黄色，花序紫红色。

【分布及生境】分布于华北、华中、华南、华东及东北地区。

【生 长 习 性】喜光，耐半阴，性强健，抗性强。

【观赏与应用】适合在假山、湖边河边及山石旁种植，也是庭院水景装饰的良好材料。可做切叶。

559 求米草 *Oplismenus undulatifolius*

【科属】禾本科，求米草属

【花期】7～11月

【果期】7～11月

【高度】20～50cm

识别要点

多年生草本植物。秆纤细，基部平卧地面，节处生根。叶鞘短于或上部者长于节间，密被疣基毛；叶舌膜质，短小，长约1mm。圆锥花序长2～10cm，主轴密被疣基长刺柔毛；花柱基分离。

【分布及生境】在中国广泛分布于南北各地，常生长于山坡疏林下。

【生 长 习 性】适应性较强。

【观赏与应用】草质柔软，是较为理想的牧草，也是保土植物。

560

荻 *Triarrhena sacchariflora*

【科属】禾本科，荻属

【花期】8～10月

【果期】8～10月

【高度】可达1.5m

识别要点

多年生草本植物，秆直立。叶片扁平，宽线形，边缘锯齿状粗糙。圆锥花序舒展成伞房状，小穗线状披针形，基盘具长为小穗2倍的丝状柔毛。颖果长圆形。

【分布及生境】产于黑龙江、吉林、辽宁、河北、山西、河南、山东、甘肃及陕西等地。生于山坡草地和平原岗地、河岸湿地。

【生 长 习 性】喜湿，耐瘠薄土壤。

【观赏与应用】多用途草类，是优良防沙护坡植物。

561

白茅 *Imperata cylindrica*

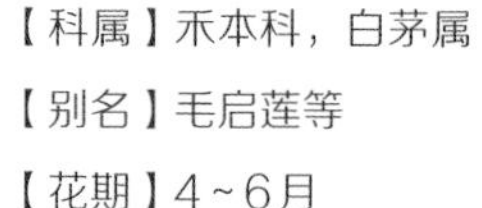

【科属】禾本科，白茅属

【别名】毛启莲等

【花期】4~6月

【果期】4~6月

【高度】可达80cm

识别要点

多年生草本植物，秆直立。秆生叶片窄线形，通常内卷。圆锥花序稠密，具白色纤毛，颖果椭圆形。

【分布及生境】产于辽宁、河北、山西、山东、陕西、新疆等北方地区，生于低山带平原河岸草地、沙质草甸、荒漠与海滨。

【生长习性】喜光，稍耐阴，喜肥又耐瘠薄，喜疏松湿润土壤，耐水淹，也耐干旱。

【观赏与应用】适合在野生状态环境中作地被植物，秋冬季可观果序，野趣盎然。

562

荩草 *Arthraxon hispidus*

【科属】禾本科，荩草属

【别名】绿竹等

【花期】8～10月

【果期】8～10月

【高度】30～60cm

识别要点

一年生草本植物。秆较纤细，叶舌膜质，边缘有较长的纤毛；叶片卵披针形，基部心形抱茎。总花梗长，纤细，花序由指状兼伞房状排列的总状花序组成，穗轴通常光滑无毛或近无毛，卵状披针形。

【分布及生境】广泛分布于我国各地，常生长在田野草地、丘陵灌丛、山坡疏林、湿润或干燥地带。

【生 长 习 性】耐瘠薄。

【观赏与应用】由于荩草耐瘠薄，因此在山石坡面、贫瘠土壤、受践踏较严重的绿地可适当引种或保留自然生长的植株，与其他地被植物混植（如紫花地丁等），既起到护坡固土作用，又能创造自然野趣。

563

薏苡 *Coix lacryma-jobi*

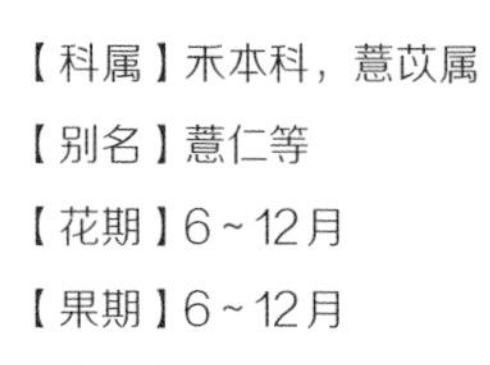

【科属】禾本科，薏苡属

【别名】薏仁等

【花期】6～12月

【果期】6～12月

【高度】1～2m

识别要点

一年生粗壮草本植物。秆直立丛生。叶片扁平宽大，开展。总状花序腋生成束，雌小穗位于花序下部，外面包以骨质念珠状总苞，总苞卵圆形。

【分布及生境】在中国广泛分布，多生长于湿润的屋旁、池塘、河沟、山谷、溪涧或易受涝的农田等地方。

【生长习性】湿生性植物，适应性强，喜温暖气候，忌高温闷热，不耐寒，忌干旱，对土壤要求不严。

【观赏与应用】具有工艺价值，也是优良的牲畜饲料，可药用。

564 阿拉伯黄背草 *Themeda triandra*

【科属】禾本科，菅属
【别名】黄背草等
【花期】6~9月
【果期】6~9月
【高度】约60cm

识别要点

多年生草本植物，分枝少。叶鞘压扁具脊，具瘤基柔毛；叶片线形，基部具瘤基毛。芒柱粗糙或密生短毛。

【分布及生境】产于西藏吉隆。生于林缘草地。
【生 长 习 性】喜光，耐干旱。
【观赏与应用】适合在野生状态环境中作自播地被植物，形成自然野趣。

565 纤毛披碱草 *Elymus ciliaris*

【科属】禾本科，披碱草属

【别名】纤毛鹅观草、北鹅观草、短芒鹅观草等

【花期】4～5月

【果期】5～6月

【高度】40～80cm

识别要点

多年生草本植物。秆单生或成疏丛，直立，基部节常膝曲，平滑无毛，常被白粉。叶片扁平，边缘粗糙。穗状花序直立或多少下垂，小穗通常绿色；颖椭圆状披针形。4月初至中旬开花结实；5月底、6月初种子成熟。

【分布及生境】中国大部分地区都有分布。生于路旁或潮湿草地以及山坡上。

【生 长 习 性】喜生于温暖而湿润的环境。

【观赏与应用】秆叶柔嫩，幼时家畜喜采食。

566 粉黛乱子草 *Muhlenbergia capillaris*

【科属】禾本科，乱子草属

【别名】毛芒乱子草等

【花期】9~11月

【果期】11月

【高度】30~90cm

识别要点

多年生草本植物。常具被鳞片的匍匐根茎。秆直立或基部倾斜、横卧。分为灌木状的“毛细管”状分枝模式。顶端呈拱形，绿色叶片纤细。顶生云雾状粉色花絮。

【分布及生境】原产于北美洲大草原。中国多地引种栽培。

【生长习性】喜光照，耐半阴。生长适应性强，耐水湿，耐干旱，耐盐碱，在沙土、壤土、黏土中均可生长。

【观赏与应用】成片种植可呈现出粉色云雾海洋般的壮观景色，景观可从9月份一直持续至11月中旬，观赏效果极佳。

567

柳枝稷 *Panicum virgatum*

【科属】禾本科，黍属

【花期】6～10月

【果期】6～10月

【高度】1～2m

识别要点

多年生草本植物。秆直立，质较坚硬。叶鞘无毛，上部的短于节间；叶舌短小，顶端具睫毛；叶片线形，两面无毛或上面基部具长柔毛。圆锥花序开展，疏生小枝与小穗。

【分布及生境】原产于北美洲，中国引种栽培。

【生 长 习 性】适应性强。

【观赏与应用】可作为饲草、水土保持和风障植物。

香蒲科

568

香蒲 *Typha orientalis*

【科属】香蒲科，香蒲属

【别名】东方香蒲等

【花期】5~8月

【果期】5~8月

【高度】可达2m

识别要点

多年生沼生草本植物。地下根状茎粗壮。叶片条形，光滑无毛，叶鞘抱茎。花序暗褐色，雌雄花序相连，圆柱状，雄花序短于雌花序。

【分布及生境】原产于东北、华北、西北、华东和西南等地。生长于池塘及水沟边浅水处。

【生 长 习 性】耐寒，喜阳光充足，宜深厚肥沃的土壤。

【观赏与应用】肉穗花序奇特可爱，是优良的水生观赏植物，可配植于水景园。还是良好的插花材料。

569 小香蒲 *Typha minima*

【科属】香蒲科，香蒲属

【花期】5～8月

【果期】5～8月

【高度】15～65cm

识别要点

多年生沼生草本植物。地上茎直立，细弱，矮小。雌雄花序远离，雄花序长于雌花序，花序轴无毛，基部具1枚叶状苞片。

【分布及生境】产于中国多地。生长于池塘及水沟边浅水处。

【生 长 习 性】耐寒，喜阳光充足，宜深厚肥沃的土壤。

【观赏与应用】宜作花境、水景的背景材料。还可用于造纸、编织。

芭蕉科

570

芭蕉 *Musa basjoo*

【科属】芭蕉科，芭蕉属

【别名】天苴、板蕉等

【花期】6~7月

【果期】9~10月

【高度】2.5~4m

识别要点

多年生高大草本植物。假茎由叶螺旋状排列，叶鞘复叠成树干状而成。叶巨大，长椭圆形，中脉粗壮隆起，侧脉羽状平行。肉穗状花序顶生，大苞片佛焰苞状，具槽，红褐色。果实肉质，种子多数长三棱形，有时4~5角棱，不可食。

【分布及生境】中国南方大部分地区以及陕西、甘肃、河南部分地区都有栽培。

【生 长 习 性】喜温暖，在长江流域可露地过冬。要求土层深厚、疏松肥沃、排水良好。

【观赏与应用】庭院栽植。其姿态的美感和较强的观赏性，深受古代文人的喜爱，并成为文学作品中重要的植物意象和题材。

姜科

571

蘘荷 *Zingiber mioga*

【科属】姜科，姜属

【别名】野姜等

【花期】8 ~ 10月

【果期】9 ~ 11月

【高度】0.5 ~ 1m

识别要点

多年生草本植物。根茎肥厚，淡黄色，根粗壮。叶2列互生，狭椭圆形；具叶鞘，抱茎，叶舌2裂。穗状花序自根茎生出，鳞片覆瓦状排列；花大，淡黄色或白色。蒴果卵形，成熟时开裂，果皮内面鲜红色。

【分布及生境】长江流域及陕西、甘肃、贵州、四川等地均有野生或栽培。野生种类常生于山谷中的阴湿处。

【生长习性】喜温暖、阴湿的环境和微酸性、肥沃的沙质壤土。较耐寒，冬季能耐0℃低温。

【观赏与应用】可配植花境或丛植。嫩芽和花蕾具有食用价值，为食药兼用的植物。

美人蕉科

572

美人蕉 *Canna indica*

【科属】美人蕉科，美人蕉属

【别名】红艳蕉、小花美人蕉、小芭蕉等

【花期】3~12月

【果期】3~12月

【高度】可达1.5m

识别要点

多年生球根花卉。具根茎，茎绿色。叶长椭圆形，两面绿色。总状花序着花疏散，花较小，常2朵聚生；雄蕊瓣化，瓣3枚狭窄直立，鲜红色；唇瓣橙黄色，具红色斑点。

【分布及生境】原产于美洲、印度、马来半岛等热带地区。中国各地均可栽培。

【生 长 习 性】喜温暖和充足的阳光，不耐寒。霜冻后花朵及叶片凋零。

【观赏与应用】花大色艳，色彩丰富，株形好，观赏价值高，可盆栽，也可地栽，装饰花坛、花境等园林景观。

竹芋科

573

再力花 *Thalia dealbata*

【科属】竹芋科，水竹芋属

【别名】水竹芋、水莲蕉等

【花期】4 ~ 10月

【果期】10 ~ 11月

【高度】1 ~ 2.5m

识别要点

多年生挺水草本植物。叶卵状披针形，浅灰蓝色，边缘紫色，长50cm。复总状花序，花小，紫堇色。全株附有白粉。

【分布及生境】原产于美国南部和墨西哥的热带地区，是引入中国的一种观赏价值较高的挺水花卉。

【生 长 习 性】喜温暖水湿、阳光充足的气候环境，不耐寒，入冬后地上部分逐渐枯死。以根茎在泥中越冬。

【观赏与应用】是水景绿化中的上品花卉。

雨久花科

574

梭鱼草 *Pontederia cordata*

【科属】雨久花科，梭鱼草属

【别名】海寿花等

【花期】5～10月

【果期】5～10月

【高度】20～80cm

识别要点

多年生挺水草本植物，地茎叶丛生，圆筒形叶柄呈绿色，叶片较大，深绿色。花葶直立，穗状花序顶生，每条穗上密密地簇拥着几十至上百朵蓝紫色圆形小花，上方两花瓣各有两个黄绿色斑点。

【分布及生境】美洲热带和温带均有分布，中国华北等地有引种栽培。

【生长习性】喜光，喜温暖湿润环境，怕风不耐寒，在静水及水流缓慢的水域中生长良好。

【观赏与应用】叶色翠绿，花色迷人，花期较长，可用于园林湿地、水边、池塘绿化，也可盆栽观赏。

百合科

575

火把莲 *Kniphofia uvaria*

【科属】百合科，火把莲属

【别名】火炬花等

【花期】6～10月

【果期】9月

【高度】80～120cm

识别要点

多年生草本植物，茎直立。叶丛生，草质，剑形。叶片中部或中上部开始弯曲下垂，很少有直立。总状花序着生数百朵筒状小花，呈火炬形，花冠橘红色。种子棕黑色，呈不规则三角形。

【分布及生境】原产于非洲的东部与南部。中国广泛种植。

【生 长 习 性】喜温暖，宜生长于疏松肥沃的沙壤土中。

【观赏与应用】花形、花色犹如燃烧的火把，点缀于翠叶丛中，具有独特的园林风韵。也可庭院丛植或盆栽。

576 金针菜 *Hemerocallis citrina*

【科属】百合科，萱草属

【别名】黄花菜等

【花期】5~9月

【果期】5~9月

【高度】30~65cm

识别要点

多年生草本植物。根簇生，肉质，根端膨大成纺锤形。叶基生，狭长带状，下端重叠，向上渐平展，全缘，中脉于叶下面凸出。花茎自叶腋抽出，茎顶分枝开花，有花数朵，黄色，漏斗形，花被6裂。蒴果，椭圆形。

【分布及生境】原产于中国，分布在秦岭以南各地以及河北、山西和山东等地。

【生 长 习 性】阳性植物，耐半阴，耐寒。

【观赏与应用】可用于花境、丛植，也可作疏林下地被，具有食用价值。

577

萱草 *Hemerocallis fulva*

【科属】百合科，萱草属

【别名】忘忧草、摺叶萱草等

【花期】5~7月

【果期】5~7月

【高度】可达1m

识别要点

多年生草本植物。块根白，肉质肥大，根茎短。叶基生，排成二列状，长带形，稍内折。花葶自叶丛中抽出，状粗，高于叶面，可达100cm。圆锥花序顶生，着花8~12朵；小花冠漏斗形，橘红色，花瓣中部有褐红色斑纹，早上开放，晚上凋谢，味芳香，有许多变种。

【分布及生境】原产于中国南部，全国各地常见栽培。

【生长习性】性强健，耐寒，耐干旱，不择土壤，喜光，耐半阴。在深厚、肥沃、湿润且排水好的沙质土壤上生长良好。

【观赏与应用】可用于花境、丛植，也可作疏林下地被。

578

玉簪 *Hosta plantaginea*

【科属】百合科，玉簪属

【别名】玉春棒、白鹤花、玉泡花、白玉簪等

【花期】8～10月

【果期】8～10月

【高度】花葶高40～80cm

识别要点

多年生草本植物。叶基生成丛，具长柄，叶柄有沟槽，叶片卵形至心脏形，基部心形，弧形脉。顶生总状花序，高出叶丛，花被筒长，下部细小，形似簪；小花漏斗形，白色，具浓香；花傍晚开放，次日晚凋谢。

【分布及生境】原产于中国。属于典型的阴性植物，喜阴湿环境。

【生长习性】性强健，耐寒，喜阴湿；忌强光直射。对土壤要求不严，喜疏松、肥沃、排水好的沙质土壤。

【观赏与应用】可作花境材料、林下地被及阴处基础种植，也可盆栽观赏或作切叶用。

579 紫萼 *Hosta ventricosa*

【科属】百合科，玉簪属

【别名】紫花玉簪等

【花期】6~7月

【果期】7~9月

【高度】花葶高30~100cm

识别要点

多年生草本植物。根状茎粗，叶卵状心形、卵形至卵圆形，先端近短尾状或骤尖，基部心形或近截形，有花；苞片矩圆状披针形，白色，膜质；花单生，盛开时从花被管向上骤然出现近漏斗状扩大，紫色；雄蕊伸出花被之外，完全离生。蒴果圆柱状。

【分布及生境】分布于中国大部分地区。生长于山地、山谷的疏、密林下或潮湿处。

【生长习性】较耐寒，喜阴湿，忌阳光直射。

【观赏与应用】可以作为较有观赏价值的地被植物种植，也可以盆栽室内观赏。

580 天门冬 *Asparagus cochinchinensis*

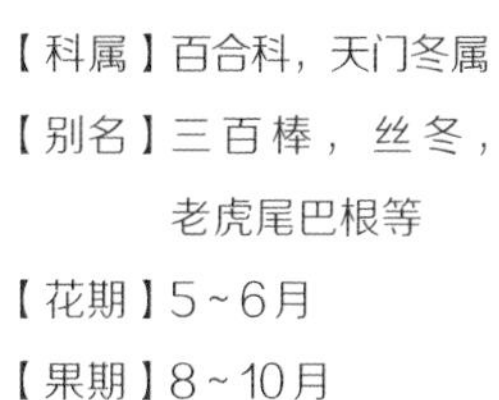

【科属】百合科，天门冬属

【别名】三百棒，丝冬，老虎尾巴根等

【花期】5~6月

【果期】8~10月

识别要点

多年生攀缘草本植物。具分枝，茎有棱或狭翅。叶状枝扁平，镰刀状，3枚一簇着生，叶退化为鳞片状，基部具硬刺。浆果红色。

【分布及生境】分布于华东、中南、西南，及河北、山西、陕西、甘肃等地。

【生 长 习 性】性强健，耐寒，喜强光，不耐水涝及干旱。

【观赏与应用】垂直绿化，适用于较低矮的棚架，或吊盆观赏。

581

沿阶草 *Ophiopogon bodinieri*

【科属】百合科，沿阶草属

【花期】6~8月

【果期】8~10月

【高度】15~30cm

识别要点

多年生常绿草本植物。地下具细长走茎。其叶较窄而短，长10~30cm，宽2~4mm，线形，主脉不隆起；花葶有棱，并低于叶丛，总状花序短，长2~4cm；小花梗弯曲向下，花柱细长，圆柱形，花淡紫色或白色。

【分布及生境】原产于中国。生于山坡、山谷潮湿处、沟边、灌木下或林下。

【生 长 习 性】喜湿耐寒，适应性强。

【观赏与应用】在长江流域可用于花坛、花境边缘、岩石园，丛植在草坪边缘，也可作地被。

582

麦冬 *Ophiopogon Japonicus*

【科属】百合科，沿阶草属

【别名】麦门冬、书带草等

【花期】5~8月

【果期】8~9月

【高度】15~55cm

识别要点

多年生常绿草本植物。地下具细长走茎，基生叶成丛，禾叶状，宽15~35mm。花葶远短于叶，花被片常稍下垂而不展开；花柱粗短，基部宽，向上渐窄。种子球形，直径7~8mm。

【分布及生境】原产于中国中南部。生于山坡阴湿处、林下或溪旁。

【生 长 习 性】较耐寒，喜阴湿，忌阳光直射。对土壤要求不严，在肥沃、湿润的沙质土上生长良好。

【观赏与应用】常见栽培作地被。

583

山麦冬 *Liriope spicata*

【科属】百合科，山麦冬属

【别名】土麦冬、麦门冬等

【花期】5 ~ 7月

【果期】8 ~ 10月

【高度】15 ~ 40cm

识别要点

多年生草本植物，植株有时丛生；根稍粗，有时分枝多，近末端处常膨大成矩圆形、椭圆形或纺锤形的肉质小块根；根状茎短。叶长25 ~ 60cm，宽4 ~ 8mm。花葶通常长于或几乎等长于叶，少数稍短于叶。种子近球形，直径约5mm。

【分布及生境】在中国除东北、内蒙古、青海、新疆、西藏外，其他地区广泛分布和栽培。生长于山坡、山谷林下、路旁或湿地。

【生长习性】喜温暖湿润、较荫蔽的生长环境，适宜种植在疏松、肥沃、湿润、排水良好的中性或微碱性的沙质或壤质土上。

【观赏与应用】是拓展绿化空间、美化景观的优选地被植物。

584 吉祥草 *Reineckia carnea*

【科属】百合科，吉祥草属

【花期】7~11月

【果期】7~11月

【高度】约15cm

识别要点

多年生常绿草本植物。地下部分具匍匐状根茎，地上具匍匐枝。叶簇生，广线形至线状披针形，基部渐狭成柄，具叶鞘，深绿色。花葶低于叶丛，顶生疏松穗状花序，小花无柄，紫红色，芳香。浆果球形，鲜红色，经久不落。

【分布及生境】原产于中国，生于阴湿山坡、山谷或密林下。

【生 长 习 性】喜温暖，稍耐寒；喜半阴湿润环境，忌阳光直射，对土壤要求不严。

【观赏与应用】可作林下地被，也可盆栽观赏。

585

凤尾丝兰 *Yucca gloriosa*

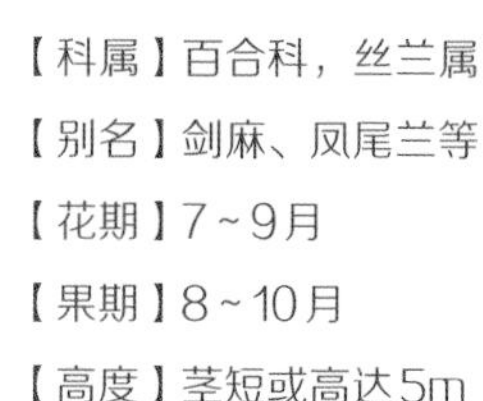

【科属】百合科，丝兰属

【别名】剑麻、凤尾兰等

【花期】7~9月

【果期】8~10月

【高度】茎短或高达5m

识别要点

常绿灌木，常分枝，叶剑形，不下垂，长40~80cm，宽4~6cm，全缘。圆锥花序，花下垂，白或淡黄白色。蒴果倒锥形，不裂。

【分布及生境】原产于北美洲东部至东南部。中国长江流域各地普遍栽植。

【生 长 习 性】适应性较强。

【观赏与应用】花大，叶绿，是良好的庭院观赏植物，常植于花坛中央、建筑前、草坪中、路旁及绿篱中。

586 丝兰 *Yucca smalliana*

【科属】百合科，丝兰属

【别名】软叶丝兰、洋菠萝等

【花期】秋季

【高度】可达1.5m

识别要点

常绿灌木，近无茎，叶近地面丛生，宽2.5～4cm，边缘具白色丝状纤维；花近白色，下垂。蒴果开裂。

【分布及生境】原产于北美东部至东南部。中国常见栽培。

【生 长 习 性】极耐寒，喜阳光充足及通风良好的环境，性强健。

【观赏与应用】是良好的庭院观赏植物，常植于花坛中央、建筑前、草坪中、路旁及绿篱中。

587 蜘蛛抱蛋 *Aspidistra elatior*

【科属】百合科，蜘蛛抱蛋属

【别名】一叶兰等

【花期】3~4月

【果期】3~4月

识别要点

多年生常绿草本植物。地下具匍匐状根茎。叶基生、单生，各叶之间有明显间距，具长而直立、坚硬的叶柄，叶革质，长椭圆形，端尖。基部狭窄，叶缘稍波状，深绿色。花单生，花梗极短，贴地开放；花被裂片三角形，内侧具4条肥厚、宽而光滑的脊状隆起；花钟状，紫红色。

【分布及生境】中国南方各地都有栽培。

【生 长 习 性】喜温暖、阴湿的环境，耐寒，极耐阴，耐贫瘠土壤。

【观赏与应用】可用于花坛、林下地被或丛植，也是优良的室内盆栽观叶植物，还可作切叶。

石蒜科

588

石蒜 *lycoris radiata*

【科属】石蒜科，石蒜属

【别名】龙爪花、蟑螂花等

【花期】8~9月

【果期】10月

【高度】60cm

识别要点

多年生球根花卉。鳞茎广椭圆形。叶丛生，线形，深绿色，叶两面中央色浅，于秋季花后抽出。花葶高30~60cm，顶生伞形花序，着花5~12朵，花被片狭长倒披针形，边缘皱缩呈波状，显著反卷，雄蕊及花柱伸出花冠外，比花被长1倍，与花冠同为红色。有白花品种。

【分布及生境】原产于长江流域及西南地区，野生于阴湿山坡和溪沟边。

【生 长 习 性】耐寒性强，喜阴，能忍受的高温极限为日平均温度24℃；喜湿润，也耐干旱。

【观赏与应用】花色艳丽，形态雅致，适宜作庭院地被布置，也可成丛栽植。

589 忽地笑 *Lycoris aurea*

【科属】石蒜科，石蒜属

【别名】铁色箭、黄花石蒜等

【花期】8～9月

【果期】10月

识别要点

多年生草本植物，地生。鳞茎卵形；叶剑形，比石蒜大很多。伞形花序，有花4～8朵，花黄色，雄蕊比花被片长约1/3；花被裂片背面具淡绿色中肋，雄蕊略伸出于花被外，花丝黄色。蒴果具三棱，室背开裂；种子少数，近球形。

【分布及生境】分布于福建、台湾、湖北、湖南、广东、广西、四川、云南等地，多长于阴湿山坡地。

【生 长 习 性】耐寒性强，喜阴，喜湿润，也耐干旱。

【观赏与应用】可在疏林下作地被，也可植于花境、岩石旁、草坪边缘等处，也可盆栽观赏。

590

洋水仙 *Narcissus pseudonarcissus*

【科属】石蒜科，水仙属

【别名】黄水仙、喇叭水仙等

【花期】春季

识别要点

多年生草本植物。叶绿色，基生，宽线形。有皮鳞茎卵圆形。花茎挺拔，顶生1花，花朵硕大，外花冠呈喇叭形，花瓣淡黄色，花清香。

【分布及生境】原产于法国、西班牙、葡萄牙，现由人工引种栽培。

【生 长 习 性】喜温暖、湿润和阳光充足环境。

【观赏与应用】球根花卉，可种植在庭院、公园、花园，也可作切花或盆栽。

591 紫娇花 *Tulbaghia violacea*

【科属】石蒜科，紫娇花属

【花期】全年

【果期】全年

【高度】30～60cm

识别要点

球根花卉，具圆柱形小鳞茎，成株丛生状。叶多为半圆柱形，中央稍空。茎叶均含有韭味。顶生聚伞花序开紫粉色小花。果实为三角形蒴果。

【分布及生境】原产地为南非。中国江苏地区有大面积引种。

【生 长 习 性】喜光，不宜庇荫。喜高温，耐热，耐贫瘠。

【观赏与应用】适宜作花境中景，或作地被植于林缘或草坪中，也是良好的切花花卉。

592

葱莲 *Zephyranthes candida*

【科属】石蒜科，葱莲属

【别名】玉帘、葱兰等

【花期】5~9月

【果期】5~9月

【高度】50~70cm

识别要点

多年生常绿球根花卉。小鳞茎狭卵形，颈部细长。叶基生，线形，宽3~4mm，具纵沟，稍肉质，暗绿色。花葶自叶丛一侧抽出，顶生一花，苞片白色膜质。单花漏斗状，无筒部，白色或外侧略带紫红晕。

【分布及生境】原产于美洲，中国江南地区均有栽培，多用作地被植物。

【生长习性】喜温暖、湿润，稍耐寒，喜光照充足，耐半阴，要求排水好、肥沃的黏质土壤。

【观赏与应用】配植花坛、花境，丛植于草坪上，或作地被、盆栽。

593

韭莲 *Zephyranthes grandiflora*

【科属】石蒜科，葱莲属

【别名】风雨花等

【花期】4~9月

【果期】9~10月

【高度】35cm

识别要点

多年生草本植物，丛生。具地下鳞茎，叶线形，外观似韭菜。花较大，喇叭状，形似水仙，玫瑰红色或粉红色。

【分布及生境】原产于南美洲，现中国各地常有栽培。

【生 长 习 性】喜温暖、湿润、阳光充足，耐半阴，耐干旱，耐高温。

【观赏与应用】适宜在花坛、花境和草地边缘点缀，或作地被片栽，也可盆栽。

594 百子莲 *Agapanthus africanus*

【科属】石蒜科，百子莲属

【别名】紫君子兰、蓝花君子兰、非洲百合等

【花期】7~8月

【果期】8~10月

【高度】50~70cm

识别要点

多年生草本植物。叶基生，二列状排列，带状，光滑，浓绿色。花葶粗壮直立，高于叶丛，顶生伞形花序，小花多，钟状漏斗形，尖端弯曲下垂，鲜蓝色。栽培品种及变种有不同大小的花、重瓣、花叶、白色及不同深浅蓝色的类型。

【分布及生境】原产于非洲南部。

【生长习性】喜冬季温暖湿润、夏季凉爽的环境，不耐寒，宜半阴，对土壤要求不严。

【观赏与应用】配植于花坛中心，盆栽，或作切花，在小花将开放时剪切为宜。

鸢尾科

595

蝴蝶花 *Iris japonica*

【科属】鸢尾科，鸢尾属

【别名】日本鸢尾、兰花草、扁担叶等

【花期】3～4月

【果期】5～6月

【高度】40～60cm

识别要点

多年生草本植物。叶基生，暗绿色，有光泽。花茎直立，高于叶片，顶生稀疏总状聚伞花序，苞片叶状，3～5枚，其中包含2～4朵花，花淡蓝色或蓝紫色。蒴果椭圆状柱形。

【分布及生境】在中国分布广泛，生于山坡较荫蔽而湿润的草地、疏林下或林缘草地。

【生长习性】喜温暖向阳或略阴处，有一定的耐盐碱能力。

【观赏与应用】在园林中丛植，用于花境或草地。

596

马蔺 *Iris lactea*

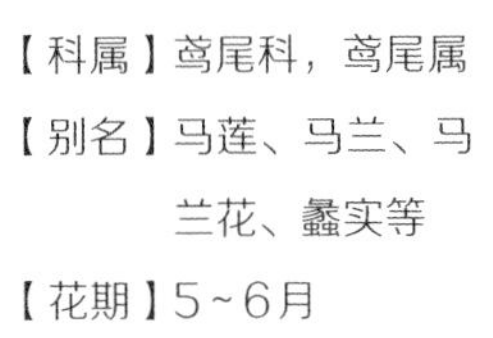

【科属】鸢尾科，鸢尾属

【别名】马莲、马兰、马兰花、蠡实等

【花期】5~6月

【果期】6~9月

【高度】可达1m

识别要点

多年生草本植物，根状茎粗壮，须根细而坚硬，叶丛生，狭线形，基部具纤维状老叶鞘，叶下部带紫色，质地较硬。花葶与叶等高，着花1~3朵，花被片6枚，蓝色；外轮垂瓣稍大，中部有黄色条纹，内轮旗瓣直立，花柱3歧呈花瓣状，端2裂。

【分布及生境】原产中国、朝鲜等地。生于荒地、路旁、山坡草地，尤以过度放牧的盐碱化草地上生长较多。

【生长习性】耐寒性强，喜阳光充足，耐半阴；喜生于湿润土壤至浅水中，也极耐干旱，不择土壤，耐践踏。

【观赏与应用】丛植，配植花境，作地被，也可作切叶。

597 鸢尾 *Iris tectorum*

【科属】鸢尾科，鸢尾属

【别名】扁竹花、屋顶鸢尾、蓝蝴蝶、紫蝴蝶、蛤蟆七等

【花期】4~5月

【果期】6~8月

【高度】20~40cm

识别要点

多年生草本植物，植株较矮。叶剑形，基生，淡绿色，纸质。花葶35~50cm，高于叶面，单一或有1~2分枝，着花3~4朵，花蓝紫色，垂瓣倒垂形，具蓝紫色条纹，瓣基具褐色纹，瓣中央有鸡冠状突起，旗瓣较小，拱形直立，基部收缢，色稍浅。

【分布及生境】原产于中国中部，生于向阳坡地、林缘及水边湿地。

【生 长 习 性】性强健，喜半阴，耐干燥。根系较浅，生长迅速。

【观赏与应用】配植于花坛、花境，丛植，可作林下地被、切花。

598 黄菖蒲 *Iris pseudacorus*

【科属】鸢尾科，鸢尾属

【别名】黄鸢尾、水生鸢尾、黄花鸢尾等

【花期】5月

【果期】6~8月

【高度】60~70cm

识别要点

多年生草本植物，健壮。根茎短肥。叶阔带形，端尖，淡绿色，中肋明显，具横向网状脉。花葶与叶近等高，具1~3分枝，着花3~5朵，花黄色至乳白色，垂瓣上部为长椭圆形，淡黄色，花柱枝黄色。有大花深黄色、白色、斑叶及重瓣等品种。

【分布及生境】原产于南欧、西亚及北非。喜生于河湖沿岸的湿地或沼泽地上。

【生长习性】极耐寒，适应性强，不择土壤，在旱地、湿地均可生长良好。喜浅水及微酸性土壤。

【观赏与应用】配植花坛、水景园、沼泽园、专类园，观赏价值高，也可作切花材料。

兰科

599

白及 *Bletilla striata*

【科属】兰科，白及属

【别名】白芨等

【花期】4~5月

【高度】18~60cm

识别要点

多年生球根花卉。具扁球形假鳞茎。茎粗壮，直立。叶互生，3~6枚阔披针形，基部下延成鞘状而抱茎，平行叶脉明显而突出使叶面出现皱褶。总状花序顶生，花淡紫红色，花被片6枚，不整齐，其中1枚较大，成唇形，3深裂，中裂片波状具齿。果实少见。

【分布及生境】原产于中国中南及西南各地。生于常绿阔叶林下、针叶林下、路边草丛或岩石缝中。

【生长习性】喜温暖而凉爽湿润的气候，稍耐寒，喜半阴，喜富含腐殖质的沙质壤土。

【观赏与应用】在岩石园中与山石配植，丛植于林下、林缘，也可盆栽。

600

绶草 *Spiranthes sinensis*

【科属】兰科，绶草属

【别名】盘龙参、红龙盘柱等

【花期】7～8月

【果期】8～9月

【高度】13～30cm

识别要点

多年生草本植物。叶片宽线形，直立伸展。花茎直立，总状花序具多数密生的花，呈螺旋状扭转；花小，紫红色、粉红色或白色。

【分布及生境】在中国广泛分布，生于山坡林下、灌丛下、草地或河滩沼泽草甸中。

【生 长 习 性】喜湿润和半阴环境。

【观赏与应用】其盘旋而上的花朵可爱美丽，可用来点缀草坪。

中文名索引

（按拼音顺序排列）

K

L

M

N

O

P

Q

R

参考文献

1. 傅立国，等. 中国高等植物［M］. 青岛：青岛出版社，2012.

2.《中国高等植物彩色图鉴》编委会. 中国高等植物彩色图鉴［M］. 北京：科学出版社，2016.

3. 陈有民. 园林树木学［M］. 2版. 北京：中国林业出版社，2011.

4. 张天麟. 园林树木1600种［M］. 北京：中国建筑工业出版社，2010.

5. 梁帝允，张治. 中国农区杂草识别图册［M］. 北京：中国农业科学技术出版社，2013.

6. 赵世伟，张佐双. 中国园林植物彩色应用图谱［M］. 北京：中国城市出版社，2004.

7. 赵家荣，刘艳玲. 水生植物图鉴［M］. 武汉：华中科技大学出版社，2009.

8. 李作文，张连全. 园林树木1966种［M］. 沈阳：辽宁科学技术出版社，2014.

9. 朱绍文，蔡永茂，赵广亮. 八达岭国家森林公园常见植物图谱［M］. 北京：中国林业出版社，2014.

10. 秦祥堃，裴恩乐，袁晓. 佘山常见种子植物图谱［M］. 上海：上海科学技术出版社，2013.